高等院校密码信息安全类专业系列教材
中国密码学会教育工作委员会推荐教材

信息安全导论

牛少彰 编著

国防工业出版社

·北京·

内 容 简 介

　　本书全面介绍了信息安全的基本概念、原理和知识体系,主要内容包括网络攻击与安全防范、密码学基础、认证技术与 PKI、信息隐藏技术、访问控制与防火墙技术、入侵检测技术、防病毒技术、安全扫描技术、系统安全、信息安全风险评估和信息安全管理等内容。本书内容全面,既有信息安全的理论知识,又有信息安全的实用技术,并包括信息安全方面的一些最新成果。

　　本书可作为高等院校信息安全相关专业的本科生、研究生的教材或参考书,也可供从事信息处理、通信保密及与信息安全有关的科研人员、工程技术人员和技术管理人员参考。

图书在版编目(CIP)数据

信息安全导论 / 牛少彰编著. —北京:国防工业
出版社,2010.5
(高等院校密码信息安全类专业系列教材)
ISBN 978 - 7 - 118 - 06825 - 2

Ⅰ. ①信… Ⅱ. ①牛… Ⅲ. ①信息系统 – 安全技术 –
高等学校 – 教材 Ⅳ. ①TP309

中国版本图书馆 CIP 数据核字(2010)第 069571 号

※

*国防工业出版社*出版发行

(北京市海淀区紫竹院南路 23 号 邮政编码 100048)
北京奥鑫印刷厂印刷
新华书店经售

*

开本 787 × 1092 1/16 印张 15½ 字数 345 千字
2010 年 5 月第 1 版第 1 次印刷 印数 1—3000 册 定价 32.00 元

(本书如有印装错误,我社负责调换)

国防书店:(010)68428422 　　 发行邮购:(010)68414474
发行传真:(010)68411535 　　 发行业务:(010)68472764

总　序

　　信息系统所面临的各种安全威胁日益突出,信息安全问题已成为涉及国家政治、军事、经济和文教等诸多领域的战略安全问题。我国政府对网络与信息安全问题高度重视,国办印发的文件《关于网络信任体系建设的若干意见》明确指出了要特别重视网络安全的 6 方面内容;中办、国办印发的《国家 2006 年至 2020 年长期科学发展规划》中也突出了对各种网络安全问题的关注,将建设国家信息安全保障体系列为我国信息化发展的战略重点;国家"十一五"计划中也包含了提升国家信息安全保障服务能力的战略要求。西方发达国家纷纷制订了本国的网络与信息安全战略。比如,美国奥巴马政府正在采取措施加强美国网络战的备战能力,其中一项措施是创建网络战司令部,这表明美国的网络与信息安全战略已经由克林顿时代的"全面防御"、布什时代的"攻防结合",转到奥巴马时代的"攻击为主,网络威慑"。

　　当前,制约我国网络与信息安全事业发展的瓶颈之一就是人才极度匮乏,为此,教育部从 2001 年起,陆续批准了包括北京邮电大学在内的近百所各类高校开设信息安全本科专业。但是,毕竟与其他经典的本科专业相比,信息安全本科专业的建设问题还面临许多挑战,需要全国同行共同努力,早日探索出一条办好信息安全专业的捷径。可喜的是,现在国内若干高校的教授团队都纷纷行动起来,各尽所能在信息安全本科专业建设方面取得了不少业绩。比如,灵创团队(http://www.cleader.net)就是众多热心于信息安全本科专业建设的创新团队,该团队中的"信息安全教学团队"被教育部和财政部批准为"2009年度国家级教学团队";其完成的成果"信息安全专业规范研究与专业体系建设"获得了国家级教学成果奖二等奖;其带头人也被评为"国家级教学名师"并受到了胡锦涛等党和国家领导人的接见。希望国内能够有更多的类似教学团队投身于信息安全本科专业建设。

　　由于教材建设是信息安全专业建设的重点和难点之一,中国密码学会教育工作委员会自成立以来就一直致力于推进密码学与信息安全方面的教学和教材建设,比如,与国防工业出版社联合主办了"密码学与信息安全教学研讨会"等一系列研讨活动,并成立"普通高等教育本科密码信息安全类系列教材"编审委员会来组织策划相关系列教材。编审委员会在充分研究信息安全本科专业规范的基础上,经过细致研究,多次反复讨论,规划了与信息安全本科专业规范相配套的本系列教材。

　　本系列教材参照荣获国家级教学成果奖的信息安全最新专业规范,确定教材题目,组织教材书稿内容。所有教材严格按照"规范"要求,结合信息安全专业的学制、培养规格、素质结构要求、知识结构要求撰写,使其所含知识点完全覆盖"规范"中的要求,确保能够达到"规范"中的学习目标。由于本系列教材涉及的内容比较多,在教材内容选择时,一方面要考虑教材内容相互的衔接,另一方面要考虑许多课程相互之间有内容交叉的现象;同时,充分考虑了先进性和成熟性之间的和谐关系,确保教材既能够反映信息安全领域的前沿科研状态,又能使学生掌握基础的核心知识和较成熟稳定的技能;编审委员会多次召开会议,审定教材的大纲,落实教材的主要知识点,避免了内容的重复。

本系列教材的作者都是在我国信息安全领域具有丰富教学和实践经验的一流专家,部分教材已经被评为"普通高等教育'十一五'国家级规划教材"。

为便于高校教师选用本套教材,我们将为高校教师提供完善的教学服务,免费为选用本套教材的教师提供所有教材的电子教案和部分教材的习题答案。同时我们还提供信息安全专业本科教学实验室建设方案与实验教学指导咨询和信息安全专业本科生实习、实训与技能认证咨询。

本系列教材尽管通过反复讨论修改,但限于作者水平和其他客观条件限制,难免存在不足和值得商榷之处,敬请批评指正。

教授　博士生导师　国家级教学名师
灾备技术国家工程实验室主任
网络与信息攻防教育部重点实验室主任
北京邮电大学信息安全中心主任

2009 年 9 月 30 日星期三

高等院校密码信息安全类专业系列教材
编委会名单

前　言

随着信息社会的到来,人们在享受信息资源所带来的巨大利益的同时,也面临着信息安全的严峻考验,信息安全已经成为世界性的现实问题。信息安全是一门综合学科,包括技术、管理、人才、法律法规诸多方面。从技术的角度重点包含对攻击手段的分析及其相应的防范措施。安全管理与法律法规是网络安全技术得以实现的有力保障。人才的培养是它的基石。信息安全问题已威胁到国家的政治、经济、军事、文化、意识形态等领域,同时,信息安全问题也是人们能否保护自己个人隐私的关键。信息安全是社会稳定安全的必要前提条件。在当前信息安全形势十分严峻的情况下,信息安全人才的缺口越来越大,为了解决这一问题,许多高校都开设了信息安全专业或信息安全课程。

本书全面介绍了信息安全的基本概念、原理和知识体系,主要内容包括网络攻击与安全防范、密码学基础、认证技术与 PKI、信息隐藏技术、访问控制与防火墙技术、入侵检测技术、防病毒技术、安全扫描技术、系统安全、信息安全风险评估和信息安全管理等内容。本书内容翔实全面,符合信息安全专业规范,既有信息安全的理论知识,又有信息安全的实用技术,并包括信息安全方面的一些最新成果。本书的每章后面均有小结并配有习题。

本书从信息安全技术、安全管理和政策法规三个方面论述了信息安全,并增加信息安全的实施指导。为了更好地做好信息安全的防范工作,做到知己知彼,增加了对网络攻击技术的介绍,并给出了信息安全的防范原理和主要模型。在论述了信息安全的核心技术,包括密码技术、信息认证技术、密钥管理技术以外,又介绍了信息安全研究的新领域——信息隐藏技术。考虑到当前信息安全的实际中,信息安全的防范都是以风险分析作为基础,应加强网络信息安全风险评估工作,因此本书专门对信息安全风险评估进行了介绍。从安全管理的角度上考虑,并非所有的实体都有足够的实力进行安全的网络管理,作为补救性的应急响应是必不可少的,应高度重视信息安全应急处置工作,书中内容也涵盖网络安全应急响应的内容。

本书可作为高等院校信息安全相关专业的本科生、研究生的教材或参考书,也可供从事信息处理、通信保密及与信息安全有关的科研人员、工程技术人员和技术管理人员参考。由于书中内容较多,教学时可根据专业特点和学时安排对书中内容进行取舍。

信息安全导论在信息安全专业系列教材中起承上启下的作用,对读者继续了解密码学在信息安全中的作用以及进入后续专题的学习进行衔接,同时,本书又自成体系,非信息安全专业可单独使用,用于全面了解信息安全领域的有关理论、概念、技术原理、实际工作指导和最新研究成果。

在本书编写的过程中,研究生朱艳玲为本书的整理和校对做了大量工作,舒南飞、吴翰明参加了本书的部分校对工作，同时，还得到了很多老师、同学的关心和帮助。在此一并表示衷心感谢。

　　由于编者水平有限，时间仓促，书中难免有不妥之处，恳请批评指正。

作　者

2010 年 3 月

目　录

第1章　信息安全概述

21世纪是信息的时代,随着现代通信技术迅速的发展和普及,特别是随着通信与计算机相结合而诞生的计算机互联网络全面进入千家万户,信息的应用与共享日益广泛,且更为深入。世界范围的信息革命激发了人类历史上最活跃的生产力,人类开始从主要依赖物质和能源的社会步入物质、能源和信息三位一体的社会。当今信息同物质、能源一样重要,是人类生存和社会发展的三大基本资源之一,是社会发展水平的重要标志。甚至人们把今天的社会称为信息社会。

信息成为一种重要的战略资源,信息的获取、处理和安全保障能力成为一个国家综合国力的重要组成部分。各种信息化系统已成为国家基础设施,支撑着电子政务、电子商务、电子金融、科学研究、网络教育、能源、通信、交通和社会保障等方方面面,信息成为人类社会不可或缺的重要资源。

信息安全事关国家安全、事关社会稳定。从大的方面来说,信息安全问题已威胁到国家的政治、经济、军事、文化、意识形态等领域,成为社会稳定安全的必要前提条件,因此很早就有人提出了"信息战"的概念并将信息武器列为继原子武器、生物武器、化学武器之后的第四大武器。从小的方面来说,信息安全问题也涉及人们能否保护个人的隐私。因此,必须采取措施确保我国的信息安全。

近年来,信息的安全问题日渐突出,与此同时信息安全领域的发展十分迅速,取得了许多新的重要成果,信息安全,即关注信息本身的安全,以防止偶然的或未授权者对信息的恶意泄露、修改和破坏,从而导致信息的不可靠或无法处理等问题,使得在最大限度地利用信息为我们服务的同时而不招致损失或使损失最小。信息安全理论与技术的内容十分广泛。

1.1　信息与信息技术

下面将对信息的概念以及对信息进行获取、传递、处理的各种技术进行简单介绍。

1.1.1　信息的定义

"信息"一词有着很悠久的历史,早在两千多年前的西汉,即有"信"字的出现。"信"常可作消息来理解。作为日常用语,"信息"经常是指"音讯、消息"的意思。但在人类社会的早期,人们对信息的认识比较肤浅而模糊,对信息的含义没有明确的定义。到了20世纪特别是中期以后,科学技术的发展,特别是信息科学技术的发展,对人类社会产生了深刻的影响,迫使人们开始探讨信息的准确含义。

1928年,哈特莱(L. V. R. Hartley)在《贝尔系统技术杂志》(BSTJ)上发表了一篇题为"信息传输"的论文。哈特莱在这篇论文中把信息理解为选择通信符号的方式,且用选择的自由度来计量这种信息的大小。哈特莱认为,任何通信系统的发送端总有一个字母表(或符号表),发信者所发出的信息,就是他在通信符号表中选择符号的具体方式。假设这个符号表中一共有 S 个不同的符号,发送信息选定的符号序列包含 N 个符号,则这个符号表中共有 S^N 种不同的选择方式,因而可以形成 S^N 个长度为 N 的序列。因此,就可以把发信者产生信息的过程看成是从 S^N 个不同的序列中选定一个特定序列的过程,或者说是排除其他序列的过程。哈特莱的这种理解能够在一定程度上解释通信工程中的一些信息问题,但也存在一些严重的局限性,主要表现在两个方面:一是他所定义的信息不涉及内容和价值,只考虑选择的方式,也没有考虑到信息的统计性质;二是将信息理解为选择的方式,就必须有一个选择的主题作为限制条件。这些缺点使它的适用范围受到很大的限制。

1948 年,美国数学家仙农(C. E. Shannon)在《贝尔系统技术杂志》上发表了一篇题为"通信的数学理论"的论文,在对信息的认识方面取得了重大突破,堪称信息论的创始人。这篇论文以概率论为基础,深刻阐述了通信工程的一系列基本理论问题,给出了计算信源信息量和信道容量的方法和一般公式,得到了著名的编码三大定理,为现代通信技术的发展奠定了理论基础。仙农发现,通信系统所处理的信息在本质上都是随机的,可以用统计方法进行处理。仙农在进行信息的定量计算时,明确地把信息量定义为随机不定性程度的减少,这就表明了他对信息的理解:信息是用来减少随机不定性的东西。虽然仙农的信息概念比以往的认识有了巨大的进步,但仍存在局限性,这一概念同样没有包含信息的内容和价值,只考虑了随机型的不定性,没有从根本上回答"信息是什么"的问题。

1948 年,就在仙农创立信息论的同时,维纳(N. Wiener)出版了专著《控制论:动物和机器中的通信与控制问题》,创建了控制论。后来人们常常将信息论、控制论和系统论合称为"三论",或统称为"系统科学"或"信息科学"。维纳从控制论的角度出发,认为"信息是人们在适应外部世界,并且这种适应反作用于外部世界的过程中,同外部世界进行互相交换的内容的名称"。维纳关于信息的定义包含了信息的内容与价值,从动态角度揭示了信息的功能与范围,但也有局限性。由于人们在与外部世界的相互作用过程中,同时也存在着物质与能量的交换,维纳关于信息的定义没有将信息与物质、能量区别开来。

1975 年,意大利学者朗高(G. Longo)在《信息论:新的趋势与未决问题》一书的序言中认为"信息是反映事物的形式、关系和差别的东西,它包含在事物的差异之中,而不在事物本身"。当然,"有差异就是信息"的观点是正确的,但是反过来说"没有差异就没有信息"就不够确切。所以,"信息就是差异"的定义也有其局限性。

据不完全统计,有关信息的定义有 100 多种,它们都从不同的侧面、不同的层次揭示了信息的特征与性质,但同时也都有这样或那样的局限性。

1988 年,我国信息论专家钟义信教授在《信息科学原理》一书中把信息定义为:事物的运动状态和状态变化的方式。并通过引入约束条件推导了信息的概念体系,对信息进行了完整和准确的描述。这里的"事物"泛指存在于人类社会、思维活动和自然界中一切可能的对象。信息的这个定义具有最大的普遍性,不仅涵盖所有其他的信息定义,而且通过引入约束条件还能转化为所有其他的信息定义。

为了进一步加深对信息概念的理解,下面讨论一些与信息概念关系特别密切但又很容易混淆的相关概念。

（1）信息与消息：消息是信息的外壳，信息则是消息的内核。也可以说，消息是信息的笼统概念，信息则是消息的精确概念。

（2）信息与信号：信号是信息的载体，信息则是信号所载荷的内容。

（3）信息与数据：数据是记录信息的一种形式，同样的信息也可以用文字或图像来表述。当然，在计算机里所有的多媒体文件都是用数据表示的，计算机和网络上信息的传递都是以数据的形式进行，此时信息等同于数据。

（4）信息与情报：情报通常是指秘密的、专门的、新颖的一类信息，可以说所有的情报都是信息，但不能说所有的信息都是情报。

（5）信息与知识：知识是由信息抽象出来的产物，是一种具有普遍和概括性的信息，是信息的一个特殊的子集。也就是说，知识就是信息，但并非所有的信息都是知识。

综上所述，一般意义上的信息定义为：信息是事物运动的状态和状态变化的方式。如果引入必要的约束条件，则可形成信息的概念体系。信息有许多独特的性质与功能，它是可以测度的，正因为如此，才导致信息论的出现。

1.1.2　信息的性质与特征

1. 信息的性质

信息具有下面一些重要的性质。

（1）客观性：信息是事物变化和状态的客观反映。由于事物及其状态、特征和变化是不依人们意志为转移的客观存在，所以反映这种客观存在的信息，同样带有客观性。

（2）普遍性：信息是事物运动的状态和状态变化的方式，因此，只要有事物的存在，只要事物在不断地运动，就会有它们运动的状态和状态变化的方式，也就存在着信息，所以信息是普遍存在的，即信息具有普遍性。

（3）时效性：信息是有时效的，信息的使用价值与其提供的时间成反比。信息提供的时间越短，它的使用价值就越大。信息一经生成，其反映的内容越新，它的价值越大；反之，时间延长，价值随之减小，一旦超过其"生命周期"，价值就消失。

（4）共享性：指信息可由不同个体或群体在同一时间或不同时间共同享用。信息与实物在其交换与转让上是有本质区别的。实物的交换与转让，一方有所得，必使另一方有所失。而信息在交换和转让过程中，其原有信息一般不会丧失，而且还有可能会同时获得新的信息。正是由于信息可被共享的特点，才使信息资源能够发挥最大效用，使信息生生不息。

（5）传递性：指信息可以通过一定的传输工具和载体进行空间上和时间上的传递。空间传递，即信息的利用不受地域的限制，能由此及彼；时间传递，即信息的传递不受时间限制，可以由古及今。信息的传递主要依靠光、声、磁以及语言、表情、文字符号等得以呈现。信息传递性还意味着人们能够突破时空的界限，对不同地域、不同时间的信息加以选择，增加充分利用信息的可能性。

（6）转换性：指信息可从某一种形态转换和加工成另外一种形态。人类社会为使信息资源得以充分利用，总是要将信息加以转换。从目的性来说，人类总力图将信息从无形资产转换为有形资产；从方法来说，则是一方面使物质载体的形态互相变换，另一方面使信息的精度得以变化。

（7）可伪性：指信息在其衍生过程中可能产生伪信息或虚假信息。在信息衍生过程中，由于信息失去了与源物质的直接联系以及人们在认知能力上存在差异，对同一信息不同的人可能会有不同的理解，形成"认知伪信息"；由于传递过程中的失误，产生"传递伪信息"；也有人出于某种目的，故意采用篡改、捏造、欺骗、夸大、假冒等手段，制造"人为伪信息"。伪信息带来社会信息污染，具有极大的危害性。

（8）寄载性：指信息的存储、传递和交流必须依附在一定的物质载体之上。信息本身是看不见、摸不着的，它只能附着在某种载体上，并以一定形式表现出来。因此，人们要获得信息，首先要获得携有信息的载体，然后通过对载体的利用，才能解析出其中的信息内容。

（9）价值性：指信息可对社会经济活动产生有价值性的影响。

（10）层次性：信息划分层次的主要依据是对信息所施加的约束条件。约束条件越多，它的层次就越多，应用的范围就越窄。

（11）不完全性：人们由于外在环境的复杂性和不确定性，所掌握的信息不可能无所不包，信息的获得与人们认识事物的程度有关。

了解信息的性质，一方面有助于对信息概念的进一步理解，另一方面也有助于人们更有效地掌握和利用信息，一旦被人们有效而正确利用时，就可能在同样的条件下创造更多的物质财富和能量。

2. 信息的特征

信息有许多重要的特征，最基本的特征为：

（1）信息来源于物质，又不是物质本身；它从物质的运动中产生出来，又可以脱离源物质而寄生于媒体之中，相对独立地存在。信息是"事物运动的状态与状态变化方式"，但"事物运动的状态与状态变化方式"并不是物质本身，信息不等于物质。

（2）信息也来源于精神世界。既然信息是事物运动的状态与状态变化方式，那么精神领域的事物运动（思维的过程）当然可以成为信息的一个来源。同客观物体所产生的信息一样，精神领域的信息也具有相对独立性，可以被记录下来加以保存。

（3）信息与能量息息相关，传输信息或处理信息总需要一定的能量来支持，而控制和利用能量总需要有信息来引导。但是，信息与能量又有本质的区别，即信息是事物运动的状态和状态变化的方式，能量是事物做功的本领，提供的是动力。

（4）信息是具体的，并且可以被人（生物、机器等）所感知、提取、识别，可以被传递、存储、变换、处理、显示、检索、复制和共享。

（5）信息可为众多用户所共享。由于信息可以脱离源物质而载荷于媒体物质，因此可以被无限制地进行复制和传播。

1.1.3 信息的功能与分类

1. 信息的功能

信息的基本功能在于维持和强化世界的有序性，可以说，缺少物质的世界是空虚的世界，缺少能量的世界是死寂的世界，缺少信息的世界是混乱的世界。信息的社会功能则表现在维系社会的生存，促进人类文明的进步和人类自身的发展。

信息具有许多有用的功能,主要表现在以下几个方面:

（1）信息是一切生物进化的导向资源。生物生存于自然环境之中,而外部自然环境经常发生变化,如果生物不能得到这些变化的信息,生物就不能及时采取必要的措施来适应环境的变化,就可能被变化了的环境所淘汰。

（2）信息是知识的来源。知识是人类长期实践的结晶,知识一方面是人们认识世界的结果,另一方面又是人们改造世界的方法,信息具有知识的秉性,可以通过一定的归纳算法被加工成知识。

（3）信息是决策的依据。决策就是选择,而选择意味着消除不确定性,意味着需要大量、准确、全面与及时的信息。

（4）信息是控制的灵魂。这是因为控制是依据策略信息来干预和调节被控对象的运动状态和状态变化的方式,没有策略信息,控制系统便会不知所措。

（5）信息是思维的材料。思维的材料只能是"事物的运动状态和状态变化的方式",而不可能是事物的本身。

（6）信息是管理的基础,是一切系统实现自组织的保证。

（7）信息是一种重要的社会资源,虽然人类社会在漫长的进化过程中一直没有离开信息,但是只有到了信息时代的今天,人类对信息资源的认识、开发和利用才可以达到高度发展的水平。现代社会将信息、材料和能源看成支持社会发展的三大支柱,充分说明了信息在现代社会中的重要性。信息安全的任务是确保信息功能的正确实现。

2. 信息的分类

信息是一种十分复杂的研究对象,为了有效地描述信息,一定要对信息进行分类,分门别类地进行研究,由于目的和出发点的不同,信息的分类也不同,例如:

从信息的性质出发,信息可以分为语法信息、语义信息和语用信息;

从信息的过程出发,信息可以分为实在信息、先验信息和实得信息;

从信息的地位出发,信息可以分为客观信息和主观信息;

从信息的作用出发,信息可以分为有用信息、无用信息和干扰信息;

从信息的逻辑意义出发,信息可以分为真实信息、虚假信息和不定信息;

从信息的传递方向出发,信息可以分为前馈信息和反馈信息;

从信息的生成领域出发,信息可以分为宇宙信息、自然信息、社会信息和思维信息等;

从信息的应用部门出发,信息可以分为工业信息、农业信息、军事信息、政治信息、科技信息、经济信息、管理信息等;

从信息源的性质出发,信息可以分为语音信息、图像信息、文字信息、数据信息、计算信息等;

从信息的载体性质出发,信息可以分为电子信息、光学信息和生物信息等;

从携带信息的信号形式出发,信息可以分为连续信息、离散信息、半连续信息等。

还可以有其他的分类原则和方法,这里不再赘述。

从上面的讨论可以看到描述信息的一般原则是:要抓住"事物的运动状态"和"状态变化的方式"这两个基本的环节来描述。事物的运动状态和状态变化的方式描述清楚了,它的信息也就描述清楚了。

1.1.4 信息技术的产生

任何一门科学技术的发生发展都不是偶然的,而是源于人类社会实践活动的实际需要。从历史上看,在很长的一段时间里,人类为了维持生存而一直采用优先发展自身体力功能的战略,因此材料科学与技术和能源科学与技术就相继发展起来。与此同时,人类的体力功能也日益加强。虽然信息也很重要,但在生产力和生产社会化程度不高时,一方面,人们仅凭自身的信息器官的能力,就足以满足当时认识世界和改造世界的需要了;另一方面,从发展过程来说,在物质资源、能量资源、信息资源之间,相对而言,物质资源比较直观,信息资源比较抽象,而能量资源则介于两者之间。由于人类的认识过程必然是从简单到复杂,从直观到抽象,因而必然是材料科学与技术的发展在前,接着是能源科学与技术的发展,而后才是信息科学与技术的发展。

人类的一切活动都可以归结为认识世界和改造世界。从信息的观点来看,人类认识世界和改造世界的过程,就是一个不断从外部世界的客体中获取信息,并对这些信息进行变换、传递、存储、处理、比较、分析、识别、判断、提取和输出等,最终把大脑中产生的决策信息反作用于外部世界的过程,这个过程如图 1.1 所示。

图 1.1　生理的信息过程模型

"科学"是扩展人类各种器官功能的原理和规律,而"技术"则是扩展人类各种器官功能的具体方法和手段。随着材料科学与技术和能源科学与技术的迅速发展,人们对客观世界的认识取得了长足的进步,不断地向客观世界的深度和广度发展,这时人类的信息器官功能已明显滞后于行为器官的功能了。例如,人类要"上天"、"入地"、"下海"、"探微",但与生俱来的视力、听力、大脑存储信息的容量、处理信息的速度和精度,越来越不能满足人类认识世界和改造世界的实际需要。这时人类迫切需要扩展和延长自己信息器官的功能。从 20 世纪 40 年代起,人类在信息的获取、传输、存储、处理和检索等方面的技术与手段,以及利用信息进行决策、控制、指挥、组织和协调等方面的原理与方法,都取得了突破性的进展,且是综合的。这些事实说明现代(大约从 20 世纪中叶算起)人类所利用的表征性资源是信息资源,表征性的科学技术是信息科学技术,表征性的工具是智能工具。现代信息技术正在改变着产品和生产过程、企业和产业甚至竞争本身的性质。

1.1.5 信息技术的内涵

信息技术(Information Technology,IT)目前还没有一个准确而有通用的定义,估计有数十种之多。笼统地说,信息技术是能够延长或扩展人的信息能力的手段和方法。因而信息技术所包含的范围是非常广泛的,但在本书后面的讨论中将信息技术的内涵限定在下面定义的范围内,即信息技术是指在计算机和通信技术支持下,用以获取、加工、存储、变换、显示和传输文字、数值、图像、视频、音频以及语音信息,并且包括提供设备和信息服务两大方面的方法与设备的总称。其过程可用图 1.2 表示。

图 1.2 信息技术的信息过程模型

由于在信息技术中信息的传递是通过现代通信技术来完成的,处理信息是通过各种类型的计算机(智能工具)来完成的,而信息要为人类所利用,必须是可以控制的,因此也有人认为信息技术简单地说就是 3C:Computer(计算机)、Communication(通信)和 Control(控制),即

$$IT = Computer + Communication + Control$$

上面的表述给出了信息技术的最主要的技术特征。

随着信息技术的迅速发展,随之而来的是信息在传递、存储和处理中的安全问题,并越来越受到广泛的关注。

1.2 信息安全基本概念

从信息安全的发展过程来看,在计算机出现以前,通信安全以保密为主,密码学是信息安全的核心和基础,随着计算机的出现,计算机系统安全保密成为现代信息安全的重要内容,网络的出现使得大范围的信息系统的安全保密成为信息安全的主要内容。

1.2.1 信息安全定义

"安全"一词的基本含义为:"远离危险的状态或特性",或"主观上不存在威胁,主观上不存在恐惧"。在各个领域都存在安全问题,安全是一个普遍存在的问题。随着计算机网络的迅速发展,人们对信息的存储、处理和传递过程中涉及的安全问题越来越关注,信息领域的安全问题变得非常突出。

信息技术的应用,引起了人们生产方式、生活方式和思想观念的巨大变化,极大地推动了人类社会的发展和人类文明的进步,把人类带入了崭新的时代——信息时代。信息已成为社会发展的重要资源。然而,人们在享受信息资源所带来的巨大利益的同时,也面临着信息安全的严峻考验。信息安全已经成为世界性的问题。

信息安全之所以引起人们的普遍关注,是由于信息安全问题目前已经涉及人们日常生活的各个方面。以网上交易为例,传统的商务运作模式经历了漫长的社会实践,在社会的意识、道德、素质、政策、法规和技术等各个方面,都已经完善,然而对于电子商务来说,这一切却处于刚刚起步阶段,其发展和完善将是一个漫长的过程。假设你作为交易人,无论你从事何种形式的电子商务都必须清楚以下事实：你的交易方是谁？信息在传输过程中是否被篡改（信息的完整性）？信息在传送途中是否会被外人看到（信息的保密性）？网上支付后，对方是否会不认账（不可抵赖性）？如此等等。因此，无论是商家、银行还是个人对电子交易安全的担忧是必然的，电子商务的安全问题已经成为阻碍电子商务发展的"瓶颈"，如何改进电子商务的现状，让用户不必为安全担心，是推动安全技术不断发展的动力。

信息安全研究所涉及的领域相当广泛，随着计算机网络的迅速发展，人们越来越依赖网络，人们对信息财产的使用主要是通过计算机网络来实现的，由于在计算机和网络上信息的处理是以数据的形式进行，在这种情况下，信息就是数据。因而从这个角度来说，信息安全可以分为数据安全和系统安全。信息安全可以从两个层次来看，从消息的层次来看，包括：信息的完整性（Integrity），即保证消息的来源、去向、内容真实无误；保密性（Confidentiality），即保证消息不会被非法泄露扩散；不可否认性（Non-repudiation），也称为不可抵赖性，即保证消息的发送和接收者无法否认自己所做过的操作行为等。从网络层次来看，包括：可用性（Availability），即保证网络和信息系统随时可用，运行过程中不出现故障，若遇意外打击能够尽量减少损失并尽早恢复正常；可控性（Controllability），即对网络信息的传播及内容具有控制能力的特性。

信息安全是一个广泛和抽象的概念。信息安全就是关注信息本身的安全，而不管是否应用了计算机作为信息处理的手段。信息安全的任务是保护信息财产，以防止偶然的或未授权者对信息的恶意泄露、修改和破坏，从而导致信息的不可靠或无法处理等。这样可以使得我们在最大限度地利用信息的同时而不招致损失或使损失最小。

1.2.2 信息安全属性

信息安全的基本属性主要表现在以下 5 个方面：

（1）完整性：是指信息在存储或传输过程中保持未经授权不能改变的特性。即对抗主动攻击，保证数据的一致性，防止数据被非法用户修改和破坏。对信息安全发动攻击的最终目的是破坏信息的完整性。

（2）保密性：是指信息不被泄露给未经授权者的特性，即对抗被动攻击，以保证机密信息不会泄露给非法用户。

（3）可用性：是指信息可被授权者访问并按需求使用的特性，即保证合法用户对信息和资源的使用不会被不合理地拒绝。对可用性的攻击就是阻断信息的合理使用，例如，破坏系统的正常运行就属于这种类型的攻击。

（4）不可否认性：也称为不可抵赖性，即所有参与者都不可能否认或抵赖曾经完成的操作和承诺。发送方不能否认已发送的信息，接收方也不能否认已收到的信息。

（5）可控性：是指对信息的传播及内容具有控制能力的特性。授权机构可以随时控制信息的机密性，能够对信息实施安全监控。

信息安全的任务就是要实现信息的上述 5 种安全属性。对于攻击者来说，就是要通过一切可能的方法和手段破坏信息的安全属性。

信息安全可以说是一门既古老又年轻的学科，内涵极其丰富。信息安全不仅涉及计算机和网络本身的技术问题、管理问题，而且还涉及法律学、犯罪学、心理学、经济学、应用数学、计算机基础科学、计算机病毒学、密码学、审计学等学科。

信息安全的宗旨是向合法的服务对象提供准确、正确、及时、可靠的信息服务;而对其他任何人员和组织,包括内部、外部乃至于敌对方,不论信息所处的状态是静态的、动态的,还是传输过程中的,最大限度地保证信息的不透明性、不可获取性、不可接触性、不可干扰性、不可破坏性。

1.2.3 信息安全威胁

信息安全威胁是指某个人、物、事件或概念对信息资源的保密性、完整性、可用性或合法使用所造成的危胁。攻击是对安全威胁的具体体现。虽然人为因素和非人为因素都可以对通信安全构成威胁,但是精心设计的人为攻击威胁最大。

对于信息系统来说,威胁可分以下几种。

(1)物理安全威胁:是指对系统所用设备的威胁。物理安全是信息系统安全的最重要方面。物理安全威胁主要有:自然灾害(地震、水灾、火灾等)造成整个系统毁灭;电源故障造成设备断电以至操作系统引导失败或数据库信息丢失;设备被盗、被毁造成数据丢失或信息泄露。通常,计算机存储的数据价值远远超过计算机本身,必须采取严格的防范措施以确保不会被入侵者窃取。媒体废弃物威胁,如废弃磁盘或一些打印错误的文件都不能随便丢弃,媒体废弃物必须经过安全处理,对于废弃磁盘仅删除是不够的,必须销毁。电磁辐射可能造成数据信息被窃取或偷阅等。

(2)通信链路安全威胁:网络入侵者可能在传输线路上安装窃听装置,窃取网上传输的信号,再通过一些技术手段读出数据信息,造成信息泄露;或对通信链路进行干扰,破坏数据的完整性。

(3)操作系统安全威胁:操作系统是信息系统的工作平台,其功能和性能必须绝对可靠。由于系统的复杂性,不存在绝对安全的系统平台。对系统平台最危险的威胁是在系统软件或硬件芯片中的植入威胁,如"木马"和"陷阱门"。操作系统的安全漏洞通常是由操作系统开发者有意设置的,这样他们就能在用户失去了对系统的所有访问权时仍能进入系统。例如,一些 BIOS 有万能密码,维护人员用这个口令可以进入计算机。

(4)应用系统安全威胁:是指对于网络服务或用户业务系统安全的威胁。应用系统对应用安全的需求应有足够的保障能力。应用系统安全也受到"木马"和"陷阱门"的威胁。

(5)管理系统安全威胁:不管是什么样的网络系统都离不开人员的管理,必须从人员管理上杜绝安全漏洞。再先进的安全技术也不可能完全防范由于人员不慎造成的信息泄露,管理安全是信息安全有效的前提。

(6)网络安全威胁:计算机网络的使用对数据造成了新的安全威胁,由于在网络上存在着电子窃听,分布式计算机的特征是各个独立的计算机通过一些媒介相互通信,局域网一般是广播式的,每个用户都可以收到发向任何用户的信息。当内部网络与国际互联网相接时,由于国际互联网的开放性、国际性与无安全管理性,对内部网络形成严重的安全威胁。如果系统内部局域网络与系统外部网络之间不采取一定的安全防护措施,内部网络容易受到来自外部网络入侵者的攻击,例如,攻击者可以通过网络监听等先进手段获得内部网络用户的用户名、口令等信息,进而假冒内部合法用户进行非法登录,窃取内部网重要信息。

关于安全威胁的分类有很多种,安全威胁有时可以被分为故意的和偶然的,故意的威胁如假冒、篡改等,偶然的威胁如信息被发往错误的地址、误操作等。故意的威胁又可以进一步分为主动攻击和被动攻击。被动攻击不会导致对系统中所含信息的任何改动,如搭线窃听、业务流分析等,而且系统的操作和状态也不会改变。因此被动攻击主要威胁信息的保密性;主动攻击则意在篡改系统中所含信息或者改变系统的状态和操作,因此主动攻击主要威胁信息的完整性、可用性和真实性。

目前还没有统一的方法来对各种威胁进行分类,也没有统一的方法来对各种威胁加以区别。信息安全所面临的威胁与环境密切相关,不同威胁的存在及重要性是随环境的变化而变化的。

1.3 信息安全技术

信息安全技术涉及信息传输的安全、信息存储的安全以及对网络传输信息内容的审计三个方面,当然也包括对用户的鉴别和授权。为保障数据传输的安全,需要采用数据传输加密技术、数据完整性鉴别技术;为保证信息存储的安全,需要进行数据备份以及灾难恢复和保证终端安全;信息内容审计则是实时地对进出内部网络的信息进行内容审计,以防止或追查可能的泄密行为。

1.3.1 信息保密技术

目前,信息保密技术主要包括信息加密技术和信息隐藏技术。信息加密是指使有用的信息变为看上去似为无用的乱码,使攻击者无法读懂信息的内容从而保护信息。信息加密是保障信息安全的最基本、最核心的技术措施和理论基础,它也是现代密码学的主要组成部分。信息加密过程由形形色色的加密算法来具体实施,它以很小的代价提供很大的安全保护。到目前为止,据不完全统计,已经公开发表的各种加密算法多达数百种。如果按照收发双方密钥是否相同来分类,则可以将这些加密算法分为单钥密码算法和公钥密码算法。

当然,在实际应用中,人们通常是将单钥密码和公钥密码结合在一起使用,比如,利用DES 或者 IDEA 来加密信息,采用 RSA 来传递会话密钥。如果按照每次加密所处理的比特数来分类,那么可以将加密算法分为序列密码和分组密码。序列密码每次只加密一个比特,而分组密码则先将信息序列分组,每次处理一个组。

随着计算机网络通信技术的飞速发展,信息隐藏(Information Hiding)技术作为新一代的信息安全技术也很快地发展起来。加密虽然隐藏了消息内容,但同时也暗示了攻击者所截获的信息是重要信息,从而引起攻击者的兴趣,攻击者可能在破译失败的情况下将信息破坏掉;而信息隐藏则是将有用的信息隐藏在其他信息中,使攻击者无法发现,不仅能够保护信息,也能够保护通信本身,因此信息隐藏不仅隐藏了消息内容而且还隐藏了消息本身。虽然至今信息加密仍是保障信息安全的最基本的手段,但信息隐藏作为信息安全领域的一个新方向,其研究越来越受到人们的重视。

1.3.2　信息认证技术

在信息系统中,安全目标的实现除了保密技术外,另外一个重要方面就是认证技术。认证技术主要用于防止对手对系统进行的主动攻击,如伪装、窜扰等,这对于开放环境中各种信息系统的安全性尤为重要。认证的目的有两个方面:一是验证信息的发送者是合法的而不是冒充的,即实体认证,包括信源、信宿的认证和识别;二是验证消息的完整性,验证数据在传输和存储过程中是否被篡改、重放或延迟等。

数字签名在身份认证、数据完整性以及不可否认性等方面有重要应用,是实现信息认证的重要工具。数字签名与日常的手写签名效果一样,可以为仲裁者提供发信者对消息签名的证据,而且能使消息接收者确认消息是否来自合法方。签名过程是利用签名者的私有信息作为密钥,或对数据单元进行加密,或产生该数据单元的密码校验值;验证过程是利用公开的规程和信息来确定签名是否是利用该签名者的私有信息产生的,但并不能推出签名者的私有信息。

数据完整性保护用于防止非法篡改,利用密码理论的完整性保护能够很好地对付非法篡改。完整性的另一用途是提供不可抵赖服务,当信息源的完整性可以被验证却无法模仿时,收到信息的一方可以认定信息的发送者,数字签名就可以提供这种手段。

身份认证理论是一门新兴的理论,是现代密码学发展的重要分支。身份认证是信息安全的基本机制,通信的双方之间应互相认证对方的身份,以保证赋予正确的操作权限和数据的存取控制。网络也必须认证用户的身份,以保证合法的用户进行正确的操作并进行正确的审计。通常有三种方法验证主体身份:一是只有该主体了解的秘密,如口令、密钥;二是主体携带的物品,如智能卡和令牌卡;三是只有该主体具有的独一无二的特征或能力,如指纹、声音、视网膜或签字等。

1.3.3　访问控制技术

访问控制是网络安全防范和保护的重要手段,是信息安全的一个重要组成部分。访问控制涉及主体、客体和访问策略,三者之间关系的实现构成了不同的访问模型,访问控制模型是探讨访问控制实现的基础,针对不同的访问控制模型会有不同的访问控制策略,访问控制策略的制定应该符合安全原则。

访问控制的主体能够访问与使用客体的信息资源的前提是主体必须获得授权,授权与访问控制密不可分。访问控制允许用户对其常用的信息库进行一定权限的访问,限制他随意删除、修改或复制信息文件,还可以使系统管理员跟踪用户在网络中的活动,及时发现并拒绝"黑客"的入侵。访问控制采用最小特权原则,即在给用户分配权限时,根据每个用户的任务特点使其获得完成自身任务的最低权限,不给用户赋予其工作范围之外的任何权力。权限控制和存取控制是主机系统必备的安全手段,系统根据正确的认证,赋予某用户适当的操作权力,使其不能进行越权操作。

审计是访问控制的重要内容与补充,可以对用户使用何种信息资源、使用的时间以及如何使用进行记录与监控。审计的意义在于客体对其自身安全的监控,便于查漏补缺,追踪异常事件,从而达到威慑和追踪不法使用者的目的。

访问控制的最终目的是通过访问控制策略显式地准许或限制主体的访问能力及范

围,从而有效地限制和管理合法用户对关键资源的访问,防止和追踪非法用户的侵入以及合法用户的不慎操作等行为对权威机构所造成的破坏。

1.3.4 信息安全检测

入侵检测技术作为一种网络信息安全新技术,对网络进行监测,提供对内部攻击、外部攻击和误操作的实时检测以及采取相应的防护手段,如记录证据用于跟踪、恢复和断开网络连接等。

入侵检测系统(Intrusion Detection System,IDS)是从计算机网络系统中的若干关键点收集信息,并分析这些信息,检查网络中是否有违反安全策略的行为和遭到袭击的迹象,将完成入侵检测功能的软件与硬件进行组合便是入侵检测系统。与其他安全产品不同的是,入侵检测系统需要更多的智能,它必须可以对得到的数据进行分析,并得出有用的结果。一个合格的入侵检测系统能大大地简化管理员的工作,保证网络安全的运行。

随着入侵检测技术的发展,到目前为止出现了很多入侵检测系统,不同的入侵检测系统具有不同的特征。根据不同的分类标准,入侵检测系统可分为不同的类别。按照信息源划分入侵检测系统是目前最通用的划分方法。入侵检测系统主要分为两类,即基于网络的 IDS 和基于主机的 IDS。

信息源是入侵检测的首要素,它可以看作是一个事件产生器。IDS 可以有多种不同类型的引擎,用于判断信息源,检查数据有没有被攻击,有没有违反安全策略。当分析过程产生一个可反应的结果时,响应部件就做出反应,包括将分析结果记录到日志文件,对入侵者采取行动。根据入侵的严重程度,反应行动可以不一样,一种方法是通过预定义严重级别来激发警报,对于级别低的,仅仅在控制台显示一条信息,而对于级别高的,可直接给管理员发送含有警报标志的 E-mail,或者立即采取行动阻止入侵。一般来说,IDS 能够完成:监控、分析用户和系统的活动;发现入侵企图或异常现象;审计系统的配置和弱点;评估关键系统和数据文件的完整性;对异常活动的统计分析;识别攻击的活动模式;实时报警和主动响应。

1.3.5 信息内容安全

信息内容的定义来源于数字内容产业,一般来说,"信息内容产业"指的是基于数字化、网络化,利用信息资源创意、制作、开发、分销、交易的产品和服务的产业,其中的"信息内容"涉及动画、游戏、影视、数字出版、数字创作、数字馆藏、数字广告、互联网、信息服务、咨询、移动内容、数字化教育、内容软件等。20 世纪 90 年代产生的网络安全问题可看作运行安全层面,运行安全关心的是信息系统自身的安全,是计算机信息系统和网络安全两个层面。20 世纪末至 21 世纪初,提出了应用安全,也就是内容安全,强调对信息内容的控制能力。

信息内容安全是指对信息在网络内流动中的选择性阻断,以保证信息流动的可控能力。在此,被阻断的对象是:通过内容可以判断出来的能对系统造成威胁的脚本病毒;因无限制扩散而导致消耗用户资源的垃圾类邮件;导致社会不稳定的有害信息等。信息内容安全主要涉及信息的机密性、真实性、可控性、可用性、完整性、可靠性等;所面临的威胁主要有信息破坏、信息传输威胁、信息内容的泄露、系统安全威胁和信息干扰等;所面对的

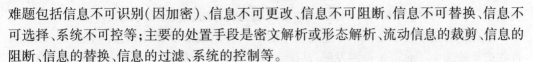

难题包括信息不可识别（因加密）、信息不可更改、信息不可阻断、信息不可替换、信息不可选择、系统不可控等；主要的处置手段是密文解析或形态解析、流动信息的裁剪、信息的阻断、信息的替换、信息的过滤、系统的控制等。

内容安全管理技术能够监控和管理人们对互联网资源的访问以及相互之间的电子邮件通信，涉及范围广泛。与信息内容安全相关的网络技术主要有：

（1）信息内容的获取技术。信息内容的获取技术主要研究如何在大规模网络环境中快速获取各种协议的信息内容，可分为主动获取技术和被动获取技术。主动获取通过向网络注入数据包后的反馈来获取信息，特点是接入方式简单，能够获取更广泛的信息内容，但会对网络造成额外负荷。被动获取则在网络出入口上通过镜像或旁路侦听方式获取网络信息，特点是接入需要网络管理者的协作，获取的内容仅限于进出本地网络的数据流，但不会对网络造成额外流量。

（2）信息内容识别技术。信息内容识别是指对获取的网络信息内容进行识别、判断、分类，确定其是否为所需要的目标内容，识别的准确度和速度是其中的重要指标。信息内容识别主要分为文字、声音、图像、图形识别。文字识别包括关键字/特征词/属性词识别、语法/语义/语用识别、主题/立场/属性识别，涉及规则匹配、串匹配、自然语言理解、分类算法、聚类算法等。目前的入侵检测产品、防病毒产品、反垃圾邮件产品、员工上网过滤产品等基本上都采用基于文字的识别方法。音频内容识别分析技术的研究属于音频信息检索领域的范畴，有关音频信息检索的研究工作是从 20 世纪 90 年代中后期开始的。目前，相关的语音识别技术已部分进入实用阶段，主要用于影视盗版监查、广告监播等。图像、图形识别技术目前尚在实验室研究阶段，英国 Forsyth 研究小组设计了一种针对人体的过滤算法，识别率为 57%。

（3）控制/阻断技术。对于识别出的非法信息内容，阻止或中断用户对其访问，成功率和实时性是两个重要指标。从阻断依据上分为基于 IP 地址阻断、基于内容的阻断；从实现方式上分为软件阻断和硬件阻断；从阻断方法上分为数据包重定向和数据包丢弃。控制/阻断技术在垃圾邮件剔除、涉密内容过滤、著作权盗用的取证、有害及色情内容的阻断和警告等方面已经投入使用，并有成熟产品出现，如 McAfee WebShield 设备。

（4）信息内容审计技术。信息内容审计的目标就是真实全面地将发生在网络上的所有事件记录下来，为事后的追查提供完整准确的资料。通过对网络信息进行审计，政府部门可以实时监控本区域内互联网的使用情况，为信息安全的执法提供依据。虽然审计措施相对网上的攻击和窃密行为有些被动，但是它对追查网上发生的犯罪行为起到十分重要的作用，也对内部人员犯罪起到了威慑作用。信息内容审计采用的主要技术是以旁路方式捕获受控网段内的数据流，通过协议分析、模式匹配等技术手段对网络数据流进行审计，并对非法流量进行监控和取证。一般均采用多级分布式体系结构，并提供数据检索功能能和智能化统计分析能力，对部分非法网络行为（如 Web 页面浏览、QQ 聊天行为、BBS 发言等）可进行重放演示。

（5）反病毒技术。由于计算机病毒具有传染的泛滥性、病毒侵害的主动性、病毒程序外形检测的难以确定性和病毒行为判定的难以确定性、非法性与隐蔽性、衍生性和可激发性等特性，所以必须花大力气认真加以对付。实际上，计算机病毒研究已经成为信息内容安全的一个重要方面。目前在防范病毒方面，分布式网络蠕虫报警防范体系、良性蠕虫对抗技术、网关型病毒检测与遏制技术、移动终端的病毒防护技术等引起了广泛重视。

信息内容安全技术正从单一地对文本信息内容识别向多媒体信息内容识别发展，从百兆流量检测向千兆流量检测发展，从统计分析向智能分析发展，从单一功能产品向层级式的整体解决方案发展。潜在的技术发展趋势包括 IP 骨干网安全、内容分级技术、多媒体信息识别技术、IPv6 网络的内容安全、移动终端的信息内容防护等。

1.4　信息安全管理

信息系统的安全管理目标是管好信息资源安全，信息安全管理是信息系统安全的重要组成部分，管理是保障信息安全的重要环节，是不可或缺的。信息安全问题不单是依靠安全技术就可以解决的，可以说信息安全是"三分技术，七分管理"。

1.4.1　信息安全管理概述

管理，就是在群体的活动中为了完成某一任务，实现既定的目标，针对特定的对象，遵循确定的原则，按照规定的程序，运用恰当的方法进行有计划、有组织、有指挥、协调和控制等活动。信息安全管理是信息安全中具有能动性的组成部分，大多数安全事件和安全隐患的发生，并非完全是技术上的原因，而往往是由于管理不善而造成的。

为实现安全管理，应有专门的安全管理机构、专门的安全管理人员、逐步完善的管理制度和逐步提供的安全技术设施。

信息安全管理主要涉及人事管理、设备管理、场地管理、存储媒体管理、软件管理、网络管理、密码和密钥管理几个方面。

信息安全管理应遵循的原则为规范原则、预防原则、立足国内原则、选用成熟技术原则、重视实效原则、系统化原则、均衡防护原则、分权制衡原则、应急原则和灾难恢复原则。

信息安全管理贯穿于信息系统规划、设计、建设、运行、维护等各个阶段，内容十分广泛。信息系统的安全管理目标是管好信息资源安全，信息安全管理是信息系统安全的重要组成部分，是保障信息安全的重要环节。

1.4.2　信息安全管理标准

20 世纪 80 年代末，ISO9000 质量管理标准的出现及随后在全世界广泛被推广应用，系统管理的思想在其他管理领域也被借鉴与采用，如后来的 ISO14000 环境体系管理标准、OHSAS18000 职业健康安全管理体系标准。

20 世纪 90 年代，信息安全管理也同样步入了标准化与系统化管理的时代。1995 年，英国率先推出了 BS7799 信息安全管理标准，并于 2000 年被国际标准化组织认可为国际标准 ISO/IEC17799 标准。

安全管理不只是网络管理员日常从事的管理活动，而是在明确的安全策略指导下，依据国家或行业制定的安全标准和规范，由专门的安全管理员来实施。因此，网络安全管理的主要任务就是制定安全策略并贯彻实施。制定安全策略主要是依据国家标准，结合本单位的实际情况确定所需的安全等级，然后根据安全等级的要求确定安全技术措施和实施步骤。同时，制定有关人员的职责和网络使用及管理条例，并定期检查执行情况，对出现的安全问题进行记录和处理。

　　我国信息安全标准化研究的初期,本着积极采用国际标准的原则,转化了一批国际信息安全基础技术标准,成为我国信息安全标准化的基础。2004年4月,在国务院信息化工作办公室和国家标准化管理委员会的指导下,成立了全国信息安全标准化技术委员会,并启动了信息安全管理工作组(WG7),该工作组在我国信息安全管理标准空白的情况下,学习研究当前国际信息管理标准化的重点项目,已正式发布了一些信息安全管理国家标准。根据国家信息安全标准化"十一五"规划中提出的信息安全管理标准化工作要求,我国下一步信息安全管理标准化研究工作将围绕信息安全等级保护、信息安全管理体系标准族、信息安全应急与灾备、信息安全服务管理等四方面展开。

1.4.3　信息安全管理体系

　　信息安全管理体系是组织在整体或特定范围内建立信息安全方针和目标,以及完成这些目标所用方法的体系。它是直接管理活动的结果,表示成方针、原则、目标、方法、过程、核查表等要素的集合。信息安全管理体系是一个系统化、程序化和文件化的管理体系,该体系的建立与有效运行是实现信息安全管理最为有效的手段。信息安全管理体系具有以下特点:体系的建立基于系统、全面、科学的安全风险评估,体现以预防控制为主的思想,强调遵守国家有关信息安全的法律法规及其他合同方要求;强调全过程和动态控制,本着控制费用与风险平衡的原则合理选择安全控制方式;强调组织所拥有的关键性信息资产,而不是全部信息资产,确保信息的机密性、完整性和可用性,保持组织的竞争优势和商务运作的持续性。

　　由于BS7799信息安全管理标准采用指导和建议的方式编写,因而不宜作为认证标准使用;1998年为了适应第三方认证的需求,英国又制定了世界上第一个信息安全管理体系认证标准——BS 7799-2:1998信息安全管理体系规范,它规定信息安全管理体系要求与信息安全控制要求,它是一个组织的全面或部分信息安全管理体系评估的基础,它可以作为对一个组织的全面或部分信息安全管理体系进行评审认证的标准。BS 7799-2是建立和维持信息安全管理体系的标准,该标准要求组织通过确定信息安全管理体系范围、制定信息安全方针、明确管理职责、以风险评估为基础选择控制目标与控制方式等活动建立信息安全管理体系;体系一旦建立,组织应按体系规定的要求进行运作,保持体系运作的有效性;信息安全管理体系应形成一定的文件,即组织应建立并保持一个文件化的信息安全管理体系,其中应阐述被保护的资产、组织风险管理的方法、控制目标及控制方式和信息资产需要的保证程度等内容。按照BS 7799-2建立的信息安全管理体系要求组织建立并保持良好的信息安全文化氛围,它涉及组织全体成员和全部过程,需要取得管理者的足够重视和有力支持。信息安全管理体系可以覆盖组织的全部或部分,但是,无论是全部还是部分,组织都必须明确界定体系的范围。

　　建立信息安全管理体系首先要建立一个合理的信息安全管理框架,要从整体和全局的视角,从信息系统的所有层面进行整体安全建设,并从信息系统本身出发,通过建立资产清单,进行风险分析、需求分析和选择安全控制等步骤,建立安全体系并提出安全解决方案。不同的组织在建立与完善信息安全管理体系时,可以根据自己的特点和具体情况,采取不同的步骤和方法。

1.5 信息安全与法律

信息安全保障的一个不可或缺的基础支持就是相关法律、法规等基础设施的建设。在实施信息安全的过程中,一方面,应用先进的安全技术及执行严格的管理制度建立的安全系统,不仅需要大量的资金,而且还会给使用带来不便。安全性和效率是一对矛盾,增加安全性,必然要损失一定的效率。因此,要正确评估所面临的安全风险,在安全性与经济性、安全性与方便性、安全性与工作效率之间选取折中的方案。另一方面,没有绝对的安全,安全总是相对的。即使相当完善的安全机制也不可能完全杜绝非法攻击,由于破坏者的攻击手段在不断变化,而安全技术与安全管理又总是滞后于攻击手段的发展,信息系统存在一定的安全隐患是不可避免的。

1.5.1 计算机犯罪与立法

伴随着计算机信息技术的迅速发展,各种基于计算机网络的犯罪行为也滋生蔓延,利用计算机系统作为犯罪的工具或目标的案件在司法实践中已经越来越多。而要想解决计算机犯罪问题不能仅仅依靠单纯的技术手段,更加需要依靠包括刑法等法律法规的法律控制。

同任何技术一样,计算机技术也是一柄双刃剑,计算机网络的广泛应用和迅猛发展,在使社会生产力获得极大解放的同时,又给人类社会带来前所未有的挑战,其中尤以计算机犯罪为甚。计算机犯罪是指使用计算机技术来进行的各种犯罪行为,它既包括针对计算机的犯罪(把电子数据处理设备作为作案对象的犯罪,如非法侵入和破坏计算机信息系统等),也包括利用计算机的犯罪(以电子数据处理设备作为作案工具的犯罪,如利用计算机进行盗窃、贪污等)。前者是因计算机而产生的新犯罪类型,可称为纯粹意义的计算机犯罪,又称狭义的计算机犯罪;后者是用计算机来实施的传统的犯罪类型,可称为与计算机相关的犯罪,又称广义的计算机犯罪。从1966年美国查处的第一起计算机犯罪案算起,世界范围内的计算机犯罪以惊人的速度在增长。

随着互联网的高速发展,一系列网络信息安全问题层出不穷,严重影响了网络的正常秩序,引起了政府和社会各界的广泛关注。网络安全问题,包括计算机犯罪在内,不仅是技术问题,更应该属于法律范畴的问题。在网络违法犯罪过程中,人是主犯,起主要作用,而网络则是其利用的工具。要以法律手段强化网络监管,网络安全事故中,大部分属于管理方面的原因,因此,在维护网络信息安全过程中,网络监管是关键,并且应由一定的法律来强制保障实行。

法律是网络信息安全的制度保障,离开了法律这一强制性规范体系,信息安全技术和管理人员的行为都失去了约束,即使有再完善的技术和管理的手段,都是不可靠的。因此,为了保证信息的安全,除了运用技术手段和管理手段外,还要运用法律手段。网络信息安全措施只有在法律的支撑下才能产生约束力,法律对网络信息安全措施的规范主要体现在对各种计算机网络提出相应的安全要求,对安全技术标准、安全产品的生产和选择作出规定。赋予信息网络安全管理机构一定的权利和义务,规定违反义务的应当承担的责任,将行之有效的信息网络安全技术和安全管理的原则规范化等。法律可以使人们了解在信息安全的管理和应用中什么是违法行为,自觉遵守法律而不进行违法活动。如果实施了违法行为就要承担法律责任,构成犯罪的还须承担刑事责任,法律也是实施各种信息安全措施的基本依据。对于发生的违法行为,只能依靠法律进行惩处,通过法律的威慑力,可以使攻击者产生畏惧心理,达到惩一警百、遏制犯罪的效果,因此,法律是保护信息安全的最终手段。

计算机犯罪通过互联网所营造出的"无国界"的虚拟空间而表现出日益多样化、系统化、复杂化的发展趋势,使得传统的法律体系越来越不适应现实的需要。针对计算机犯罪的一些法律规定还存在许多不足,各国政府也非常重视对相关法律的补充完善。

1.5.2　国外计算机犯罪的立法情况

为了有效惩治和防范计算机犯罪,各国纷纷加快这方面的立法。各国针对计算机犯罪的立法,不同情形采取了不同的方案:①非信息时代的法律完全包括不了的全新犯罪种类,如黑客袭击,需要议会或国会建立新的非常详细的法律;②通过增加特别条款或通过判例来延伸原来法律的适用范围,如将"伪造文件"的概念扩展至包括伪造磁盘的行为,将"财产"概念扩展至包括"信息"在内;③通过立法明确原来的法律适用于信息时代的犯罪,如盗窃(盗窃信息等无形财产除外)、诈骗、诽谤等。第一种情形主要有两种立法模式:一是制定计算机犯罪的专项立法,如美国、英国等;二是通过修订刑法典,增加规定有关计算机犯罪的内容,如法国、俄罗斯等。

自1973年瑞典率先在世界上制定第一部含有计算机犯罪处罚内容的《瑞典国家数据保护法》,迄今已有数十个国家相继制定、修改或补充了惩治计算机犯罪的法律,这其中既包括已经迈入信息社会的美国、日本、欧盟等发达国家和地区,也包括正在迈向信息社会的巴西、韩国、马来西亚等发展中国家。

美国是世界上计算机和互联网普及率最高的国家,美国的计算机犯罪立法最初是从州开始的。1978年,佛罗里达州率先制定了计算机犯罪法,其后,其他各州均纷纷起而效之,现在,除了佛蒙特州以外,其他所有的州都制定了专门的计算机犯罪法。1998年5月22日,美国政府颁发了《保护美国关键基础设施》总统令(PDD-63),围绕"信息保障"成立了多个组织,其中包括全国信息保障委员会、全国信息保障同盟、关键基础设施保障办公室、首席信息官委员会、联邦计算机事件响应能动组等10多个全国性机构。1998年美国国家安全局制定了《信息保障技术框架》,提出了"深度防御策略",确定了包括网络与基础设施防御、区域边界防御、计算环境防御和支撑性基础设施的深度防御战略目标。2000年1月,美国又发布了《保卫美国的计算机空间:保护信息系统的国家计划》,该计划分析了美国关键基础设施所面临的威胁,确定了计划的目标和范围,制定出了联邦政府关键基础设施保护计划(其中包括民用机构的基础设施保护方案和国防部基础设施保护计划)以及私营部门、州和地方政府的关键基础设施保障框架。

俄罗斯1996年通过、1997年生效的新刑法典也以专章"计算机信息领域的犯罪"为名对计算机犯罪作了规定。1997年,俄罗斯出台了《俄罗斯国家安全构想》。2000年普京总统批准的《国家信息安全学说》界定了信息资源开放和保密的范畴,明确保护信息的法律责任,提出"保障国家安全应把保障经济安全放在第一位","信息安全又是经济安全的重中之重"。

1.5.3 我国的信息安全政策法规

我国在大力推进信息化建设的同时,对网络信息安全也非常重视。我国于1986年首次发现计算机犯罪,在1997年全面修订刑法典时,加进了有关计算机犯罪的条款,规定了非法侵入计算机信息系统罪、破坏计算机信息系统罪。国务院"关于维护网络安全和信息安全的决定"草案规定,利用网络进行盗窃、诈骗、诽谤等15种行为"构成犯罪的,依照刑法有关规定追究刑事责任"。中央保密委员会、最高人民检察院也多次发文要求做好信息保密工作,切实防范外来的侵害和网络化带来业务的泄密,还明确规定"计算机信息系统,不得与公网、国际互联网直接或间接地连接",如要相连,"必须采取物理隔离的保密防范措施"。

1994年2月18日中华人民共和国国务院147号令发布了《中华人民共和国计算机信息系统安全保护条例》。对计算机信息系统主要实行6种安全保护制度,即安全等级保护制度、国际联网备案制度、信息媒体进出境申报制度、案件强制报告制度、病毒专管制度和专用产品销售许可证制度。该条例是我国历史上第一个规范计算机信息系统安全管理、惩治侵害计算机安全违法犯罪的法规,在我国网络安全立法历史上具有里程碑意义。

2000年12月28日,第九届全国人大常务委员会第十九次会议通过的《关于维护互联网安全的决定》规定了应追究刑事责任的计算机犯罪,即妨害网络运行安全的犯罪、妨害国家安全和社会稳定的犯罪、妨害社会主义市场经济秩序和社会管理秩序的犯罪、侵犯人身和财产等合法权利的犯罪及其他计算机犯罪。此外还规定:利用互联网实施违法行为,尚不构成犯罪的,由公安机关依照《治安管理处罚条例》予以处罚;违反其他法律、行政法规,尚不构成犯罪的,由有关行政管理部门依法给予行政处罚;对直接负责的主管人员和其他直接责任人员,依法给予行政处分或纪律处分;利用互联网侵犯他人合法权益,构成民事侵权的,依法承担民事责任。

第十届全国人民代表大会常务委员会第十一次会议于2004年8月28日通过,自2005年4月1日起实施的《中华人民共和国电子签名法》。《中华人民共和国电子签名法》的出台为我国电子商务发展提供了基本的法律保障,它解决了电子签名的法律效力这一基本问题。

目前,我国已制定了一系列有关计算机信息系统安全的法律和法规,形成了较为完备的计算机信息系统安全的法律法规体系。对于制止、打击计算机网络犯罪,促进信息技术发展,发挥了很大的作用。

计算机网络犯罪是一种新型犯罪,也是一种高科技犯罪,然而又有低龄化倾向。有些低龄化犯罪分子缺少法律观念,在猎奇冲动之下,频频利用计算机作案。针对这些情况,在完善立法的同时,还应该加强法制宣传和教育。同时,要努力提高网络执法人员的素质,加强网络执法,全力打击计算机网络犯罪。

 # 本 章 小 结

信息是事物的运动状态和状态变化的方式。信息来源于物质,又不是物质本身。信息可以被人感知、提取、识别,可以被传递、储存、变换、处理、显示检索、利用、复制和共享。

一般将信息论、控制论和系统论合称为"三论",或统称为"系统科学"或"信息科学"。

信息的主要性质有客观性、普遍性、时效性、共享性、传递性、转换性、可伪性、寄载性、价值性、层次性和不完全性。信息的基本功能在于维持和强化世界的有序性;信息的社会功能则表现在维系社会的生存,促进人类文明的进步和人类自身的发展。

信息技术主要是指在计算机和通信技术支持下用以获取、加工、存储、变换、显示和传输文字、数值、图像、视频、音频以及语音信息,包括提供设备和信息服务两大方面。由于在信息技术中信息的传递是通过现代通信技术来完成的,处理信息是通过各种类型的计算机(智能工具)来完成的,而信息要为人类所利用,必须可以控制。

信息安全的基本属性主要表现为信息的完整性、保密性、可用性、不可否认性、可控性。信息安全的任务就是要实现信息的上述"五性"。对于攻击者来说,就是要通过一切可能的方法和手段破坏信息的安全属性。

信息安全威胁是指某个人、物、事件或概念对信息资源的保密性、完整性、可用性或合法使用所造成的危险。网络攻击是对网络安全威胁的具体体现。对于信息系统来说威胁可以是针对物理环境、通信链路、网络系统、操作系统、应用系统以及管理系统等方面。

无论采取何种防范措施都不能保证信息系统的绝对安全,安全是相对的,不安全才是绝对的。但在具体应用中,经济因素和时间因素是判别安全性的重要指标。应正确评估可能的安全风险,制定正确的安全策略和采用适当的安全机制。

信息安全主要包括技术安全、管理安全和相应的政策法律三个方面。安全管理是信息安全中具有能动性的组成部分。大多数安全事件和安全隐患的发生,并非完全是技术上的原因,而往往是由于管理不善而造成的。法律是保护信息安全的最终手段。从这三个方面出发讨论网络安全防范的体系构建。

<h2 style="text-align:center">思 考 题</h2>

1. 谈谈你对信息的理解。
2. 什么是信息技术?
3. 信息安全的基本属性主要表现在哪几个方面?
4. 信息安全威胁主要有哪些?
5. 怎样实现信息安全?

第 2 章　网络攻击与安全防范

网络信息安全是社会稳定安全的必要前提条件。人们的生活已经无法脱离对网络与计算机的依赖,但是网络是开放的、共享的,因此,网络与计算机系统安全就成为科学研究的一个重大课题。而对网络与计算机安全的研究不能仅限于防御手段,还要从非法获取目标主机的系统信息,非法挖掘系统弱点等技术进行研究。正所谓对症下药,只有了解了攻击者的手法,才能更好地采取措施,来保护网络与计算机系统正常运行。

 ## 2.1　网络攻击技术

2.1.1　网络攻击技术概述

网络攻击是对网络安全威胁的具体体现。互联网目前已经成为全球信息基础设施的骨干网络,互联网本身所具有的开放性和共享性对信息的安全问题提出了严峻的挑战。由于系统脆弱性的客观存在,操作系统、应用软件、硬件设备不可避免地存在一些安全漏洞,网络协议本身的设计也存在一些安全隐患,这些都为攻击者采用非正常手段入侵系统提供了可乘之机。

十几年前,网络攻击还仅限于破解口令和利用操作系统已知漏洞等有限的几种方法,然而目前网络攻击技术已经随着计算机和网络技术的发展逐步成为一门完整的科学,它囊括了攻目标系统信息收集、弱点信息挖掘分析、目标使用权限获取、攻击行为隐蔽、攻击实施、开辟后门以及攻击痕迹清除等各项技术。

近年来,围绕计算机网络和系统安全问题进行的网络攻击与防范受到了人们的广泛重视。目前网络攻击技术和攻击工具发展很快,使得一般的计算机爱好者要想成为一名准黑客非常容易。常见的网络攻击技术有网络嗅探技术、缓冲区溢出攻击技术、拒绝服务(Denial of Service,DoS)攻击技术、IP 欺骗技术、密码攻击技术等;常见网络攻击工具有安全扫描工具、监听工具、口令破译工具等。网络攻击技术和攻击工具的迅速发展使得各个单位的网络信息安全面临越来越大的风险。要保证网络信息安全就必须想办法在一定程度上克服以上种种威胁,加深对网络攻击技术发展趋势的了解,尽早采取相应的防护措施。

目前应该特别注意网络攻击技术和攻击工具正在以下几个方面快速发展。

(1)攻击技术手段在快速改变。网络攻击的自动化程度和攻击速度不断提高,同时扫描技术也在朝着分布式、可扩展性和隐蔽性的方向发展,这使得黑客能够利用分工协同的扫描方式配合灵活的任务配置和加强自身隐蔽性来实现大规模、高效率的安全扫描。攻击工具的开发者正在利用更先进的技术武装攻击工具,攻击工具的特征比以前更难发现,攻击工具越来越复杂,已经发展到可以通过升级或更换工具的一部分迅速变化自身,进而发动迅速变化的攻击,且在每一次攻击中会出现多种不同形态的攻击工具。

（2）安全漏洞被利用的速度越来越快。黑客经常能够抢在厂商修补软件和系统中存在的安全漏洞前发现这些漏洞并发起攻击。目前,出现了越来越多的攻击技术使得攻击者可以绕过防火墙和 IDS 而发起攻击。

（3）有组织的攻击越来越多。网络攻击已经从个人独自思考向有组织的技术交流和培训转变。各种各样黑客组织不断涌现,进行协同作战。随着分布式攻击工具的出现,黑客可以容易地控制和协调分布在互联网上的大量已部署的攻击工具。

（4）攻击的目的和目标在改变。从早期的以个人表现的无目的攻击到有意识有目的攻击改变,攻击目标在改变,从早期的以军事敌对为目标向民用目标转变,民用计算机受到越来越多的攻击,公司甚至个人的计算机都成为了攻击目标。更多职业化黑客的出现,使网络攻击更加具有危害性。黑客们已经不再满足于简单、虚无飘渺的名誉追求,更多的攻击背后是丰厚的经济利益。

（5）攻击行为越来越隐蔽。黑客越来越多地采用具有隐蔽攻击工具特性的技术,使安全专家需要耗费更多的时间来分析新出现的攻击工具和了解新的攻击行为。此外,现在的自动攻击工具可以根据随机选择、预先定义的决策路径或通过入侵者直接管理,来变化它们的模式和行为,而不是像早期的攻击工具那样,仅能够以单一确定的顺序执行攻击步骤。

（6）攻击者的数量不断增加,破坏效果越来越大。由于用户越来越多地依赖计算机网络提供各种服务、完成日常业务,所以黑客攻击网络基础设施造成的破坏影响越来越大。随着黑客软件部署自动化程度和攻击工具管理技巧的提高,安全威胁的不对称性将继续增加,攻击者的数量也将增加。

2.1.2 网络攻击的一般流程

网络攻击的具体过程一般分为以下几个阶段:

（1）攻击身份和位置隐藏。隐藏网络攻击者的身份及主机位置,可以通过利用被入侵的主机(肉鸡)作跳板、利用电话转接技术、盗用他人账号上网、通过免费网关代理、伪造 IP 地址、假冒用户账号等技术实现。

（2）目标系统信息收集。确定攻击目标并收集目标系统的有关信息,目标系统信息收集包括:系统的一般信息(软/硬件平台、用户、服务、应用等);系统及服务的管理、配置情况;系统口令安全性;系统提供服务的安全性等信息。

（3）弱点信息挖掘分析。从收集到的目标信息中提取可使用的漏洞信息,包括系统或应用服务软件漏洞、主机信任关系漏洞、目标网络使用者漏洞、通信协议漏洞、网络业务系统漏洞等。

（4）目标使用权限获取。获取目标系统的普通或特权账户权限。获得系统管理员口令、利用系统管理上的漏洞获取控制权(如缓冲区溢出)、令系统运行特洛伊木马、窃听账号口令输入等。

（5）攻击行为隐藏。隐蔽在目标系统中的操作,防止攻击行为被发现。连接隐藏,冒充其他用户、修改 logname 环境变量、修改 utmp 日志文件、IP SPOOF;隐藏进程,使用重定向技术 ps 给出的信息、利用木马代替 ps 程序;文件隐藏,利用字符串相似麻痹管理员;利用操作系统可加载模块特性,隐藏攻击时产生的信息等。

(6) 攻击实施。实施攻击或者以目标系统为跳板向其他系统发起新的攻击。攻击其他网络和受信任的系统;修改或删除信息;窃听敏感数据;停止网络服务;下载敏感数据;删除用户账号;修改数据记录。

(7) 开辟后门。在目标系统中开辟后门,方便以后入侵。放宽文件许可权;重新开放不安全服务,如 TFTP 等;修改系统配置;替换系统共享库文件;修改系统源代码、安装木马;安装嗅探器;建立隐蔽通信信道等。

(8) 攻击痕迹清除。清除攻击痕迹,逃避攻击取证。篡改日志文件和审计信息;改变系统时间,造成日志混乱;删除或停止审计服务;干扰入侵检测系统的运行;修改完整性检测标签等。

从上面的分析可以看出,网络攻击的一般流程如图 2.1 所示。

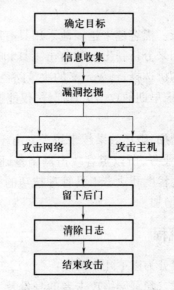

图 2.1　网络攻击的一般流程

攻击过程中的关键阶段是弱点挖掘和权获取限;攻击成功的关键条件之一是目标系统存在安全漏洞或弱点;网络攻击难点是目标使用权的获得。能否成功攻击一个系统取决于多方面的因素。

2.1.3 黑客技术

简单地说,黑客技术是对计算机系统和网络的缺陷及漏洞的发现以及针对这些缺陷实施的攻击技术。这里所说的缺陷包括软件缺陷、硬件缺陷、网络协议缺陷、管理缺陷和人为的失误。

从理论上讲,开放系统都是会有漏洞的。黑客攻击是黑客自己开发或利用已有的工具寻找计算机系统和网络的缺陷及漏洞,并对这些缺陷实施攻击。黑客们最常用的手段是获得超级用户口令,他们总是先分析目标系统正在运行哪些应用程序,目前可以获得哪些权限,有哪些漏洞可加以利用,并最终利用这些漏洞获取超级用户权限,进而达到他们的目的。

黑客技术是一把双刃剑,我们应该辩证地看待它。和一切科学技术一样,黑客技术的好坏取决于使用它的人。有些人不断地研究计算机系统和网络知识,发现系统和网络中存在的漏洞,但他们的目的不是去破坏计算机系统,而是提出解决和修补漏洞的方法,进一步完善系统。然而,有些人研究计算机系统和网络中存在的漏洞则是以破坏为目的的,例如,他们修改网页进行恶作剧,窃取网上信息兴风作浪,非法进入主机破坏程序、阻塞用户、窃取密码,串入银行网络转移金钱,进行电子邮件骚扰等。还有些人会利用黑客技术攻击网络设备,使网络设备瘫痪。

黑客在网上的攻击活动每年以10倍的速度增长,美国每年因黑客而造成的经济损失近百亿美元。然而,黑客技术的存在促进了网络的自我完善,可以使厂商和用户们更清醒地认识到网络中还有许多地方需要改善,促使计算机和网络产品供应商不断地改善他们的产品,对整个互联网的发展一直起着推动作用,因此,对黑客技术的研究有利于网络安全。网络战已经成为现代战争的一种趋势,很早就有人提出了"信息战"的概念并将信息武器列为继原子武器、生物武器、化学武器之后的第四大武器。在未来的信息战中,黑客技术将成为主要手段。对黑客技术的研究有利于国家安全,对于国家安全具有重要的战略意义。

 ## 2.2　网络攻击实施

2.2.1　网络攻击的目的

网络攻击是指任何的未经授权而进入或试图进入他人计算机网络的行为。这种行为包括对整个网络的攻击,也包括对网络中的服务器或单个计算机的攻击。攻击的目的在于干扰、破坏、摧毁对方服务器的正常工作,攻击的范围从简单地使某服务器无效到完全破坏整个网络。

对网络的攻击往往是多种目的共存的,进行网络攻击的目的大体有以下几种。

1. 获取保密信息

网络信息的保密性目标是防止未授权泄露敏感信息,网络中需要保密的信息包括网络重要配置文件、用户账号、注册信息、商业数据(如产品计划)等。获取保密信息包括以下几个方面。

(1)获取超级用户的权限。具有超级用户的权限,意味着可以做任何事情,这对入侵者无疑是一个莫大的诱惑。在一个局域网中,掌握了一台主机的超级用户权限,才可以说掌握了整个子网。

(2)对系统进行非法访问。一般来说,计算机系统是不允许其他的用户访问的,比如一个公司、组织的网络。因此,必须以一种非正常的行为来得到访问的权利。这种攻击的目的并不一定要做什么,或许只是为访问而攻击。例如,在一个有许多 Windows95 的用户网络中,常有许多的用户把自己的目录共享出来,于是别人就可以从容地在这些计算机上浏览、寻找自己感兴趣的东西,或者删除和更换文件。

(3)获取文件和传输中的数据。攻击者的目标就是系统中的重要数据,因此攻击者主要通过登录目标主机,或是使用网络监听进行攻击来获取文件和传输中的数据。

常见的针对信息保密的攻击方法有：

（1）使用社交手段骗去用户名和密码。

（2）发布免费软件，内含盗取计算机信息的功能，有些病毒程序将用户的数据发送到外部网络，导致信息泄露。

（3）通过搭线窃听，偷看网络传输数据等进行拦截网络信息。

（4）使用敏感的无线电接收设备，远距离接收计算机操作者的输入和屏幕显示产生的电磁辐射，远距离还原计算机操作者的信息，将网络信息重定向，攻击者利用技术手段将信息发送端重定向到攻击者所在的计算机，然后再转发给接收者，例如，攻击者伪造某网上银行域名或相似域名，欺骗用户输入账号和密码。

（5）攻击者使用数据推理从公开的信息中推测出敏感信息。

2. 破坏网络信息的完整性

网络信息的完整性目标是防止未授权信息修改，在一些特定的环境中，完整性比保密性更重要。例如，在将一笔电子交易的金额由 100 万改为 1000 万，比泄露这笔交易本身结果更严重。涂改信息包括对重要文件的修改、更换、删除，是一种很恶劣的攻击行为。不真实的或者错误的信息都将对用户造成很大的损失。攻击者伪装成具有特权的用户破坏网络信息的完整性，常见的方法有密码猜测、窃取口令、窃听网络连接口令、利用协议实现/设计缺陷、密钥泄露、中继攻击等。

3. 攻击网络的可用性

可用性是指信息可被授权者访问并按需求使用的特性，即保证合法用户对信息和资源的使用不会被不合理地拒绝。

拒绝服务攻击就是针对网络可用性进行攻击，拒绝服务的方式很多，如将连接局域网的电缆接地；向域名服务器发送大量的无意义的请求，使得它无法完成从其他的主机发送来的名字解析请求；制造网络风暴，让网络中充斥大量的封包，占据网络的带宽，延缓网络的传输。

4. 改变网络运行的可控性

可控性是指对信息的传播及内容具有控制能力的特性。授权机构可以随时控制信息的机密性，能够对信息实施安全监控。例如，网络蠕虫、垃圾邮件、域名服务数据破坏等攻击行为均属于此类攻击。

攻击者若使用一些系统工具往往会被系统记录下来，如果直接发给自己的站点也会暴露自己的身份和地址，于是窃取信息时，攻击者往往将这些信息和数据送到一个公开的FTP 站点，或者利用电子邮件寄往一个可以拿到的地方，等以后再从这些地方取走，这样做可以很好地隐藏自己。将这些重要的信息发往公开的站点造成了信息的扩散，由于那些公开的站点常会有许多人访问，其他的用户完全有可能得到这些信息，并再次扩散出去。

有时候，用户被允许访问某些资源，但通常受到许多限制，许多事情将无法做，于是在有了一个普通的账户后，总想得到一个更大权限。在 Windows NT 系统中一样，系统中隐藏的秘密太多了，人们总经不起诱惑，例如，网关对一些站点的访问进行严格控制等。许多用户都有意或无意地去尝试尽量获取超出允许的一些权限，于是便寻找管理员在配置中的漏洞，或者去找一些工具来突破系统的安全防线，例如，特洛伊木马就是一种常用的手段。

5. 逃避责任

攻击者为了能够逃避惩罚,往往会通过删除攻击的痕迹等方式抵赖攻击行为,或进行责任转嫁,达到陷害他人的目的。攻击者为了攻击的需要,往往就会找一个中间站点来运行所需要的程序,并且这样也可以避免暴露自己的真实目的所在,即使被发现了,也只能找到中间的站点地址。在另外一些情况下,假使有一个站点能够访问另一个严格受控的站点或网络,为了攻击这个严格受控的目标站点或网络,入侵者可能就会先攻击能访问目标站点的中间站点。入侵者借助于中间站点主机,对严格受控站点的目标主机进行访问或攻击,当造成损失时,责任会转嫁到中间站点主机的管理员身上,后果是难以估计的。

2.2.2 网络攻击的方法分类

下面基于技术手段对网络攻击进行分类,以便读者进一步了解网络的攻击行为,并根据不同的攻击类型采取相应的安全防范措施。

1. 口令窃取

登录一台计算机的最容易的方法就是采用口令进入。口令窃取一直是网络安全上的一个重要问题,口令的泄露往往意味着整个系统的防护已经被瓦解。如果系统管理员在选择主机系统时不小心,攻击者要窃取口令文件就将易如反掌。口令猜测是使用最多的攻击方法,即利用字典或用穷举方法把登录口令给找出来。

2. 缺陷和后门

事实上没有完美无缺的代码,也许系统的某处正潜伏着重大的缺陷或者后门,等待人们的发现,区别只是在于谁先发现它。只要本着怀疑一切的态度,从各个方面检查所输入信息的正确性,还是可以回避这些缺陷的。比如,如果程序有固定尺寸的缓冲区,无论是什么类型,一定要保证它不溢出;如果使用动态内存分配,一定要为内存或文件系统的耗尽做好准备,并且及时释放分配的内存。

3. 鉴别失败

即使是一个完善的机制在某些特定的情况下也会被攻破。如果源机器是不可信的,基于地址的鉴别也会失效。一个源地址有效性的验证机制,在某些应用场合(如防火墙筛选伪造的数据包)能够发挥作用,但是黑客可以用程序 Portmapper 重传某一请求。在这一情况下,服务器最终受到欺骗,对于这些服务器来说,报文表面上源于本地,但实际上却源于其他地方。

4. 协议失败

寻找协议漏洞的游戏一直在黑客中长盛不衰,在密码学的领域尤其如此。有时是由于密码生成者犯了错误,过于明了和简单。更多的情况是由于不同的假设造成的,而证明密码交换的正确性是很困难的。

5. 信息泄露

信息泄露是指信息被泄露或透露给某个非授权的实体。大多数的协议都会泄露某些信息。高明的黑客并不需要知道你的局域网中有哪些计算机存在,他们只要通过地址空间和端口扫描,就能寻找到隐藏的主机和感兴趣的服务。最好的防御方法是高性能的防火墙,如果黑客们不能向每一台机器发送数据包,该机器就不容易被入侵。

6. 病毒和木马

计算机病毒是一种在计算机系统运行过程中能够实现传染和侵害功能的程序。一种病毒通常有两种功能:一种是对其他程序产生"感染";另一种或是引发损坏功能,或是一种植入攻击的能力。蠕虫病毒是最近几年才流行起来的一种计算机病毒,由于它与以前出现的计算机病毒在机理上有很大的不同(与网络结合),一般把非蠕虫病毒叫做传统病毒;把蠕虫病毒简称为蠕虫。随着网络化的普及,特别是互联网的发展,大大加速了病毒的传播。"特洛伊木马"(trojan horse)简称"木马",据说这个名称来源于希腊神话《木马屠城记》。完整的木马程序一般由两个部分组成:一个是服务器程序;另一个是控制器程序。对于木马来说,被控制端是一台服务器,控制端则是一台客户机。黑客经常引诱目标对象运行服务器端程序,这一般需要使用欺骗性手段,而网上新手则很容易上当。黑客一旦成功地侵入了用户的计算机,就在计算机系统中隐藏一个会在 Windows 启动时悄悄自动运行的程序,采用服务器/客户机的运行方式,从而达到在用户上网时控制用户的计算机的目的。计算机病毒和木马的潜在破坏力极大,正在成为信息战中的一种新式进攻武器。

7. 欺骗攻击

网络欺骗攻击作为一种非常专业化的攻击手段,给网络安全管理者带来了严峻的考验。主要方式有 IP 欺骗、ARP 欺骗、DNS 欺骗、Web 欺骗、电子邮件欺骗、源路由欺骗(通过指定路由,以假冒身份与其他主机进行合法通信或发送假报文,使受攻击主机出现错误动作)、地址欺骗(包括伪造源地址和伪造中间站点)、非技术类欺骗(利用人与人之间的交往,通常以交谈、欺骗、假冒或口语等方式,从合法用户中套取用户系统的秘密)等。

8. 拒绝服务

拒绝服务攻击,直观地说,就是攻击者过多地占用系统资源直到系统繁忙、超载而无法处理正常的工作,甚至导致被攻击的主机系统崩溃。攻击者的目的很明确,即通过攻击使系统无法继续为合法的用户提供服务。

网络攻击的方法分类有多种,如基于攻击效果可以分为破坏、泄露和拒绝服务等。还可以把对安全性的攻击分为两类:被动攻击和主动攻击。被动攻击试图获得或利用系统的信息,但并不会对系统的资源造成破坏,如窃听和监测;主动攻击则试图破坏系统的资源,并影响系统的正常工作,如拒绝服务等。

2.2.3 获取目标系统信息和弱点挖掘

互联网日新月异的飞速发展和广泛应用,给人们的日常生活带来了全新的感受,然而网络技术的发展在给人们带来便利的同时,也带来了巨大的安全隐患,网络安全面临着前所未有的挑战。网络攻击首先是通过搜集目标系统信息并从中挖掘系统和应用服务程序的弱点来实现的,网络攻击主要利用了系统提供网络服务中的脆弱性。系统与网络的安全性取决于网络中最薄弱的环节,所以对于攻方者来说,挖掘系统存在的弱点至关重要。

1. 获取目标系统信息

"知己知彼,百战不殆!",对于攻击者来说,信息是最好的工具。它可能就是攻击者发动攻击的最终目的(如绝密文件、经济情报等);也可能是攻击者获得系统访问权限的通行证,如用户口令、认证票据(ticket)等;还可能是攻击者获取系统访问权限的前奏,如目标系统的软/硬件平台类型、提供的服务与应用及其安全性的强弱等。当然,关于攻击目标,知道得越多越好。一开始攻击者对攻击目标一无所知,而通过种种尝试和多次探测,渐渐地获得越来越多的信息,于是在攻击者的大脑中,便形成了关于目标主机和目标网络的地形图,知道了各个主机的类型和位置以及整个网络的拓扑结构。这样,网络的安全性漏洞就呈现出来。对于攻击者来说一般并不进入自己不了解情况的主机,信息的搜集在网络攻击中显得十分的重要。

在攻击者对特定的网络资源进行攻击以前,需要了解将要攻击的环境,这需要搜集汇总各种与目标系统相关的信息,而目标信息主要包括以下几个方面:

(1)系统的一般信息,如系统的软/硬件平台类型、系统的用户、系统的服务与应用等;

(2)系统及服务的管理、配置情况,如系统是否禁止 root 远程登录,SMTP 服务器是否支持 decode 别名等;

(3)系统口令的安全性,如系统是否存在弱口令、默认用户的口令是否未改动等;

(4)系统提供服务的安全性以及系统整体的安全性,这可以从该系统是否提供安全性较差的服务、系统服务的版本是否是弱安全版本等因素来做出判断。

攻击者进行目标信息搜集时,常常要注意隐藏自己,以免引起目标系统管理员的注意。攻击获取目标信息的主要方法有:

(1)使用口令攻击,如口令猜测攻击、口令文件破译攻击、网络窃听与协议分析攻击、社会工程等手段。

(2)对系统进行端口扫描,应用漏洞扫描工具(如 ISS、SATAN、NESSUS 等)探测特定服务的弱点。

2. 弱点挖掘

网络系统中弱点的存在是网络攻击成功的必要条件之一,不过,系统弱点往往是十分隐蔽的。具体来说,系统弱点主要有设计上的缺陷、操作系统的弱点、软件的错误和缺陷及漏洞、数据库的弱点、网络设备和安全产品的弱点以及用户的管理疏忽等。网络攻击者通常不断地运行弱点检测程序,及时发现目标系统中可能存在的弱点,进而实施相应的网络攻击。

网络安全就像一条链条,只要链条上某一个地方存在弱点,攻击者就可能利用这个弱点破坏整个网络系统的安全。网络安全涉及物理实体、网络通信、系统平台应用软件、用户使用、系统管理等各个方面,系统弱点挖掘的基本过程应从以下几个方面入手。

(1)系统管理弱点:包括安全策略、安全管理制度等方面,如缺乏信息安全意识与明确的信息安全方针,重视安全技术但轻视安全管理,缺乏系统管理的思想等。系统管理上的弱点对整个网络系统的安全影响最大。

(2)系统用户弱点:包括用户安全意识、安全知识等方面。用户安全意识淡薄容易使网络攻击者通过社交活动,骗取用户的信任,从而获得攻击目标的关键信息,如系统口令、网络安全配置等。

(3)应用软件弱点:由于应用程序日益复杂以及开发设计者的水平问题,通常都会使应用程序本身以及运行流程等方面存在安全缺陷,应进行认真分析,并提前做好预防措施。

（4）系统平台弱点：现在的操作系统以及数据库系统等都存在着弱点，应对其弱点进行分析并及时对其漏洞安装补丁程序。

（5）网络通信弱点：通信协议、网络服务等都存在严重的安全漏洞，网络安全产品在很大程度上可以防止攻击者利用这些漏洞进行攻击，但是网络安全产品的本身也有弱点，应在对这些弱点进行挖掘和分析的基础上合理地选择网络关键设备及网络安全产品。

（6）物理实体和环境安全弱点：包括物理实体的安全性，如网络设备本身以及选址、电缆安全、电源供应、办公场所、房屋和设施的安全保障、安全区出入控制措施等方面的弱点分析。

从网络防范的角度来说，安全弱点挖掘的方法主要有安全策略分析、管理顾问访谈、管理问卷调查、网络架构分析、渗透测试、工具扫描和人工检查等。

对攻击者来说，在搜集到攻击目标的一批网络信息之后，攻击者会探测目标网络上的每台主机，以寻求该系统的安全漏洞或安全弱点，其主要使用下列方式进行探测：

（1）自编程序：对某些产品或者系统，已经发现了一些安全漏洞，但是用户并不一定及时使用对这些漏洞的"补丁"程序。因此入侵者可以自己编写程序，通过这些漏洞进入目标系统。

（2）利用公开的工具：比如 nessus 扫描器，还有像互联网的电子安全扫描程序 IIS、审计网络用的安全分析工具 SATAN 等这样的工具，可以对整个网络或子网进行扫描，寻找安全漏洞。

在进行探测活动中，为了防止对方发觉，攻击者一般要隐蔽其探测活动。由于一般扫描侦测器的实现是通过监视某个时间段里一台特定主机发起的连接的数目来决定是否在被扫描，这样，黑客可以通过使用扫描速度慢一些的扫描软件进行扫描。黑客还会利用一些特定的数据包传送给目标主机，使其作出相应的响应。由于每种操作系统都有其独特的响应方式，将此独特的响应报与数据库中的已知响应进行匹配，经常能够确定出目标主机所运行的操作系统及其版本等信息。

2.2.4　身份欺骗和行为隐藏

随着计算机网络的发展，对网络资源的破坏及黑客的攻击不断增多，"网络安全性"和"信息安全性"越来越被重视。纵观网络上的各种安全性攻击特征，可归结为消极性和主动性两种。其中，身份欺骗就是一种主动性攻击。从本质上讲，它是针对网络结构及其有关协议在实现过程中存在某些安全漏洞而进行安全攻击的，身份欺骗的手段非常多，有IP 欺骗、MAC 地址欺骗、通过代理服务器欺骗、电子邮件欺骗、账户名欺骗以及密钥盗用欺骗等，其中 IP 欺骗使用得最广。作为实现 TCP/IP 来说，IP 层位于应用层和传输层之下，同时与物理层紧密相关，欺骗可发生在 IP 系统的所有层次上，其物理层、数据链路层、传输层及应用层都易受影响，IP 欺骗就是其中的一种。

IP 欺骗是利用主机之间的正常信任关系伪造他人的 IP 地址以达到欺骗某些主机的目的。IP 地址欺骗只适用于那些通过 IP 地址实现访问控制的系统。实施 IP 欺骗攻击就能够有效地隐藏攻击者的身份。目前 IP 地址盗用的行为非常常见，IP 地址的盗用行为侵害了网络正常用户的合法权益，并且给网络安全、网络正常运行带来了巨大的负面影响，因此研究 IP 地址盗用问题,找到有效的防范措施,是当前的一个紧迫课题。IP 地址盗用的常用方法有以下三种。

(1) 静态修改 IP 地址。对于任何一个 TCP/IP 实现来说,IP 地址都是其用户配置的必须选项。如果用户修改 TCP/IP 配置时,使用的不是授权机构分配的 IP 地址,就形成了 IP 地址的盗用,由于 IP 地址是一个逻辑地址,是一个需要用户设置的值,因此无法限制用户对于 IP 地址的静态修改,除非是使用 DHCP 服务器分配 IP 地址,但又会带来其他管理问题。

(2) 成对修改 IP - MAC 地址。对于静态修改 IP 地址的问题,现在很多单位都采用静态路由技术加以解决,针对静态路由技术,IP 盗用技术又有了新的发展,即成对修改 IP - MAC地址。MAC 地址是设备的硬件地址,对于常用的以太网来说,即俗称的计算机网卡地址。每一个网卡的 MAC 地址在所有的以太网设备中必须是唯一的,它由 IEEE 分配,是固化在网卡上的,每块网卡在生产出来后,都会有一个唯一的编号标识,而这个唯一的编号就是 MAC 地址。MAC 地址是由一个 12 位的十六进制组成。用十六进制表示就是类似 00 - D0 - 09 - A1 - D7 - B7 的一串字符,一般不能随意改动。MAC 地址与网络无关,无论是把这块网卡接入到网络的任何地方,MAC 地址都是不变的。如果将一台计算机的 IP 地址和 MAC 地址都改为另外一台合法主机的 IP 地址和 MAC 地址,那静态路由技术就无能为力了。

实现 IP 与 MAC 地址的绑定,可以用很多种方法来完成,但是对于一些小型的局域网络,多采用软件的方式和 DOS 命令方式完成的。修改网卡的 MAC 地址一般有硬修改、软修改两种方式。硬修改的方式就是直接对网卡进行操作,修改保存在网卡的 EPROM 里面的 MAC 地址,通过网卡生产厂商提供的修改程序可以修改存储在里面的地址。对于那些 MAC 地址不能直接修改的网卡来说,用户还可以采用软件的办法来修改 MAC 地址,即通过修改底层网络软件达到欺骗上层网络软件的目的。在 Windows 系列操作系统中,网卡的 MAC 地址是保存在注册表中的,实际使用也是从注册表中提取的,所以只要修改注册表就可以改变 MAC 地址,完成修改的操作后重新启动操作系统就可以生效了。如果操作系统需要重新安装,那么网卡的 MAC 地址也需要重新修改。更改 MAC 地址最简单、最直接的方法是在"系统属性"中进行操作,但其操作系统需要是 Windows 2000/XP 环境,依次进入"控制面板"→"系统"→"硬件"→"设备管理器",找到需要修改的网卡,接着单击鼠标右键,选择"属性"菜单,在弹出的网卡属性对话框中选择"高级"选项卡,然后在"属性"文本框中选择"Network Address"项,在右边的值中输入新的 MAC 地址,最后单击"确定"按钮退出。以这种方法更改 MAC 地址不用重新启动计算机,设置完成后在 MS - DOS方式下输入"ipconfig/all"命令即可在命令行中看到修改后的 MAC 地址。

(3) 动态修改 IP 地址。对于一些黑客高手来说,通过直接编写在网络上收发的数据包,可绕过上层网络软件,动态修改自己的 IP 地址(或 IP - MAC 地址对),达到 IP 欺骗并不是一件很困难的事。

为了使攻击成功,攻击者除了要进行身份隐藏外,还要进行攻击行为隐藏,主要方法有以下四种。

(1) 文件隐藏。通过文件隐藏,可以对自己的重要的个人数据、公司的商业机密等敏感文件进行保护。可以首先对这些文件进行加密,然后再进行文件隐藏,对隐私文件进行双重保护。在网络攻击中,对文件进行隐藏,或将文件伪装成其他文件传送给被攻击的计算机,这样就可以在对方没有觉察的情况下诱使对方运行伪装的文件达到运行攻击者想要执行的程序的目的。

攻击者为了隐藏攻击活动产生的文件,可以对文件名称和属性进行修改,也可以通过信息隐藏技术将重要的文件隐藏在一个无关紧要的文件(如图片)中。

(2)进程活动隐藏。攻击者对目标系统进行攻击后会产生攻击进程,如不对攻击进程进行隐藏,就会被网络管理人员发现而将其清除。进程隐藏技术多用于木马和病毒,是用于提高木马、后门等程序的生存率。

常见的进程隐藏方法有:进程名称替换,即将目标系统中的某些不常用的进程停止,然后借用其名称运行;进程名称相似命名,即对产生的攻击进程的命名采用与系统的进程的名称;替换进程名显示命令,即修改系统中的进程显示命令,不显示攻击进程;通过动态嵌入技术,修改进程或其调用的函数。

(3)网络连接隐藏。在公开的计算机网络中,隐蔽网络连接是攻击者为防止其攻击行为被发现而采取的手段。假如网络攻击者未对攻击网络连接进行隐藏,就容易被系统管理员发现。系统管理员常用一些工具软件查看网络连接状况。攻击者隐藏网络连接的方法有:网络连接进程名称替换,即将目标系统中的某些不常用网络连接停止,然后借用其名称;复用正常服务端口,为木马通信数据包设置特殊隐性标识,以利用正常的网络连接隐藏攻击的通信状态;替换网络连接显示命令,以过滤掉与攻击者相关的连接信息;替换操作系统的网络连接管理模块,重定向系统调用,控制网络连接输出信息;利用 LKM 技术修改网络通信协议栈,避免单独运行监听进程,以躲避检测异常监听进程的检测程序。

(4)网络隐藏通道。隐藏通道(Cover Channel,CC)是一种允许违背合法的安全策略进行通信的通道,是评估网络访问控制系统(NACS)的一种重要手段,内部网络和外部网络(如互联网)之间所有的数据都必须经过 NACS。通过对 NACS 的策略配置,允许合法的数据进行传输,阻断非法和未授权的数据。

一般来说,隐蔽通道是通过将信息夹杂在正常通信的数据中,从而绕过 NACS 的审查,达到隐蔽通信的目的。隐蔽通道的构建必须满足以下条件:

① 发送方和接收方必须能访问同一个共享的目录和属性;
② 发送方必须将资源进行变换隐蔽;
③ 接收方必须能够识别这些变换;
④ 发送方和接收方能进行通信同步。

2.2.5 权限的获取与提升

攻击一般先从确定攻击目标、收集信息开始,再对目标系统进行弱点分析,然后根据目标系统的弱点想方设法获得权限。下面讨论攻击者如何获得权限以及如何进行权限的提升。

1. 通过网络监听获取权限

监听技术最初是提供给系统管理员用的,主要是对网络的状态、信息流动和信息内容等进行监视,相应的工具称为网络分析仪。但是,网络监听也成了黑客使用最多的技术,主要用于监视他人的网络状态、攻击网络协议、窃取敏感信息等目的。

网络监听是攻击者获取权限的一种最简单而且最有效的方法,在网络上,监听效果最好的地方是在网关、路由器、防火墙一类的设备处,通常由网络管理员来操作。对于攻击者来说,使用最方便的是在一个以太网中的任何一台上网的主机上进行监听。网络监听常常能轻易地获得用其他方法很难获得的信息。

目前,多数计算机网络使用共享的通信信道,通信信道的共享意味着,计算机有可能接收发向另一台计算机的信息。由于互联网中使用的大部分协议都是很早设计的,许多协议的实现都是基于通信双方充分信任的基础之上。在通常的网络环境下,用户的所有信息,包括用户名和口令信息都是以明文的方式在网上传输。因此,对于网络攻击者来说,进行网络监听并获得用户的各种信息并不是一件很困难的事。当实现了网络监听,获取了 IP 包,根据上层协议就可以分析网络传输的数据,例如,在 POP3 协议里,密码通常是明文传递的(假如邮件服务系统没有特别的对密码进行加密),在监听到的数据包里可以按照协议截取出密码,类似的协议有 SMTP、FTP 等,这样便很容易的获取到了系统或普通用户权限。

对于一台连网的计算机,只须安装一个监听软件,然后就可以坐在计算机旁浏览监听到的信息了。

最简单的监听程序包括内核部分和用户分析部分。其中,内核部分负责从网络中捕获和过滤数据;用户分析部分负责数据转化与处理、格式化和协议分析,如果在内核没有过滤数据包,还要对数据进行过滤。

一个较为完整的基于网络监听程序一般要经过数据包捕获、数据包过滤与分解、数据分析三个步骤。

2. 基于网络账号口令破解获取权限

口令破解是网络攻击最基本的方法之一,口令窃取是一种比较简单、低级的入侵方法,但由于网络用户的急剧扩充和人们的忽视,使得口令窃取成为危及网络核心系统安全的严重问题。口令是系统的大门,网上绝大多数的系统入侵是通过窃取口令进行的。

每个操作系统都有自己的口令数据库,用以验证用户的注册授权。以 Windows 和 UNIX 为例,系统口令数据库都经过加密处理并单独维护存放。常用的破解口令的方法有以下两种。

(1)强制口令破解。通过破解获得系统管理员口令,进而掌握服务器的控制权,是黑客的一个重要手段。破解获得管理员口令的方法有很多,下面是 3 种最为常见的方法。

① 猜解简单口令:很多人使用自己或家人的生日、电话号码、房间号码、简单数字或者身份证号码中的几位;也有的人使用自己、孩子、配偶或宠物的名字;还有的系统管理员使用"password",甚至不设密码,这样黑客可以很容易通过猜想得到密码。

② 字典攻击:如果猜解简单口令攻击失败后,黑客开始试图字典攻击,即利用程序尝试字典中的单词的每种可能。字典攻击可以利用重复的登录或者收集加密的口令,并且试图同加密后的字典中的单词匹配。黑客通常利用一个英语词典或其他语言的词典。他们也使用附加的各类字典数据库,如名字和常用的口令。

③ 暴力猜解:同字典攻击类似,黑客尝试所有可能的字符组合方式。一个由 4 个小写字母组成的口令可以在几分钟内被破解,而一个较长的由大小写字母组成的口令,包括数字和标点,其可能的组合达 10 万亿种。如果每秒可以试 100 万种组合,可以在一个月

内破解。

强制口令破解就是入侵者先用其他方法找出目标主机上的合法用户账号,然后编写一个程序,采用字典穷举法自动循环猜测用户口令直至完成系统注册。这类程序在互联网上随处可见,它们从字典中依次取出每一个单词,从 aa、ab 这样的组合开始尝试每一种逻辑组合,直到系统注册成功或所有的组件测试完毕,理论上只要有足够的时间就能完成系统登录,它仍然是入侵者们最常用的攻击手段之一。

(2) 获取口令文件。很多时候,入侵者会仔细寻找攻击目标的薄弱环节和系统漏洞,伺机复制目标中存放的系统文件,然后用口令破解程序破译。目前一些流行的口令破解程序能在 7 天~10 天内破译 16 位的操作系统口令。

以 UNIX 操作系统为例,用户的基本信息都放在 passwd 文件中,而所有的口令则经过DES 加密方法加密后专门存放在 shadow 文件中,并处于严密的保护之下,但由于系统可能存在缺陷或人为产生的错误,入侵者仍然有机会获取文件,一旦得到口令文档,入侵者就会用专门破解 DES 加密的方法进行破解口令。

3. 通过网络欺骗获取权限

通过网络欺骗获取权限就是使攻击者通过获取信任的方式获得权限。常用的方法有:

(1) 社会工程学:一种通过对受害者心理弱点、本能反应、好奇心、信任、贪婪等心理陷阱进行诸如欺骗、伤害等危害手段,取得自身利益的手法,近年来已成迅速上升甚至滥用的趋势。

当攻击者用尽口令攻击、溢出攻击、脚本攻击等手段还是一无所获时,他可能还会想到利用社会工程学的知识进行渗透。社会工程学利用受害者心理弱点、结合心理学知识来获得目标系统的敏感信息。在套取到所需的信息之前,社会工程学的实施者都必须掌握大量的相关知识基础;花时间去从事资料的收集与进行必要的(如交谈性质的)沟通行为。与以往的入侵行为相类似,社会工程学在实施以前都是要完成很多相关的准备工作的,这些工作甚至比其本身还要繁重。

社会工程学看似简单的欺骗,却包含了复杂的心理学因素,其可怕程度要比直接的技术入侵大得多,攻击者利用的是心理漏洞,需要"打补丁"的是人。社会工程学是未来入侵与反入侵的重要对抗领域。

(2) 网络钓鱼:就是通过欺骗手段获取敏感个人信息(如口令、信用卡详细信息等)的攻击方式,攻击者通过大量发送声称来自于银行或其他知名机构的欺骗性垃圾邮件,意图引诱收信人给出敏感信息(如用户名、口令、账号 ID、ATM PIN 码或信用卡详细信息),欺骗手段一般是伪装成确实需要这些信息的可信方。随着在线金融服务和电子商务的普及,大量的互联网用户开始享受这些在线服务所带来的便利,然而这也给了网络攻击者利用欺骗的形式骗取他们享受在线服务所必需的个人敏感信息的机会。

最典型的网络钓鱼攻击是将收信人引诱到一个精心设计的与目标组织的网站非常相似的钓鱼网站上,并获取收信人在此网站上输入的个人敏感信息,通常这个攻击过程不会让受害者警觉,这些个人信息对黑客们具有非常大的吸引力,因为这些信息使得他们可以假冒受害者进行欺诈性金融交易,从而获得经济利益。由于能够直接获取经济利益,同时钓鱼者可以通过一系列技术手段使得他们的踪迹很难被追踪,所以网络钓鱼已经逐渐成为职业黑客们所最钟爱的攻击方式,同时也成为危害互联网用户的重大安全威胁之一。

4. 通过网络漏洞获取权限

首先要进行漏洞扫描,对前面提到的不同漏洞,都有专门的扫描工具可以很有效地扫描到漏洞,然后是利用相应工具进行入侵,从而获取系统的权限。

现有的各种操作系统平台都存在着安全隐患,从交换机、路由器使用的网络操作系统到 UNIX/Linux 再到 Microsoft 操作系统均无一例外,只不过这些平台的安全漏洞类型不同,或者发现时间不同,对系统造成的危害程度不同,也就是说,每一种操作系统平台上都有目前已经被发现的和潜在的各种安全漏洞。从广义上讲,漏洞是在硬件/软件、协议的具体实现或系统安全策略上存在的安全方面的脆弱性,这些脆弱性存在的直接后果是允许非法用户未经授权获得访问权限或提高其访问权限,从而可以使非法用户能在未授权情况下访问或破坏系统。

5. 基于 TCP/IP 会话劫持获取权限

在现实环境中,如果顾客在银行取钱时,营业员检查了他的身份证和账户卡后,抬起头来准备付款时,发现已经不再是刚才的顾客了,营业员会把钱交给外面的顾客吗?一般不会。但是在网络上就会发生这种情况。IP 劫持是指当用户连接远程计算机的时候,攻击者能接管用户的连线,使得正常连线如同经过攻击者一样。攻击者能任意对连线交换的数据进行修改,冒充合法用户给服务器发送非法命令,或者冒充服务器给用户返回虚假信息。IP 劫持不同于用网络侦听来窃取密码的被动攻击方式,而是一种主动攻击方式。

实施会话劫持的一般过程为:首先发现目标,找到什么样的目标,以及可以有什么样的探查手段,取决于劫持的动机和环境;然后探查远程机器的 ISN(初始序列号)规律,等待或者监听会话,猜测序列号,这是最为关键的一步,如果不在一个子网中,难度将非常大;最后使被劫持方下线,接管会话。

完成 TCP/IP 会话劫持后,想要获取网络权限是很容易的,这时攻击者已经完全获取被攻击方的 TCP 传送的数据,这里面含有攻击想获取的密码等信息,只要进行相应的信息提取即可。

2.3 网络安全防范

2.3.1 网络安全策略

网络安全策略是对网络安全的目的、期望和目标以及实现它们所必须运用的策略的论述,为网络安全提供管理方向和支持,是一切网络安全活动的基础,指导企业网络安全结构体系的开发和实施。它不仅包括局域网的信息存储、处理和传输技术,而且也包括保护企业所有的信息、数据、文件和设备资源的管理和操作手段。计算机网络所面临的威胁大体可分为两种:一是对网络中信息的威胁;二是对网络中设备的威胁。在网络安全中,采取强有力的安全策略,对于保障网络的安全性是非常重要的。

1. 物理安全策略

物理安全策略的目的是保护计算机系统、网络服务器、打印机等硬件实体和通信链路免受自然灾害、人为破坏和搭线攻击,包括安全地区的确定、物理安全边界、物理接口控制、设备安全、防电磁辐射等。

物理接口控制是指安全地区应该通过合适的入口控制进行保护,从而保证只有合法员工才可以访问这些地区,设备安全是为了防止资产的丢失、破坏,防止商业活动的中断,建立完备的安全管理制度,防止非法进入计算机控制室和各种偷窃、破坏活动的发生。抑制和防止电磁泄露(TEMPEST 技术)是物理安全策略的一个主要问题。目前主要防护措施有两类:一类是对传导发射的防护,主要采取对电源线和信号线加装性能良好的滤波器,减小传输阻抗和导线间的交叉耦合;另一类是对辐射的防护,这类防护措施又可分为两种,一是采用各种电磁屏蔽措施,如对设备的金属屏蔽和各种接插件的屏蔽,同时对机房的下水管、暖气管和金属门窗进行屏蔽和隔离,二是干扰的防护措施,即在计算机系统工作的同时,利用干扰装置产生一种与计算机系统辐射相关的伪噪声向空间辐射来掩盖计算机系统的工作频率和信息特征。

2. 访问控制策略

访问控制是网络安全防范和保护的主要策略,它的目标是控制对特定信息的访问,保证网络资源不被非法使用和非常访问。它也是维护网络系统安全、保护网络资源的重要手段。访问控制是保证网络安全最重要的核心策略之一。访问控制包括用户访问管理,以防止未经授权的访问;网络访问控制,保护网络服务;操作系统访问控制,防止未经授权的计算机访问;应用系统的访问控制,防止对信息系统中信息的未经授权的访问,监控对系统的访问和使用,探测未经授权的行为。

3. 信息安全策略

信息安全策略是要保护信息的机密性、真实性和完整性,因此,应对敏感或机密数据进行加密。信息加密过程是由形形色色的加密算法来具体实施,它以很小的代价提供很大的安全保护。在目前情况下,信息加密仍是保证信息机密性的主要方法。信息加密的算法是公开的,其安全性取决于密钥的安全性,应建立并遵守用于对信息进行保护的密码控制的使用策略,密钥管理基于一套标准、过程和方法,用来支持密码技术的使用。信息加密的目的是保护网内的数据、文件、口令和控制信息,保护网上传输的数据。网络加密常用的方法有链路加密、端点加密和节点加密三种。链路加密的目的是保护网络节点之间的链路信息安全;端点加密的目的是对源端用户到目的端用户的数据提供保护;节点加密的目的是对源节点到目的节点之间的传输链路提供保护。

4. 网络安全管理策略

网络安全管理策略包括:确定安全管理等级和安全管理范围;制订有关网络操作使用规程和人员出入机房管理制度;制订网络系统的维护制度和应急措施等。加强网络的安全管理,制定有关规章制度,对于确保网络安全、可靠地运行,将起到十分有效的作用。

2.3.2　网络防范的方法

要提高计算机网络的防御能力,应加强网络的安全措施,否则该网络将是无用甚至会危及国家安全的网络。无论是在局域网还是在广域网中,都存在着自然和人为等诸多因素的脆弱性和潜在威胁,网络的防御措施应是能全方位地针对各种不同的威胁和脆弱性,这样才能确保网络信息的保密性、完整性和可用性。下面从实体层次、能量层次、信息层次和管理层次 4 个层次来阐述网络防范的方法。

1. 实体层次防范对策

在组建网络的时候,要充分考虑网络的结构、布线、路由器、网桥的设置、位置的选择,加固重要的网络设施,增强其抗摧毁能力。与外部网络相连时,采用防火墙屏蔽内部网络结构,对外界访问进行身份验证、数据过滤,在内部网中进行安全域划分、分级权限分配。对外部网络的访问,将一些不安全的站点过滤掉,对一些经常访问的站点做成镜像,可大大提高效率,减轻线路负担。网络中的各个节点要相对固定,严禁随意连接,一些重要的部件安排专门的场地人员维护、看管,防止自然或人为的破坏,加强场地安全管理,做好供电、接地、灭火的管理,与传统意义上的安全保卫工作的目标相吻合。防范的目的是保护计算机系统、网络服务器、打印机等硬件实体和通信链路免受自然灾害、人为破坏和搭线攻击;建立完备的安全管理制度,防止非法进入计算机控制室和各种偷窃、破坏活动的发生。

2. 能量层次防范对策

能量层次的防范对策是围绕着制电磁权而展开的物理能量的对抗。攻击者一方面通过运用强大的物理能量干扰、压制或嵌入对方的信息网络;另一方面又通过运用探测物理能量的技术手段对计算机辐射信号进行采集与分析,获取秘密信息。防范的对策主要是做好计算机设施的防电磁泄露、抗电磁脉冲干扰,在重要部位安装干扰器、建设屏蔽机房等。

3. 信息层次防范对策

信息层次的计算机网络对抗是主要包括计算机病毒对抗、黑客对抗、密码对抗、软件对抗、芯片陷阱等多种形式。信息层次的计算机网络对抗是网络对抗的关键层次,是网络防范的主要环节。它与计算机网络在物理能量领域对抗的主要区别表现在:信息层次的对抗中获得制信息权的决定因素是逻辑的,而不是物理能量的,取决于对信息系统本身的技术掌握水平,是知识和智力的较量,而不是电磁能量强弱的较量。信息层次的防范对策主要是防范黑客攻击和计算机病毒。对黑客攻击的防范,主要从访问控制技术、防火墙技术和信息加密技术方面进行防范。

4. 管理层次防御对策

实现信息安全,不但靠先进的技术,而且也得靠严格的安全管理。建立相应的网络安全管理办法,加强内部管理,建立合适的网络安全管理系统,加强用户管理和授权管理,建立安全审计和跟踪体系,提高整体网络安全意识。重要环节的安全管理要采取分权制衡的原则,要害部位的管理权限如果只交给一个人管理一旦出现问题就将全线崩溃。分权可以相互制约,提高安全性。要有安全管理的应急响应预案,一旦出现相关的问题马上采取对应的措施。

安全的本质是攻防双方不断利用脆弱性知识进行的博弈,攻防双方不断地发现漏洞并利用这些信息达到各自的目的。

网络安全是相对的、动态的,例如,随着操作系统和应用系统漏洞的不断发现以及口令很久未曾更改等情况的发生,整个系统的安全性就受到了威胁,这时候若不及时打安全补丁或更换口令,就很可能被一直在企图入侵却未能成功的黑客轻易攻破。

攻击方受防御方影响,防御方受攻击方影响是攻防博弈的基本假定。作为博弈一方的攻击方,受防御方和环境影响而存在不确定性,所以攻击方有风险。作为博弈一方的防御方,受攻击方和环境影响而存在不确定性,所以防御方也有风险。防御方必须坚持持续改进原则,其安全机制既包含事前保障,也包含事后监控。

随着网络技术的发展,网络攻击技术也发展很快,安全产品的发展仍处在比较被动的局面。安全产品只是一种防范手段,最关键还是靠人,要靠人的分析判断能力去解决,这就使得网络管理人员和网络安全人员要不断更新这些方面的知识,在了解安全防范的同时也应该多了解些网络攻击的方法,只有这样才能知己知彼,在网络攻防的博弈中占据有利地位。

2.3.3 网络防范的原理

面对当前如此猖獗的黑客攻击,必须做好网络的防范工作。网络防范分为积极防范和消极防范,为更好实现网络安全,应该两种防范原理结合使用,下面简单介绍这两种防范的原理。

积极安全防范的原理是:对正常的网络行为建立模型,把所有通过安全设备的网络数据拿来和保存在模型内的正常模式相匹配,如果不在这个正常范围内,那么就认为是攻击行为,对其做出处理。这样做的最大好处是可以阻挡未知攻击,如攻击者才发现的不为人所知的攻击方式。对这种方式来说,建立一个安全的、有效的模型就可以对各种攻击做出反应了。例如,包过滤路由器对所接收的每个数据包做允许拒绝的决定。路由器审查每个数据报以便确定其是否与某一条包过滤规则匹配。管理员可以配置基于网络地址、端口和协议的允许访问的规则,只要不是这些允许的访问,都禁止访问。

但对正常的网络行为建立模型有时是非常困难的,例如,在入侵检测技术中,异常入侵检测技术就是根据异常行为和使用计算机资源的异常情况对入侵进行检测,其优点是可以检测到未知的入侵,但是入侵性活动并不总是与异常活动相符合,因而就会出现漏检和虚报。

消极安全防范的原理是:以已经发现的攻击方式,经过专家分析后给出其特征进而来构建攻击特征集,然后在网络数据中寻找与之匹配的行为,从而起到发现或阻挡的作用。它的缺点是使用被动安全防范体系,不能对未被发现的攻击方式做出反应。

消极安全防范的一个主要特征就是针对已知的攻击,建立攻击特征库,作为判断网络数据是否包含攻击特征的依据。使用消极安全防范模型的产品,不能对付未知攻击行为,并且需要不断更新的特征库。例如,在入侵检测技术中,误用入侵检测技术就是根据已知的入侵模式来检测入侵。入侵者常利用系统和应用软件中的弱点攻击,而这些弱点易编成某种模式,如果入侵者攻击方式恰好匹配上检测系统中的模式库,则入侵者即被检测到,其优点是算法简单、系统开销小,但是缺点是被动,只能检测出已知攻击,模式库要不断更新。

2.3.4 网络安全模型

为实现整体网络安全的工作目标,有两种流行的网络安全模型:P2DR 模型和AP2DRR 模型。

P2DR 模型是动态安全模型(可适应网络安全模型)的代表性模型。在整体的安全策略的控制和指导下,在综合运用防护工具(如防火墙、操作系统身份认证、加密等手段)的同时,利用检测工具(如漏洞评估、入侵检测等系统)了解和评估系统的安全状态,通过适当的反应将系统调整到"最安全"和"风险最低"的状态。模型如图2.2所示。

图2.2　P2DR安全模型示意图

据P2DR模型的理论,安全策略是整个网络安全的依据。不同的网络需要不同的策略,在制定策略以前,需要全面考虑局域网络中如何在网络层实现安全性,如何控制远程用户访问的安全性,在广域网上的数据传输实现安全加密传输和用户的认证等问题。对这些问题做出详细回答,并确定相应的防护手段和实施办法,就是针对企业网络的一份完整的安全策略。策略一旦制定,应当作为整个企业安全行为的准则。

而AP2DRR模型则包括以下环节:

$$网络安全 = 风险分析(A) + 制定安全策略(P) + 系统防护(P)$$
$$+ 实时检测(D) + 实时响应(R) + 灾难恢复(R)$$

通过对以上AP2DRR的6个元素的整合,形成一套整体的网络安全结构,如图2.3所示。

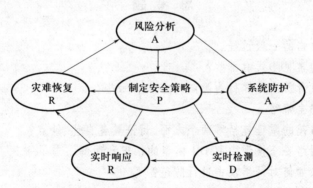

图2.3　AP2DRR动态安全模型

事实上,对于一个整体网络的安全问题,无论是P2DR还是AP2DRR,都将如何定位网络中的安全问题放在最为关键的地方。这两种模型都提到了一个非常重要的环节——P2DR中的检测环节和AP2DRR中的风险分析,在这两种安全模型中,这个环节并非仅仅指的是狭义的检测手段,而是一个复杂的分析与评估的过程。通过对网络中的安全漏洞及可能受到的威胁等内容进行评估,获取安全风险的客观数据,为信息安全方案制定提供依据。网络安全具有相对性,其防范策略是动态的,因而网络安全防范模型是一个不断重复改进的循环过程。

本 章 小 结

互联网日新月异的飞速发展和广泛应用,给人们的日常生活带来了全新的感受,然而网络技术的发展在给人们带来便利的同时,也带来了巨大的安全隐患,网络安全面临着前所未有的挑战。采取强有力的安全策略对于保障网络的安全性是非常重要的,但是,对网络与计算机安全的研究不能仅限于防御手段,还要对网络的攻击技术进行研究,只有了解了攻击者的手法,才能更好地采取措施,来保护网络与计算机系统的正常运行。

网络攻击是指任何的未经授权而进入或试图进入他人计算机网络的行为。网络攻击的范围从简单地使某种服务器无效到完全破坏整个网络。本章从攻击的目的、攻击的方法、系统弱点挖掘的过程,以及攻击者如何进行身份隐藏、如何进行行为隐藏、如何获得权限、如何进行权限提升等方面详细地分析了网络攻击实施的技术原理和攻击者的攻击手段。

网络安全策略是一切网络安全活动的基础,它为网络安全提供管理方向和支持,指导企业网络安全结构体系的开发和实施。网络安全防范的原理分为积极安全防范的原理和消极安全防范的原理,为更好实现网络安全,应该把两种防范原理结合使用。本章从物理安全策略、访问控制策略、信息安全策略和网络安全管理策略四个方面介绍了网络安全策略,从实体层次、能量层次、信息层次和管理层次阐述了网络防范的方法,同时还介绍了P2DR 模型和 AP2DRR 模型这两种流行的网络安全模型。

思 考 题

1. 简述网络攻击的一般过程。
2. 网络攻击的常见形式有哪些?
3. 攻击者进行身份隐藏和行为隐藏的方法有哪些?
4. 简述网络安全策略。
5. 网络安全防范的原理包括哪两个方面,讨论其各自优、缺点?
6. 谈谈你对网络安全模型中 P2DR 模型的认识和理解。
7. 你认为应该如何对网络攻击进行防范?

第3章 密码学基础

密码学是一门古老而深奥的学科,是结合数学、计算机科学、电子与通信等诸多学科于一体的交叉学科,是研究信息系统安全保密的一门科学。密码学主要包括密码编码学和密码分析学两个分支,其中密码编码学的主要目的是寻求保证信息保密性或认证性的方法,密码分析学的主要目的是研究加密消息的破译或消息的伪造。密码学经历了从古典密码学到现代密码学的演变,许多古典密码虽然已经经受不住现代手段的攻击,但是它们对现代密码学的研究是功不可没的,其思想至今仍然被广泛使用。

3.1 密码学概述

3.1.1 密码技术发展概述

密码技术的应用可以追溯到几千年前,自从人类社会有了战争,就有了保密通信,也有了密码的应用。由于在很长的时间内,密码仅限于军事、政治和外交的用途,密码学的知识和经验也仅掌握在与军事、政治和外交有关的密码机关手中,再加上通信手段比较落后,所以不论密码理论还是密码技术,发展都很缓慢。

密码技术的发展大致可划分为以下三个阶段:

第一个阶段为古典密码时期。古典密码的起始时间是从古代到19世纪末,长达几千年,所采用的密码体制是利用纸、笔或者简单器械手工实现的替代及换位,通常是靠信使来传递秘密信息的。这段时间的密码技术可以说是一种艺术而不是一种科学,密码学专家常常是凭着直觉和信念来进行密码设计和分析,而不是推理证明。

第二个阶段为近代密码时期。近代密码的起始时间是从20世纪初到20世纪50年代,即第一次世界大战及第二次世界大战时期,所用的密码体制是利用手工或电动机械实现的复杂的替代及换位,常用的通信手段是电报通信。第一次世界大战中,英国海军创立的"40号房间"这一密码破译机构对英军在战争中的胜利起到了举足轻重的作用。在第二次世界大战初期,德国军方启用了"谜"(ENIGMA,恩尼格玛密码机),"谜"的加密算法是在第一次世界大战后针对当时的破译密码技术所做的最好设计,使得盟军对德军加密的信息有好几年都一筹莫展,最后英国在"顺手牵羊"的行动中在德国潜艇上俘获"谜"型机的密码簿,破解了"谜"型机,掌握了德军许多机密,摧毁了德国的补给线。因此,密码技术在战争中起着非常重要的作用。

第三个阶段为现代密码时期。现代密码的起始时间是从20世纪50年代至今,采用的密码体制是分组密码、序列密码以及公开密钥密码,有坚实的数学理论基础,常用的通信手段有无线通信、有线通信、计算网络等。1949年仙农发表题为《保密系统的信息理论》一文,为密码系统建立了坚实的理论基础,从此密码技术的研究迈上了科学的轨道,密码学成了一门科学,这是密码发展史上的第一次飞跃。1976 年后,美国数据加密标准(DES)的公布使密码学的研究公开,密码学得到了迅速发展。1976 年,Diffe 和 Hellman 在一篇题为"密码学的新方向"的文章中提出了一个崭新的思想,他们指出不仅加密算法可以公开,而且加密用的密钥也可以公开,但这不意味着保密程度的降低,从而开创了公钥密码学的新纪元,这是密码发展史上的第二次飞跃。1978 年由 Rivest、Shamire 和 Adleman 提出第一个比较完善的公钥密码体制算法 RSA,使公钥密码的研究进入了快速发展的阶段。

3.1.2　密码技术的应用

随着科学技术的发展和信息保密的需求,密码技术的应用将融入到人们的日常生活中,如在生活中,为防止别人查阅你的文件,可将文件加密;为防止窃取你的钱财,可在银行账户上设置密码等。密码技术不仅用于对网上传送数据的加/解密,也用于认证(认证信息的加/解密)、数字签名、完整性以及安全套接字(SSL)、安全电子交易(SET)、安全电子邮件(S/MIME)等安全通信标准和 IPsec 安全协议中,因此密码技术是网络安全的基础,其基本的应用如下:

(1) 利用密码技术加密信息。利用密码变换将明文变换成只有合法者才能恢复的密文,这是密码的最基本的功能。利用密码技术对信息进行加密是最常用的安全交易手段。

(2) 采用密码技术对发送信息进行验证。为防止传输和存储的消息被有意或无意地篡改,可以采用密码技术对消息进行运算生成消息验证码(MAC),附在消息之后发出或与信息一起存储,进而实现对信息的认证。它在票据防伪中具有重要应用(如税务的金税系统和银行的支付密码器)。

(3) 数字签名。在信息时代,电子信息的收、发使我们过去所依赖的个人特征都将被数字代替,数字签名的作用有两点:一是接收方可以确认发送方的真实身份,且发送方事后不能否认发送过该报文这一事实;二是发送方或非法者不能伪造、篡改报文。数字签名并非用手书签名的图形标志,而是采用双重加密的方法来实现防伪、防赖。根据采用的加密技术不同,数字签名有不同的种类,如私用密钥的数字签名、公开密钥的数字签名、只需签名的数字签名、数字摘要的数字签名等。

(4) 身份识别。当用户登录计算机系统或者建立最初的传输连接时,用户需要证明他的身份,典型的方法是采用口令机制来确认用户的真实身份。此外,采用数字证书也能够进行身份鉴别,数字证书用电子手段来证实一个用户的身份和对网络资源的访问权限,是网络正常运行所必须的。在电子商务系统中,所有参与活动的实体都需要用数字证书来表明自己的身份。

3.1.3　密码体制

密码学中有两种常见的密码体制:一种是对称密码体制,也叫做单钥密码体制;另一种是非对称密码体制,也叫做公钥密码体制。

1. 对称密码体制

对称密码体制是指如果一个加密系统的加密密钥和解密密钥相同,或者虽然不相同,但是由其中的任意一个可以很容易地推导出另一个,即密钥是双方共享的,则该系统所采用的就是对称密码体制。形象地说就是一把钥匙开一把锁。

在对称加密中同一密钥既用于加密明文,也用于解密密文。但由于它们共同的弱点——需要共享密钥,因此一旦密钥落入攻击者的手中将是非常危险的。一旦未经授权的人得知了密钥,就会危及基于该密钥所涉及的信息的安全性。在对称密钥加密中,加密函数为 $E_K(*)$,其输入为密钥 K 和明文 M,输出为密文 C,即

$$C = E_K(M)$$

使用解密函数 $D_K(*)$ 和相应的密钥 K 对密文进行解密,从而显示原始的明文信息,即

$$M = D_K(C)$$

其过程如图 3.1 所示。

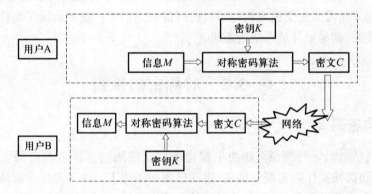

图 3.1　对称加密示意图

按照加密时对明文处理方式的不同,可将对称密码体制分为分组密码和流密码两种,其中分组密码是将待加密的明文分为若干个字符一组,逐组进行加密;流密码也称为序列密码,是将待加密的明文分成连续的字符或比特,然后用相应的密钥流对之进行加密,密钥流由种子密钥通过密钥流生成器产生。

2. 非对称密码体制

非对称密码体制是指一个加密系统的加密密钥和解密密钥是不一样的,或者说不能由一个推导出另一个。其中一个称为公钥,用于加密,是公开的;另一个称为私钥,用于解密,是保密的。而由公钥计算私钥是难解的,即所谓的不能由一个推出另一个。

公钥密码体制解决了密钥的管理和发布问题,每个用户都可以把自己的公开密钥进行公开,如发布到一个公钥数据库中。在非对称密钥加密中,加密函数为 $E_{K_1}(*)$,其输入为密钥 K_1 和明文 M,输出为密文 C,即

$$C = E_{K_1}(M)$$

使用解密函数 $D_{K_2}(*)$ 和相应的密钥 K_2 对密文进行解密,从而显示原始的明文信息,即

$$M = D_{K_2}(C)$$

采用公开密钥加密技术进行数据加密的过程如图 3.2 所示。

图 3.2 中,用户 A 要发送机密消息给用户 B,用户 A 首先从公钥数据库中查询到用户 B 的公开密钥,然后利用用户 B 的公开密钥和算法对数据进行加密操作,把得到的密文信

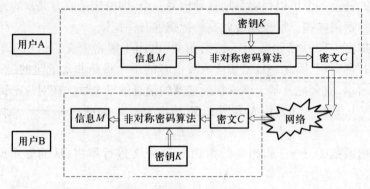

图 3.2 非对称加密示意图

息传送给用户 B;用户 B 在收到密文以后,用自己的私钥对信息进行解密运算,得到原始数据。通信双方无需事先交换密钥就可以进行保密通信了。这就解决了对称密码体制中的密钥管理难题,满足了开放系统的需求。

3.2   对称密码体制

3.2.1   古典密码

古典密码是密码学的渊源。历史上曾经被广泛使用的各种古典密码大多都比较简单,可用手工和机械操作来实现加解密,现在已很少采用了。为了帮助读者建立一个初步的认识,下面介绍几种常见的、具有代表性的古典密码。

1. 代换密码

令 Θ 表示明文字母表,内有 q 个"字母"或"字符"。例如,可以是普通的英文字母 $A \sim Z$,也可以是数字、空格、标点符号或任意可以表示明文消息的符号。如前所述可以将 Θ 抽象地表示为一个整数集 $Z_q = \{0, 1, \cdots, q-1\}$。

加密时,通常将明文消息划分成长为 L 的消息单元,称为明文组,以 m 表示,即

$$m = (m_0, m_1, \cdots, m_{L-1}), m_l \in Z_q, 0 \leqslant l \leqslant L-1$$

m 也称作 L 报文,它可以看作是定义在 Z_q^L 上的随机变量

$$Z_q^L = Z_q \times Z_q \times \cdots \times Z_q (L个) = \{m = (m_0, m_1, \cdots, m_{L-1}) \mid m_l \in Z_q, 0 \leqslant l \leqslant L-1\}$$

$L=1$ 为单字母报(gram),$L=2$ 为双字母报(digrams),$L=3$ 为三字母报(trigrams)。这时明文空间 $P = Z_q^L$。

令 Ξ 表示 q' 个"字母"或"字符"的密文字母表,抽象地可用整数集 $Z_{q'} = \{0, 1, \cdots, q'-1\}$ 表示。密文单元或组为

$$c = (c_0, c_1, \cdots, c_{L'-1})(L' 个), c_{l'} \in Z_{q'}, 0 \leqslant l' \leqslant L'-1$$

c 是定义在 $Z_{q'}^{L'}$ 上的随机变量。密文空间 $C = Z_{q'}^{L'}$。

通常,明文和密文由同一字母表构成,即 $\Theta = \Xi$。

代换密码可以看作是从 Z_q^L 到 $Z_{q'}^{L'}$ 的映射。$L=1$ 时,称作单字母代换,也称作流密码。$L>1$ 时,称作多码代换,亦称分组密码(Block Cipher)。

一般地,选择相同明文和密文字母表。此时,若 $L=L'$,则代换映射是一一映射,密码

无数据扩展。若 $L < L'$，则有数据扩展，可将加密函数设计成一对多的映射，即明文组可以找到多于一个密文组来代换，这称为多名（或同音）代换密码。若 $L > L'$，则明文数据被压缩，此时代换映射不可能构成可逆映射，从而密文有时也就无法完全恢复出原明文消息，因此保密通信中必须要求 $L \leqslant L'$。但 $L > L'$ 的映射可以用在认证系统中。

在 $\Theta = \Xi, q = q', L = 1$ 时，若对所有明文字母，都用一种固定的代换进行加密，则称这种密码为单表代换。若用一个以上的代换表进行加密，则称作多表代换。单表代换和多表代换是古典密码中的两种重要体制，曾被广泛地使用过。此外，多字母代换密码也是一种常见的代换密码。

1）单表代换密码

单表代换密码是对明文的所有字母都用一个固定的明文字母表到密文字母表的映射，即 $f: Z_q \to Z_q$。令明文 $m = m_0 m_1 \cdots$，则相应地密文为 $c = e(m) = c_0 c_1 \cdots = f(m_0) f(m_1) \cdots$。

常见的单表代换密码有移位密码、替换密码、仿射密码。因为语言的特征仍能从通过单表代换后所得的密文中提取出来，所以单表代换密码不能非常有效地抵抗密码攻击，为此可以通过运用不止一个代换表来进行代换，从而掩盖密文的一些统计特征。

2）多表代换密码

与单表代换相对应是多表代换密码。多表代换密码是以一系列（两个以上）代换表依次对明文消息的字母进行代换的加密方法。令明文字母表为 $Z_q, f = (f_1, f_2, \cdots)$ 为代换序列，明文字母序列 $x = x_1 x_2 \cdots$，则相应的密文字母序列为 $c = e_k(x) = f(x) = f_1(x_1) f_2(x_2) \cdots$。若 f 是非周期的无限序列，则相应的密码称为非周期多表代换密码。这类密码，对每个明文字母都采用不同的代换表（或密钥）进行加密，称作一次一密密码，这是一种理论上唯一不可破的密码。这种密码完全可以隐蔽明文的特点，但由于需要的密钥量和明文消息长度相同而难于广泛使用。为了减少密钥量，在实际应用中多采用周期多表代换密码，即代换表个数有限，重复地使用。

经典的多表代换密码有 Vigenère、Beaufort、Running-Key、Vernam 和轮转机等密码。

3）多字母代换密码

对于多字母代换密码，这里介绍一种多字母系统，即 Hill 密码（图 3.3）。这个密码是 1929 年由 S. Hill 提出。多字母代换密码的特点是每次对 $L > 1$ 个字母进行代换，这样做的优点是容易隐蔽或均匀化字母的自然频度，从而有利于抗统计分析。

设 m 是某个固定的正整数，$P = C = (Z_{26})^m$，又设 $K = \{m \times m$ 可逆阵，$Z_{26}\}$；

对任意，$k \in K$，定义

$$e_k(x) = xk, \quad 则 d_k(y) = yk^{-1}$$

其中所有的运算都是在 Z_{26} 中进行。

图 3.3　多字母代换 Hill 密码

可以看出当 $m = 1$ 时，系统退化为单字母仿射代换密码，可见 Hill 密码是仿射密码体制的推广。如果 $m = 2$，可以将明文写为 $x = (x_1, x_2)$，密文写为 $y = (y_1, y_2)$。这里，y_1、y_2

都将是 x_1、x_2 的线性组合。若取

$$y_1 = 11x_1 + 3x_2$$
$$y_2 = 8x_1 + 7x_2$$

简记为 $y = xk$，其中 $k = \begin{bmatrix} 11 & 8 \\ 3 & 7 \end{bmatrix}$ 为密钥。

熟悉线性代数的读者将意识到我们可用矩阵 k^{-1} 来解密，此时的解密公式为 $x = yk^{-1}$。可以验证

$$\begin{bmatrix} 11 & 8 \\ 3 & 7 \end{bmatrix}^{-1} = \begin{bmatrix} 7 & 18 \\ 23 & 11 \end{bmatrix}$$

上面的运算是在 Z_{26} 中进行的。除了 m 取很小的值（$m = 2,3$）时，计算 k^{-1} 没有有效的方法，所以大大限制了它的广泛应用，但对密码学的早期研究很有推动作用。

2. 置换密码

置换密码（图 3.4）的想法是不改变明文字符，但通过重排而更改它们位置，所以有时也称为换位密码。

设 m 是某个固定的整数。$P = C = (Z_{26})^m$，且 K 由所有 $\{1, 2, \cdots, m\}$ 的置换组成。对一个密钥 π（即一个置换），定义

$$e_\pi(x_1, x_2, \cdots, x_m) = (x_{\pi(1)}, x_{\pi(2)}, \cdots, x_{\pi(m)})$$

$$d_\pi(y_1, y_2, \cdots, y_m) = (y_{\pi^{-1}(1)}, y_{\pi^{-1}(2)}, \cdots, x_{\pi^{-1}(m)})$$

其中，π^{-1} 是 π 的逆置换。

图 3.4　置换密码

密码史表明，密码分析者的成就似乎比密码设计者的成就更令人惊叹，许多开始时被设计者吹为"百年或千年难破"的密码，没过多久就被密码分析者巧妙地攻破了。在第二次世界大战中，美军破译了日本的"紫密"，使得日本在中途岛战役中大败。一些专家们估计，同盟军在密码破译上的成功至少使第二次世界大战缩短了 8 年。

通常假定，攻击方知道所用的密码系统，这个假设被称作 Kerckhoff 假设。当然，如果攻击方不知道所用的密码体制，这将使得任务更加艰巨：分析者不得不尝试新的密码系统，但这时程序的复杂性基本上与限定在一个具体密码系统上相同，所以我们不想把系统的安全性基于对手不知道所用的系统。因此目标是设计一个在 Kerckhoff 假设下达到安全的系统。

简单的单表代换密码，如移位密码极易破译，仅统计标出最高频度字母再与明文字母表字母对应决定出移位量，就差不多得到正确解了；一般的仿射密码要复杂些，但多考虑几个密文字母统计表与明文字母统计表的匹配关系也不难解出。另外，移位密码也很容易用穷举密钥搜索来破译。可见，一个密码系统时安全的一个必要条件是密钥空间必须足够大，使得穷举密钥搜索破译是不可行的，但这不是一个密码系统安全的充分条件。

多表代换密码的破译要比单表代换密码的破译难得多，因为在单表代换下，字母的频

度、重复字母模式、字母结合方式等统计特性除了字母名称改变外,都未发生变化,依靠这些不变的统计特征就能破译单表代换;而在多表代换下,原来明文中的这些特性通过多个表的平均作用而被隐藏了起来。已有的事实表明,用唯密文攻击法分析单表和多表代换密码是可行的,但用唯密文攻击法分析多字母代换密码,如 Hill 密码是比较困难的。分析多字母代换多用已知明文攻击法。

3.2.2 分组密码算法

在分组密码的设计中用代替和置换手段实现扩散和混淆功能。对任何加密算法的设计,混淆及扩散是两个最重要的安全特性。混淆是指加密算法的密文与明文及密钥关系十分复杂,无法从数学上描述,或从统计上去分析。扩散是指明文中的任一位以及密钥中的任一位,对全体密文位有影响,经由此种扩散作用,可以隐藏许多明文在统计上的特性,从而增加密码的安全。这些方法的使用不但使分组密码能够容易实现,而且可以有效抵抗对该密码技术的统计分析,从而加大了从密文的统计特性中分析明文和密钥的难度。由于分组密码算法具有速度快、易于标准化和便于软/硬件实现的特点,因此在商用系统中的对称密码算法基本都采用分组加密技术。

分组密码算法不仅易于构造伪随机数生成器、流密码、消息认证码和 Hash 函数,还可以成为消息认证技术、数据完整性机制、实体认证协议以及单钥签名体制的核心组成部分,因此被广泛的应用。下面介绍几种具有代表性的分组密码算法。

1. DES 算法

最著名的对称密钥加密算法 DES 是由 IBM 公司在 20 世纪 70 年代发展起来的,并经过政府的加密标准筛选后,于 1976 年 11 月被美国政府采用,DES 随后被美国国家标准局和美国国家标准协会(American National Standard Institute,ANSI)承认,同时也成为全球范围内事实上的工业标准。

1) DES 算法描述

DES 使用 56 位密钥对 64 位的数据块进行加密,并对 64 位的数据块进行 16 轮编码。在每轮编码时,"每轮"一个 48 位的密钥值由 56 位的"种子"密钥得出来。

DES 算法的入口参数有 Key、Data、Mode 三个。其中 Key 为 8 个字节共 64 位,是 DES 算法的工作密钥;Data 也为 8 个字节共 64 位,是要被加密或被解密的数据;Mode 为 DES 的工作方式,有加密或解密两种。

DES 算法把 64 位的明文输入块变为 64 位的密文输出块,它所使用的密钥也是 64 位,整个算法的变换过程如图 3.5 所示。

初始换位的功能是把输入的 64 位数据块按位重新组合,并把输出分为 $L0$、$R0$(左、右)两部分,每部分各长 32 位,其置换规则如下表所示:

$$58,50,42,34,26,18,10,2,60,52,44,36,28,20,12,4,$$
$$62,54,46,38,30,22,14,6,64,56,48,40,32,24,16,8,$$
$$57,49,41,33,25,17,9,1,59,51,43,35,27,19,11,3,$$
$$61,53,45,37,29,21,13,5,63,55,47,39,31,23,15,7$$

即将输入的第 58 位换到第 1 位,第 50 位换到第 2 位……依此类推,最后一位是原来的第 7 位。$L0$、$R0$ 则是换位输出后的两部分,$L0$ 是输出的左 32 位,$R0$ 是右 32 位,例:设

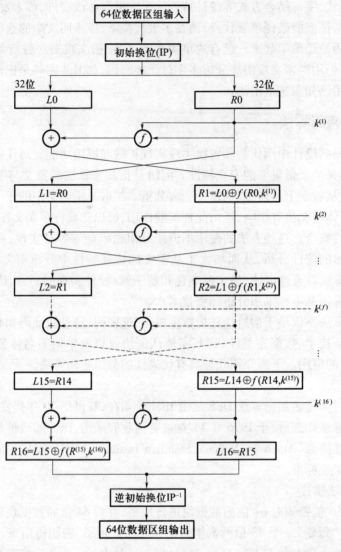

图 3.5 DES 算法框图

置换前的输入值为 D1D2D3…D64,则经过初始置换后的结果为:$L0 = D58D50\cdots D8$;$R0 = D57D49\cdots D7$。

经过初始换位后,将 $R0$ 与密钥发生器产生的密钥 $k^{(1)}$ 进行计算,其结果记为 $f(R0, k^{(1)})$,再与 $L0$ 进行模 2 加法,得到 $L0 \oplus f(R0, k^{(1)})$,把 $R0$ 记为 $L1$ 放在左边,而把 $L0 \oplus f(R0, k^{(1)})$ 记为 $R1$ 放在右边,从而完成了第 1 次迭代运算,一直迭代到第 16 次。所得的第 16 次迭代结果左右不交换,即 $L15 \oplus f(R15, k^{(16)})$ 记为 $R16$,放在左边,$R15$ 记为 $L16$,放在右边。

经过这样的 16 次迭代运算后,得到 $L16$、$R16$,将此作为输入,进行逆初始换位,即得到密文输出。逆初始换位正好是初始换位的逆运算,例如,第 1 位经过初始换位后,处于第 40 位,而通过逆初始换位,又将第 40 位换回到第 1 位,其逆初始换位规则如下所示:

40,8,48,16,56,24,64,32,39,7,47,15,55,23,63,31,

38,6,46,14,54,22,62,30,37,5,45,13,53,21,61,29,

36,4,44,12,52,20,60,28,35,3,43,11,51,19,59,27,

34,2,42,10,50,18,58,26,33,1,41,9,49,17,57,25

DES 算法的 16 次迭代具有相同的结构,每一次迭代的运算过程如图 3.6 所示。

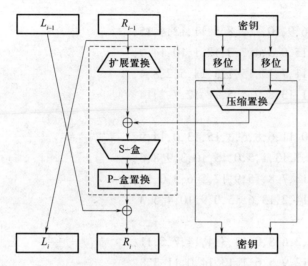

图 3.6　DES 算法的一次迭代过程图

注:i 代表次序数。

图中:扩展置换为

32,1,2,3,4,5,4,5,6,7,8,9,8,9,10,11,

12,13,12,13,14,15,16,17,16,17,18,19,20,21,20,21,

22,23,24,25,24,25,26,27,28,29,28,29,30,31,32,1

P-盒置换为

16,7,20,21,29,12,28,17,1,15,23,26,5,18,31,10,

2,8,24,14,32,27,3,9,19,13,30,6,22,11,4,25,

在变换中用到的 $S1,S2,\cdots,S8$ 为选择函数,也俗称为 S-盒,它是 DES 算法的核心,其功能是把 6 位数据变为 4 位数据。下面给出选择函数 $Si(i=1,2,\cdots,8)$ 的功能表。

$S1$:

14,4,13,1,2,15,11,8,3,10,6,12,5,9,0,7,

0,15,7,4,14,2,13,1,10,6,12,11,9,5,3,8,

4,1,14,8,13,6,2,11,15,12,9,7,3,10,5,0,

15,12,8,2,4,9,1,7,5,11,3,14,10,0,6,13

$S2$:

15,1,8,14,6,11,3,4,9,7,2,13,12,0,5,10,

3,13,4,7,15,2,8,14,12,0,1,10,6,9,11,5,

0,14,7,11,10,4,13,1,5,8,12,6,9,3,2,15,

13,8,10,1,3,15,4,2,11,6,7,12,0,5,14,9

S3:

10,0,9,14,6,3,15,5,1,13,12,7,11,4,2,8,

13,7,0,9,3,4,6,10,2,8,5,14,12,11,15,1,

13,6,4,9,8,15,3,0,11,1,2,12,5,10,14,7,

1,10,13,0,6,9,8,7,4,15,14,3,11,5,2,12

S4:

7,13,14,3,0,6,9,10,1,2,8,5,11,12,4,15,

13,8,11,5,6,15,0,3,4,7,2,12,1,10,14,9,

10,6,9,0,12,11,7,13,15,1,3,14,5,2,8,4,

3,15,0,6,10,1,13,8,9,4,5,11,12,7,2,14

S5:

2,12,4,1,7,10,11,6,8,5,3,15,13,0,14,9,

14,11,2,12,4,7,13,1,5,0,15,10,3,9,8,6,

4,2,1,11,10,13,7,8,15,9,12,5,6,3,0,14,

11,8,12,7,1,14,2,13,6,15,0,9,10,4,5,3

S6:

12,1,10,15,9,2,6,8,0,13,3,4,14,7,5,11,

10,15,4,2,7,12,9,5,6,1,13,14,0,11,3,8,

9,14,15,5,2,8,12,3,7,0,4,10,1,13,11,6,

4,3,2,12,9,5,15,10,11,14,1,7,6,0,8,13

S7:

4,11,2,14,15,0,8,13,3,12,9,7,5,10,6,1,

13,0,11,7,4,9,1,10,14,3,5,12,2,15,8,6,

1,4,11,13,12,3,7,14,10,15,6,8,0,5,9,2,

6,11,13,8,1,4,10,7,9,5,0,15,14,2,3,12

S8:

13,2,8,4,6,15,11,1,10,9,3,14,5,0,12,7,

1,15,13,8,10,3,7,4,12,5,6,11,0,14,9,2,

7,11,4,1,9,12,14,2,0,6,10,13,15,3,5,8,

2,1,14,7,4,10,8,13,15,12,9,0,3,5,6,11

在此以 S1 为例说明其功能,可以看到:在 S1 中,共有 4 行数据,命名为 0,1,2,3 行;每行有 16 列,命名为 0,1,2,3,…,14,15 列,具体的替代方式如下:

现设 S1 盒 6 位输入为:$D = D1D2D3D4D5D6$,将 $D1D6$ 组成的一个 2 位二进制数转化为十进制数,对应表中的行号;将 $D2D3D4D5$ 组成的一个 4 位二进制数也转化为十进制数,对应表中的列号,然后在 S1 表中查得行和列交叉点处对应的数,以 4 位二进制表示,此即为选择函数 S1 的输出。

下面给出子密钥 $k^{(i)}$(48 位)的生成算法。

如图 3.7 所示,从子密钥 $k^{(i)}$ 的生成算法描述中可以看到:初始 Key 值为 64 位,但 DES 算法规定,其中第 8,16,…,64 位是奇偶校验位,不参与 DES 运算。故 Key 实际可用位数只有 56 位。即经过置换选择 1(表 3.1)的变换后,Key 的位数由 64 位变成了 56 位,此 56 位分为 $C0$、$D0$ 两部分,各 28 位,然后分别进行第 1 次循环左移,得到 $C1$、$D1$,将 $C1$(28 位)、$D1$(28 位)合并得到 56 位,再经过置换选择 2(表 3.2),从而便得到了密钥 $k^{(1)}$(48 位)。依此类推,便可得到 $k^{(2)}$、$k^{(3)}$、…、$k^{(16)}$,不过需要注意的是,16 次循环左移对应的左移位数要依据下述规则进行。

循环左移位数是:1,1,2,2,2,2,2,2,1,2,2,2,2,2,2,1

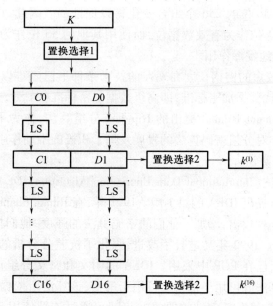

图 3.7　子密钥产生过程图

表 3.1　置换选择 1

$C0$	57	49	41	33	25	17	9
	1	58	50	42	34	26	18
	10	2	59	51	43	35	27
	19	11	3	60	52	44	36
$D0$	63	55	47	39	31	23	15
	7	62	54	46	38	30	22
	14	6	61	53	45	37	29
	21	13	5	28	20	12	4

表 3.2　置换选择 2

14	17	11	24	1	5
3	28	15	6	21	10
23	19	12	4	26	8
16	7	27	20	13	2
41	52	31	37	47	55
30	40	51	45	33	48
44	49	39	56	34	53
46	42	50	36	29	32

以上介绍了 DES 算法的加密过程。DES 的算法是对称的,既可用于加密又可用于解密。DES 算法的解密过程与加密过程是一样的,区别仅在于第 1 次迭代时用子密钥 $k^{(16)}$,第 2 次 $k^{(15)}$,……,最后一次用 $k^{(1)}$,算法本身并没有任何变化。

2) DES 算法的特点

由上述 DES 算法介绍可以看到,DES 算法中只用到 64 位密钥中的其中 56 位,而第 8,16,24,…,64 位这 8 个位并未参与 DES 运算,即 DES 的安全性是基于除了 8,16,24,…,64 位外的其余 56 位的 256 个组合变化得以保证的。因此,在实际应用中应避开使用第 8,16,24,…,64 位作为有效数据位,而使用其他的 56 位作为有效数据位,才能保证 DES 算法安全可靠地发挥作用。

另外,因为 DES 较短的密钥长度在现在的技术条件下已经难以抵抗穷举攻击,于是美国发起征集了下一代数据加密标准,即高级数据加密标准(AES),并最终选定了比利时人 Joan Daemen 和 Vincent Rijmen 提出的 Rijndael 分组算法,作为下一代的数据加密标准,这些标准化的工作对分组密码算法的发展发挥了积极的推动作用。

2. 国际数据加密算法

国际数据加密算法(International Data Encryption Algorithm, IDEA)首先由 X. J. Lai 和 J. L. Massey 于 1990 年提出 IDEA 的第 1 版。1991 年,在 Biham Shamir 对其采用了差分分析之后,设计者为抗此种攻击,增加了他们的密码算法的强度,他们把新算法称为改进型建议加密标准(IPES)。1992 年又进行了改进,强化了抗差分分析的能力,这是分组密码中一个很成功的方案,已在 PGP 中采用。IDEA 的明文和密文分组都是 64 位,秘密钥的长度是 128 位,同一算法既可用于加密又可用于解密,该算法所依据的设计思想是"混合来自不同代数群中的运算",该算法需要的"混乱"可通过连续使用 3 个"不相容"的群运算于两个 16 位子块来获得,并且该算法所选择使用的密码结构可提供必要的"扩散",密码结构的选择也考虑了该密码算法可以用硬件和软件来实现的功能。

IDEA 由 8 轮相似的运算和随后的一个输出变换组成,图 3.8 的计算框图刻画了该密码算法的轮运算和输出变换。

IDEA 的混淆特性是经由混合下述三种操作而成的:

(1) 以比特为单位的异或运算,用 $\oplus$ 表示。

(2) 定义在模 2^{16}(mod65536)的模加法运算,其操作数都可以表示成 16 位整数,用 $\boxplus$ 表示这个操作。

(3) 定义在模 $2^{16}+1$(mod65537)的模乘法运算。因为 65537 是一素数,所以对任何数(除 0 以外)的乘法逆元是存在的。值得一提的是,为了保证即使当"0"出现在 16 位的操作数时也有乘法逆元存在,"0"被定义 2^{16}。用符号"$\odot$"表示这个操作。

在三种不同的群运算中,要特别注意模 $2^{16}+1$ 整数乘法运算 $\odot$,这里除了将 16 位的全零子块处理为 2^{16} 外,其余 16 位的子块均按通常处理成一个整数的二进制表示,例如,$(0,0,\cdots,0)\odot(1,0,\cdots,0)=(1,0,\cdots,0,1)$,这是因为 $2^{16}\times2^{15}\mathrm{mod}(2^{16}+1)=2^{15}+1$。

由于上面三个操作,基于以下的"非兼容性",应用 IDEA 时,可以充分发挥出混淆的特性。

(1) 三种操作中的任意两个,都不满足"分配律",例如,对任意的 $a,b,c\in F_{2^{16}}$,运算 $\odot$ 及 $\boxplus$,则有 $a\boxplus(b\odot c)\neq(a\boxplus b)\odot(a\boxplus c)$。

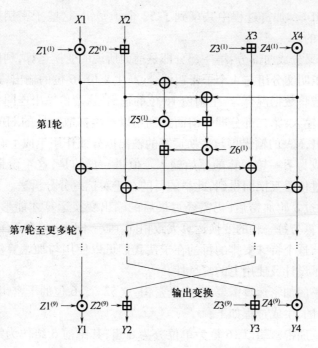

图 3.8　IDEA 的加密流程图

（2）三种操作中的任意两个,都无法满足"结合律",例如,对任意的 $a,b,c \in F_{2^{16}}$,运算 $\boxdot$ 及 $\oplus$,则有 $a \boxdot (b \oplus c) \neq (a \boxdot b) \oplus (a \boxdot c)$。

因此,在 IDEA 的设计中,使用了这三种操作的混合组合来打乱数据,攻击者就无法用化简的方式来分析密文与明文及密钥之间的关系。

IDEA 的扩散特性是建立在乘法/加法(Multiplication/Addition,MA)的基本结构上。图 3.9 表示 MA 的基本结构,该结构一共有四个 16 位的输入,两个 16 位的输出,其中的两个输入来源于明文,另外两个输入是子密钥,源于 128 位加密密钥。Lai 经过分析验证,数据经过 8 轮的 MA 处理,可以得到完整的扩散特性。

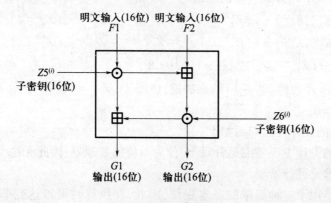

图 3.9　MA 的基本结构

在图 3.8 显示的 IDEA 加密方法的流程中,IDEA 流程包括 8 轮的重复运算,加上最后的输出变换。64 位的明文分组在每一轮中都是被分成 4 份,每份以 16 位为一单元来处理,每一轮中有 6 个不同的子密钥来参与作用,最后的输出变换运算用到了另外的 4 个子密钥。因此,在 IDEA 加密过程中共享到了 52 个子密钥,这些子密钥都是由一个 128 位的加密密钥产生的。

每一轮的运算又分成两部分:第一部分即是前面所说的变换运算,利用加法及乘法运算将 4 份 16 位的子明文分组与 4 个子密钥混合,产生 4 份 16 位的输出,这 4 份输出又两两配对,以逻辑异或将数据混合,产生两份 16 位的输出,这两份输出连同另外的两个子密钥成为第二部分的输入;第二部分即是前面提到用以产生扩散特性的 MA 运算,MA 运算生成两份 16 位输出,MA 的输出再与变换运算的输出以异或作用生成 4 份 16 位的最后结果,这 4 份结果即成为下一轮运算的原始输入。值得一提的是,这 4 份最后结果中的第二、三份输出是经过位置互换而得到,此举的目的在于对抗差分分析法。

明文分组在经过 8 轮加密后,仍需经过最后的输出变换运算才能形成正式的密文。最后的输出变换运算与每一轮的变换运算大致相同,唯一不同之处在于第二、三份输出是不需经过位置互换,这个特殊安排的目的在于使我们可以使用与加密算法相同结构的解密算法解密,简化了设计及使用上的复杂性。

IDEA 一次完整的加密运算需要 52 个子密钥,这 52 个 16 位的子密钥都是由一个 128 位的加密密钥产生的,生成过程如下:

首先,将 128 位加密密钥以 16 位为单位分为 8 组,其中前 6 组作为第一轮迭代运算的子密钥,后 2 组用于第二轮迭代运算的前 2 组子密钥,然后将 128 位加密密钥循环左移 25 位,再分为 8 组子密钥,其中前 4 组用于第二轮迭代运算的后 4 组子密钥,后 4 组用作第三轮迭代运算的前 4 组子密钥,照此方法直至产生全部 52 个子密钥,这 52 个密钥子块的顺序为:

$$Z_1^{(1)}, Z_2^{(1)}, \cdots, Z_6^{(1)}; Z_1^{(2)}, Z_2^{(2)}, \cdots, Z_6^{(2)}$$
$$Z_1^{(3)}, Z_2^{(3)}, \cdots, Z_6^{(3)}; \cdots; Z_1^{(8)}, Z_2^{(8)}, \cdots, Z_6^{(8)}$$
$$Z_1^{(9)}, Z_2^{(9)}, \cdots, Z_6^{(9)}$$

IDEA 的解密过程本质上与加密过程相同,唯一不同的是解密密钥子块 $K_i^{(r)}$ 是从加密密钥子块 $Z_i^{(r)}$ 按下列方式计算出来的:

$$(K_1^{(r)}, K_2^{(r)}, K_3^{(r)}, K_4^{(r)}) = ((Z_1^{(10-r)})^{-1}, -Z_3^{(10-r)}, -Z_2^{(10-r)}, (Z_4^{(10-r)})^{-1}), r = 2, 3, \cdots, 8$$
$$(K_1^{(r)}, K_2^{(r)}, K_3^{(r)}, K_4^{(r)}) = ((Z_1^{(10-r)})^{-1}, -Z_2^{(10-r)}, -Z_3^{(10-r)}, (Z_4^{(10-r)})^{-1}), r = 1, 9$$
$$(K_5^{(r)}, K_6^{(r)}) = (Z_5^{(9-r)}, Z_6^{(9-r)}), r = 1, 2, \cdots, 8$$

其中 Z^{-1} 表示 Z 的模($2^{16}+1$)的乘法逆,也即 $Z \odot Z^{-1} = 1$,$-Z$ 表示 Z 的模 2^{16} 的加法逆,也即 $-Z \boxplus Z = 0$。

综上,IDEA 的设计理念归纳如下:

(1) IDEA 的设计主要考虑是针对 16 位为单位的处理器,因此无论明文、密钥都是分成 16 位为一个单元进行处理。

(2) IDEA 使用了三种简单的基本操作,因此,在执行时可以达到非常快的操作,在 33MHz 386 机器上运行,加密速度可以达到 880Kb/s,经过特殊设计的 VLSI 芯片,更可以达到 55Mb/s 的速度。

(3) IDEA 采用三种非常简单的基本操作,经混合运算,以达到混淆目的。

(4) IDEA 的整体设计非常有规律。MA 运算器及变换运算器重复使用在系统上,因此非常适合 VLSI 实现。

由于 IDEA 的密钥长度是 DES 的 2 倍,所以在强力攻击下,其安全性比 DES 强。

除了以上介绍的标准分组密码算法外,还有很多优秀的分组密码算法值得研究和借鉴,例如,Safer - 64、Shark、RC6、Mars 及 Twofish 算法等,这里不再一一介绍。

3. AES 算法

在所征集的 AES 多种加密标准中,Rijndael 算法具有更高的效率和实现的灵活性,下面对这一算法作一具体的描述。

该算法是数据块长度和加密密钥长度都可变的迭代分组加密算法,其数据块及密钥的长度都可以分别是 128 位、192 位和 256 位,其原型是 Square 算法,它的设计策略是宽轨迹策略。宽轨迹策略是针对差分分析和线性分析提出的,它的最大优点是可以给出算法的最佳差分特征的概率及最佳线性逼进偏差的界,由此,该算法具有抵抗差分密码分析及线性密码分析的能力。

Rijndael 采用的是代替/置换网络,每一轮由以下三层组成:

(1)线性混和层:确保多轮之上的高度扩散;

(2)非线性层:由 16 个 S - 盒并置而成,起到混淆的作用;

(3)密钥加层:子密钥简单地异或到中间状态上。

S - 盒选取的是有限域 $GF(28)$ 中的乘法逆运算,它的差分均匀性和线性偏差都达到了最佳。

在加密之前,对数据块做预处理。首先,把数据块写成字的形式,每个字包含 4 个字节,每个字节包含 8 位信息;每个字节看作有限域 $GF(28)$ 中的元素,其次,把字记为列的形式,经过这样的处理,数据块就可以记为表 3.3 所示的形式。

其中,每列表示一个字 $\boldsymbol{a}_j = (a_{0,j}, a_{1,j}, a_{2,j}, a_{3,j})$,每个 $a_{i,j}$ 表示一个 8 位的字节。

如果用 N_b 表示一个数据块中字的个数,那么 N_b 为 4,6 或 8。

类似地,用 N_k 表示密钥中字的个数,那么 N_k 为 4,6 或 8。例如,$N_k = 6$ 的密钥可以记为表 3.4 所示的形式。

表 3.3 Rijndael 数据块

$a_{0,0}$	$a_{0,1}$	$a_{0,2}$	$a_{0,3}$	$a_{0,4}$	$a_{0,5}$	…
$a_{1,0}$	$a_{1,1}$	$a_{1,2}$	$a_{1,3}$	$a_{1,4}$	$a_{1,5}$	…
$a_{2,0}$	$a_{2,1}$	$a_{2,2}$	$a_{2,3}$	$a_{2,4}$	$a_{2,5}$	…
$a_{3,0}$	$a_{3,1}$	$a_{3,2}$	$a_{3,3}$	$a_{3,4}$	$a_{3,5}$	…

表 3.4 $N_k = 6$ 的密钥

$K_{0,0}$	$K_{0,1}$	$K_{0,2}$	$K_{0,3}$	$K_{0,4}$	$K_{0,5}$
$K_{1,0}$	$K_{1,1}$	$K_{1,2}$	$K_{1,3}$	$K_{1,4}$	$K_{1,5}$
$K_{2,0}$	$K_{2,1}$	$K_{2,2}$	$K_{2,3}$	$K_{2,4}$	$K_{2,5}$
$K_{3,0}$	$K_{3,1}$	$K_{3,2}$	$K_{3,3}$	$K_{3,4}$	$K_{3,5}$

算法轮数 N_r 由 N_b 和 N_k 共同决定,具体值见表 3.5。

表 3.5 N_r 的取值

N_r	$N_b = 4$	$N_b = 6$	$N_b = 8$
$N_k = 4$	10	12	14
$N_k = 6$	12	12	14
$N_k = 8$	14	14	14

在加密和解密过程中,数据都是以这种字或字节形式表示的。

Rijndael 算法的加密过程可由图 3.10 所示的流程图表示。

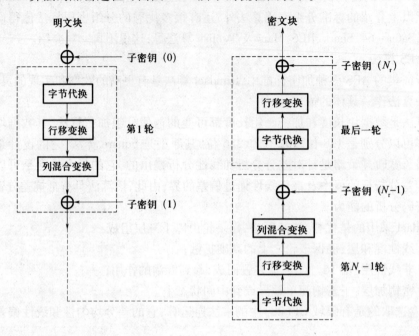

图 3.10 Rijndael 算法的加密过程

1) 字节代换(ByteSub)

字节代换是作用在字节上的一种非线性字节变换,它在字节上独立地进行计算。

在字节上的运算实际上就是在有限域 $GF(2^8)$ 中的运算,按照下列方式进行,将一个由 $a_7a_6a_5a_4a_3a_2a_1a_0$ 所组成的字节 a 表示为系数为 $\{0,1\}$ 的二进制多项式:

$$a(x) = a_7x^7 + a_6x^6 + a_5x^5 + a_4x^4 + a_3x^3 + a_2x^2 + a_1x + a_0$$

在 $GF(2^8)$ 中的加法定义为二进制多项式的加法;在 $GF(2^8)$ 中的乘法定义为二进制多项式的乘积模一个次数为 8 的不可约多项式,此不可约多项式为

$$m(x) = x^8 + x^4 + x^3 + x + 1$$

在 $GF(2^8)$ 上的二进制多项式 $a(x)$ 的乘法逆为满足

$$a(x)b(x) = 1(\bmod m(x))$$

的二进制多项式 $b(x)$,记作 $a^{-1}(x)$。若记

$$b(x) = b_7x^7 + b_6x^6 + b_5x^5 + b_4x^4 + b_3x^3 + b_2x^2 + b_1x + b_0$$

则字节 a 的逆 a^{-1} 为 $b_7b_6b_5b_4b_3b_2b_1b_0$。

字节代换是由下面两个变换合成的:

(1) 对每个字节求它的乘法逆,其中,零多项式的乘法逆就是它自身;

(2) 对所求得的乘法逆进行仿射变换:

$$
\text{ByteSub}(a_{i,j}) = \begin{bmatrix} 1 & 0 & 0 & 0 & 1 & 1 & 1 & 1 \\ 1 & 1 & 0 & 0 & 0 & 1 & 1 & 1 \\ 1 & 1 & 1 & 0 & 0 & 0 & 1 & 1 \\ 1 & 1 & 1 & 1 & 0 & 0 & 0 & 1 \\ 1 & 1 & 1 & 1 & 1 & 0 & 0 & 0 \\ 0 & 1 & 1 & 1 & 1 & 1 & 0 & 0 \\ 0 & 0 & 1 & 1 & 1 & 1 & 1 & 0 \\ 0 & 0 & 0 & 1 & 1 & 1 & 1 & 1 \end{bmatrix} a_{i,j}^{-1} + \begin{bmatrix} 1 \\ 1 \\ 0 \\ 0 \\ 0 \\ 1 \\ 1 \\ 0 \end{bmatrix}
$$

其中 $a_{i,j}^{-1}$ 是 $a_{i,j}$ 在 $\mathrm{GF}(2^8)$ 中的乘法逆。记

$$
\text{ByteSub}(\boldsymbol{a}_j) = (\text{ByteSub}(a_{0,j}), \text{ByteSub}(a_{1,j}), \text{ByteSub}(a_{2,j}), \text{ByteSub}(a_{3,j}))
$$

这种利用有限域上的逆映射来构造 S-盒的好处是:表述简单,使人相信没有陷门,最重要的是其具有良好的抗差分和线性分析的能力。附加的仿射变换,目的是用来复杂化 S-盒的代数表达,以防止代数插值攻击。当然具体实现时,S-盒也可用查表法来实现。

2) 行移变换(ShiftRow)

在此变换的作用下,数据块(表3.6)的第 0 行保持不变,第 1 行循环左移 C_1 位,第 2 行循环左移位 C_2,第 3 行循环左移位 C_3,其中移位值 C_1、C_2 和 C_3 与加密块长 N_b 有关。

表3.6 行移变换

N_b	移 位 值		
	C_1	C_2	C_3
4	1	2	3
6	1	2	3
8	1	3	4

3) 列混合变换(MixColumn)

列混合变换可以记为

$$
\text{MixColumn}(\boldsymbol{a}_j) = \boldsymbol{a}_j \otimes \boldsymbol{c}
$$

上式中的 4 个字节向量 $\boldsymbol{a}_j$ 看成是系数取自 $\mathrm{GF}(2^8)$ 中的多项式,对应环 $\mathrm{GF}(2^8)[x]/(x^4+1)$ 中的元素,$\boldsymbol{c}$ 是一个固定的 4 个字节向量,对应环 $\mathrm{GF}(2^8)[x]/(x^4+1)$ 中的一个固定元素,取 $\boldsymbol{c} = ('03','01','01','02') = '03'x^3 + '01'x^2 + '01'x + '02'$,单引号中的数值为字节的十六进制表示,乘法 $\otimes$ 是在环 $\mathrm{GF}(2^8)[x]/(x^4+1)$ 中进行的。

因为 $\boldsymbol{c}$ 与 x^4+1 互素,所以 $\boldsymbol{c}$ 有可逆元 $\boldsymbol{d}$,由

$$
('03'x^3 + '01'x^2 + '01'x + '02') \otimes d(x) = '01'
$$

得到

$$
\boldsymbol{d} = ('0B','0D','09','0E') = '0B'x^3 + '0D'x^2 + '09'x + '0E'
$$

行移变换和列混合变换相当于 SP 结构密码中的 P 层或称线性层,起着扩散作用。这里的常量之所以选 $\boldsymbol{c} = '03'x^3 + '01'x^2 + '01'x + '02'$,是为了运算简单,且最大化线性层的扩散力量。

4) 子密钥的生成

加密和解密过程分别需要 N_r+1 个子密钥。子密钥的生成包括主密钥 $\boldsymbol{k}_0\boldsymbol{k}_1\cdots\boldsymbol{k}_{N_k-1}$ 的

扩展和子密钥的选取两个步骤,其中根据 $N_k \leqslant 6$ 和 $N_k > 6$ 两种不同的情况,采取不同的主密钥扩展方式。

(1) 对于 $N_k \leqslant 6$,有:当 $i = 0, 1, \cdots, N_k - 1$ 时,定义 $\boldsymbol{w}_i = \boldsymbol{k}_i$。

当 $N_k \leqslant i \leqslant N_b(N_r + 1) - 1$ 时,若 $i \bmod N_k \neq 0$,则定义 $\boldsymbol{w}_i = \boldsymbol{w}_{i-N_k} \oplus \boldsymbol{w}_{i-1}$;若 $i \bmod N_k = 0$,则令

$$\mathrm{RC}[i] = x^{i-1} \in \mathrm{GF}(2^8)\,(\mathrm{RC}[0] = '01')$$
$$\mathbf{Rcon}[i] = (\mathrm{RC}[i], '00', '00', '00') \in \mathrm{GF}(2^8)[x]/(x^4 + 1)$$

定义

$$\boldsymbol{w}_i = \boldsymbol{w}_{i-N_k} \oplus \mathrm{ByteSub}(\mathrm{Rotate}(\boldsymbol{w}_{i-1})) \oplus \mathbf{Rcon}[i/N_k]$$

其中 $\mathrm{Rotate}(a,b,c,d)$ 是左移位,即 $\mathrm{Rotate}(a,b,c,d) = (b,c,d,a)$。

(2) 对于 $N_k > 6$,有:当 $i = 0, 1, \cdots, N_k - 1$ 时,定义 $\boldsymbol{w}_i = \boldsymbol{k}_i$。

当 $N_k \leqslant i \leqslant N_b(N_r + 1) - 1$ 时,若 $i \bmod N_k \neq 0$ 且 $i \bmod N_k \neq 4$,则定义 $\boldsymbol{w}_i = \boldsymbol{w}_{i-N_k} \oplus \boldsymbol{w}_{i-1}$;

若 $i \bmod N_k = 0$,则令 $\mathrm{RC}[i] = x^{i-1} \in \mathrm{GF}(2^8)$,$\mathbf{Rcon}[i] = (\mathrm{RC}[i], '00', '00', '00') \in \mathrm{GF}(2^8)[x]/(x^4 + 1)$,定义

$$\boldsymbol{w}_i = \boldsymbol{w}_{i-N_k} \oplus \mathrm{ByteSub}(\mathrm{Rotate}(\boldsymbol{w}_{i-1})) \oplus \mathbf{Rcon}[i/N_k]$$

若 $i \bmod N_k = 4$,则定义

$$\boldsymbol{w}_i = \boldsymbol{w}_{i-N_k} \oplus \mathrm{ByteSub}(\boldsymbol{w}_{i-1})$$

这样,就得到了 $N_b(N_r + 1)$ 个字 $\boldsymbol{w}_j$。第 i 个子密钥就是 $\boldsymbol{w}_{N_b \times i} \boldsymbol{w}_{N_b \times i + 1} \cdots \boldsymbol{w}_{N_b(i+1) - 1}$。

Rijndael 解密算法的结构与 Rijndael 加密算法的结构相同,其中的变换为加密算法变换的逆变换,且使用了一个稍有改变的密钥编制。行移变换的逆是状态的后 3 行分别移动 $N_b - C_1$、$N_b - C_2$、$N_b - C_3$ 个字节,这样在 i 行 j 处的字节移到 $(j + N_b - C_i) \bmod N_b$ 处。字节代换的逆是 Rijndael 的 S - 盒的逆作用到状态的每个字节,这可由如下得到:先进行仿射的逆变换,然后把字节的值用它的乘法逆代替。列混合变换的逆类似于列混合变换,状态的每一列都乘以一个固定的多项式 $d(x)$:

$$d(x) = '0B'x^3 + '0D'x^2 + '09'x + '0E'$$

3.2.3 分组密码分析方法

密码是用来对明文提供保护的,防止明文泄露,而密码分析人员的任务是在某种意义下破译密码。如果密码分析者能确定该密码正在使用的密钥,则他就可以像合法用户一样阅读所有的消息,则称该密码是完全可破译的。如果密码分析者仅能从所窃获的密文恢复明文,但他却不能发现密钥,则称该密码是部分可破译的。

根据攻击者掌握的信息,可将分组密码的攻击分为以下几类:

(1) 唯密文攻击:攻击者除了所截获的密文外,没有其他可利用的信息。

(2) 已知明文攻击:攻击者仅知道当前密钥下的一些明密文对。

(3) 选择明文攻击:攻击者能获得当前密钥下的一些特定的明文所对应的密文。

(4) 选择密文攻击:攻击者能获得当前密钥下的一些特定的密文所对应的明文。

显然在上述的四类攻击中,选择明文攻击是密码分析者可能发动的最强有力的攻击,但是在许多场合这种攻击是不现实的。

一种攻击的复杂度可以分为数据复杂度和处理复杂两部分。数据复杂度是实施该攻

击所需输入的数据量,而处理复杂度是处理这些数据所需的计算量。对某一攻击通常是以这两个方面的某一方面为主要因素,来刻画攻击复杂度。例如,穷举攻击所需的数据量和计算量相比微不足道,因此穷举攻击的复杂度实际就是考虑处理复杂度;差分密码分析是一种选择明文攻击,其复杂度主要是由该攻击所需的明密文对的数量来确定,而实施该攻击所需的计算量相对来说要小得多。下面是几种常见的攻击方法。

1. 强力攻击

强力攻击可用于任何分组密码,且攻击的复杂度只依赖于分组长度和密钥长度,严格地讲,攻击所需的时间复杂度依赖于分组密码的工作效率(包括加解密速度、密钥扩散速度以及存储空间等)。常见的强力攻击有穷举密钥搜索攻击、字典攻击、查表攻击和时间—存储权衡攻击等。

2. 差分密码分析

差分密码分析是迄今已知的攻击迭代密码最有效的方法之一,基本思想是:通过分析明文对的差值对密文对的差值的影响来恢复某些密钥比特。

给定一个 r 轮的迭代密码,对已知 n 长明文对 X 和 X',定义其差分为

$$\Delta X = X \oplus (X')^{-1}$$

式中:$\oplus$ 表示集合中定义的群运算;$(X')^{-1}$ 为 X' 在群中的逆元。

可简单地描述为选择具有固定差分的一对明文。这两个明文可随机选取,只要求它们符合特定差分条件,密码分析者甚至不用知道它们的值。然后,使用输出密文中的差分,按照不同的概率分配给不同的的密钥。随着分析的密文对越来越多,其中最可能的一个密钥就显现出来了,这就是正确的密钥。

3. 线性密码分析

线性密码分析本质上是一种已知明文攻击方法,其基本思想是通过寻找一个给定密码算法的有效的线性近似表达式来破译密码系统。

对已知明文密文和特定密钥,寻求线性表示式

$$(a \cdot x) \oplus (b \cdot y) = (d \cdot x)$$

式中,a,b,d 是攻击参数。

对所有可能密钥,此表达式以概率 $P_L = 1/2$ 成立。对给定的密码算法,使 $|P_L - 1/2|$ 极大化。为此对每一盒的输入和输出构造统计线性路线,并最终扩展到整个算法。

3.2.4 流密码技术

随着数字电子技术的发展,密钥流可以方便地利用以移位寄存器为基础的电路来产生,这促使线性和非线性移位寄存器理论迅速发展,加上有效的数学工具,使得流密码理论迅速发展。同时,由于它具有实现简单、加解密速度快以及错误传播低等特点,这使流密码在实际应用中,特别是在机密机构中仍保持优势。由于对流密码进行详细的介绍需要较高的理论知识,本节只对流密码进行简单的介绍,想进行深入学习的读者可以阅读相关的书籍。

1. 流密码基本原理

流密码一直是作为军事和外交场合使用的主要密码技术之一。它的主要原理是,通过随机数发生器产生性能优良的伪随机序列(密钥流),使用该序列加密信息流(逐比特

加密),得到密文序列。加密过程可用图 3.11 表示。

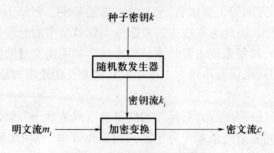

图 3.11　流密码的加密过程

按照加解密的工作方式,流密码一般分为同步流密码和自同步流密码两种。

(1) 同步流密码。在同步流密码中,密钥流的产生完全独立于消息流(明文流或密文流),如图 3.12 所示,图中 k_i 表示密钥流,c_i 表示密文流,m_i 表示明文流。在这种工作方式下,如果传输过程中丢失一个密文字符,发送方和接收方就必须使他们的密钥生成器重新同步,这样才能正确地加/解密后续的序列,否则加/解密将失败。

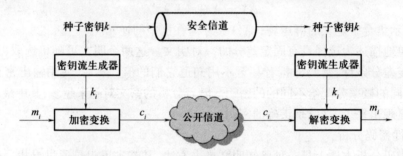

图 3.12　同步流密码

图 3.12 的操作过程可以用相应的函数描述如下:

$$\begin{cases} \sigma_{i+1} = F(\sigma_i,k) \\ k_i = G(\sigma_i,k) \\ c_i = E(k_i,m_i) \\ m_i = D(k_i,c_i) \end{cases}$$

其中:σ_i 是密钥流生成器的内部状态;F 是状态转移函数;G 是密钥流 k_i 产生函数;E 是同步流密码的加密变换;D 是同步流密码的解密变换。

由于同步流密码各操作位之间相互独立,因此应用这种方式进行加解密时无错误传播,当操作过程中产生一位错误时只影响一位,不影响后续位,这是同步流密码的一个重要特点。

(2) 自同步流密码。与同步流密码相比,自同步流密码是一种有记忆变换的密码,每一个密钥字符是由前面 n 个密文字符参与运算推导出来的,其中 n 为定值。因此,如果在传输过程中丢失或更改了一个字符,则这一错误就要向前传播 n 个字符,即自同步流密码有错误传播现象。不过,在收到 n 个正确的密文字符以后,密码自身会实现重新同步,如图 3.13 所示。

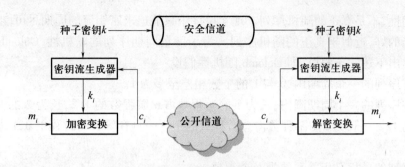

图 3.13　自同步流密码

图 3.13 的操作过程可以用相应的函数描述如下：

$$\begin{cases} \sigma_{i+1} = F(\sigma_i, c_i, c_{i-1}, \cdots, c_{i-n+1}, k) \\ k_i = G(\sigma_i, k) \\ c_i = E(k_i, m_i) \\ m_i = D(k_i, c_i) \end{cases}$$

其中：σ_i 是密钥流生成器的内部状态；c_i 是密文；F 是状态转移函数；G 是密钥流 k_i 产生函数；E 是同步流密码的加密变换；D 是同步流密码的解密变换。

在自同步流密码系统中，密文流参与了密钥流的生成，这使得对密钥流的分析非常复杂，从而导致了对自同步流密码进行系统的理论分析非常困难。因此，目前应用较多的流密码是同步流密码。

2. 二元加法流密码

目前，应用最多的流密码是在 GF(2) 域上的二元加法流密码，在这种流密码系统中，明文流 m_i、密文流 c_i 及密钥流 k_i 都编码为 0,1 序列，加解密变换都是模 2 加（异或），用符号"$\oplus$"表示。

加密操作：

$$\begin{array}{ccc} \text{密钥流：}k_1 & k_2 & k_3 \cdots \\ \oplus & \oplus & \oplus \\ \text{明文流：}m_1 & m_2 & m_3 \cdots \\ \downarrow & \downarrow & \downarrow \\ \text{密文流：}c_1 & c_2 & c_3 \cdots \end{array}$$

解密操作：

$$\begin{array}{ccc} \text{密钥流：}k_1 & k_2 & k_3 \cdots \\ \oplus & \oplus & \oplus \\ \text{密文流：}c_1 & c_2 & c_3 \cdots \\ \downarrow & \downarrow & \downarrow \\ \text{明文流：}m_1 & m_2 & m_3 \cdots \end{array}$$

二元流密码算法的安全强度完全决定于它所产生的密钥流的特性，如果密钥流是无限长且无周期的随机序列，那么二元流密码属于"一次一密"的密码体制，但遗憾的是满足这样条件的随机序列在现实中无法生成。实际应用当中的密钥流都是由有限存储和有限复杂逻辑的电路产生的字符序列，由于密钥流生成器只具有有限状态，那么它产生的序列具有周期性,不是真正的随机序列。现实设计中只能追求密钥流的周期尽可能的长,随机性尽可能的好,近似于真正的随机序列。为了度量周期序列的随机性,Golomb 对序列的随机性提出下述三条假设,即 Golomb 随机性假设:

(1) 在序列的一个周期内,0 与 1 的个数相差至多为 1。

(2) 在序列的一个周期圈内,长为 1 的游程数占总游程数的 1/2,长为 2 的游程数占总游程数的 $1/2^2$…长为 i 的游程数占总游程数的 $1/2^i$…且在等长的游程中 0,1 游程各占 1/2。

(3) 序列的异相自相关系数为一个常数。

把满足 Golomb 随机性假设的序列称为伪随机序列。Golomb 随机性假设指出了一个具有较好随机性的序列所应满足的统计特性。一个好的伪随机序列一般还要满足 Rueppel 的线性复杂度随机走动条件,以及产生该序列的布尔函数满足的相关免疫条件。

在流密码的设计当中最核心的问题是密钥流生成器的设计,密钥流生成器一般由线性反馈移位寄存器(Linear Feedback Shift Register,LFSR)和一个非线性组合函数两部分构成,其中,线性反馈移位寄存器部分称为驱动部分,另一部分称为非线性组合部分,如图 3.14 所示。

图 3.14　密钥流生成器

下面对反馈移位寄存器作以简单介绍。反馈移位寄存器由 n 位的寄存器(称为 n 级移位寄存器)和反馈函数组成,移位寄存器序列的理论由挪威政府的首席密码学家 Ernst Selmer 于 1965 年提出。移位寄存器用来存储数据,当受脉冲驱动时,移位寄存器中所有位右移一位,最右边移出的位是输出位,最左端的一位由反馈函数的输出填充,此过程称为进动一拍。反馈函数 $f(a_1,\cdots,a_n)$ 是 n 元 $(a_1,\cdots,a_n)$ 的布尔函数。移位寄存器根据需要不断地进动 m 拍,便有 m 位的输出,形成输出序列 $o_1,o_2,\cdots,o_m$,如图 3.15 所示。

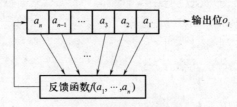

图 3.15　反馈移位寄存器

当反馈移位寄存器的反馈函数是异或变换时,这样的反馈移位寄存器叫做线性反馈移位寄存器,如图 3.16 所示。

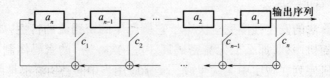

图 3.16　n 级线性反馈移位寄存器模型

图 3.16 是一个 n 级线性反馈移位寄存器模型,移位寄存器中存储器的个数称为移位寄存器的级数,移位寄存器存储的数据为寄存器的状态,状态的顺序从左到右依次为从最高位到最低位。在所有状态中,$(a_1, a_2, \cdots, a_n)$ 叫做初态,并且从左到右依次称为第一级、第二级……第 n 级,也称为抽头 1、抽头 2、抽头 3……抽头 n。n 级线性反馈移位寄存器的有效状态为 2^{n-1} 个,它主要是用来产生周期长、统计性能好的序列。

非线性组合部分主要是增加密钥流的复杂程度,使密钥流能够抵抗各种攻击(对流密码的攻击手段主要是对密钥流进行攻击)。这样,以线性反馈移位寄存器产生的序列为基序列,经过不规则采样、函数变换(非线性变换)等就可以得到实用安全的密钥流。不规则采样是在控制序列下对被采样序列进行采样输出,得到的序列称为输出序列。控制序列的控制方式有钟控方式、抽取方式等,函数变换有前馈变换、有记忆变换等。下面简单介绍两种具有代表性的序列模型。

(1) 钟控模型。钟控发生器的示意图如图 3.17 所示。当 LFSR-1 输出 1 时,时钟信号被采样,即能通过与门驱动 LFSR-2 进动一拍;当 LFSR-1 为 0 时,时钟信号不被采样,即不能通过与门,此时 LFSR-2 不进动,重复输出前一位。

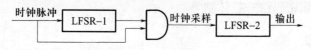

图 3.17　钟控发生器的示意图

(2) 前馈模型。Geffe 发生器是前馈序列的典型模型,其前馈函数 $g(x) = (x_1 x_2) \oplus (x_2 x_3)$ 为非线性函数,即当 LFSR-2 输出 1 时,$g(x)$ 输出位是 LFSR-1 的输出位;当 LFSR-2 输出 0 时,$g(x)$ 输出位是 LFSR-3 的输出位。Geffe 发生器示意图如图 3.18 所示。

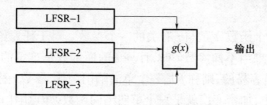

图 3.18　Geffe 发生器示意图

3. 几种常见的流密码算法

流密码算法不像分组密码那样有公开的国际标准,虽然世界各国都在研究和应用流密码,但大多数设计、分析成果还都是保密的,很少有完全公开的完整算法。下面列举几种流密码算法:

1) A5 算法

由法国人设计的 A5 算法是欧洲数字蜂窝移动电话系统(GSM)中使用的序列密码加密算法,用于从用户手机到基站的连接加密。A5 由 3 个 LFSR 组成,移位寄存器的长度分别是 19、22 和 23,但抽头都较少,3 个 LFSR 在时钟控制下进动,三者的输出进行异或产生输出位。A5 算法有两个版本:强的 A5/1 和弱的 A5/2。

2) Rambutan 算法

Rambutan 是一个英国的算法,由通信电子安全组织设计。据推测,它是一个由 5 个 LFSR 组成,每个 LFSR 长度大约为 80 级,而且有 10 个抽头。

3）RC4 算法

RC4 算法由 Ron Rivest 于 1987 年为 RSA 数据安全公司设计的可变密钥长度的序列密码,广泛用于商业密码产品中。1994 年 9 月有人把它的源代码匿名张贴到 Cypherpunks 邮件列表中,于是迅速传遍全世界。

4）SEAL 算法

SEAL(Software – Optimized Encryption Algorithm)算法是由 IBM 公司的 Phil Rogaway 和 Don Coppersmith 设计的一种易于用软件实现的序列密码,它不是基于线性反馈移位寄存器的流密码,而是一个伪随机函数簇。

3.3　非对称密码体制

1976 年,Diffie 和 Hellman 首次提出公开密钥加密体制,在密码学的发展史上具有里程碑式的意义,并由 Rivest、Shamire 和 Adleman 提出了第一个比较完善的公钥密码体制算法,即著名的 RSA 算法。后面陆续出现了 ElGamal 公钥密码体制、McEliece 公钥密码算法和椭圆曲线公钥密码(ECC)体制等。

3.3.1　基本概念

公开密钥加密算法的核心是运用一种特殊的数学函数——单向陷门函数,即从一个方向求值是容易的。但其逆向计算却很困难,从而在实际上是不可行的。

定义 1　设 f 是一个函数,如果对任意给定的 x,计算 y,使得 $y = f(x)$ 是容易计算的,但对于任意给定的 y,计算 x,使得 $x = f^{-1}(y)$ 是难解的,即求 f 的逆函数是难解的,则称 f 是一个单向函数。

定义 2　设 f 是一个函数,t 是与 f 有关的一个参数。对于任意给定的 x,计算 y,使得 $y = f(x)$ 是容易的。如果当不知参数 t 时,计算 f 的逆函数是难解的,但当知道参数 t 时,计算函数 f 的逆函数是容易的,则称 f 是一个单向陷门函数,参数 t 称为陷门。

在公钥加密算法中,加密变换就是一个单向陷门函数,知道陷门的人可以容易地进行解密变换,而不知道陷门的人则无法有效地进行解密变换。

这里所说的数学难解直观上讲就是不存在一个计算该问题的有效方法,或者说在目前或以后足够长的时间内的计算能力范围内,该问题在计算上是不可行的,要花很长的时间,该时间长度是难以忍受的,例如有上百年甚至更长。

公开密钥算法有很多,一些算法如著名的背包算法和 McELiece 算法都被破译,比较安全的公开密钥算法主要有 RSA 算法及其变种 Rabin 算法,及基于离散对数难题的 El-Gamal 算法,还有椭圆曲线算法等。

3.3.2　RSA 公钥密码算法

1. 算法的基本内容

RSA 是 Rivet、Shamir 和 Adleman 于 1978 年在美国麻省理工学院研制出来的,它是一种比较典型的公开密钥加密算法,其安全性是建立在"大数分解和素性检测"这一已知的著名数论难题的基础上,即将两个大素数相乘在计算上很容易实现,但将该乘积分解为两

个大素数因子的计算量是相当巨大的,以至于在实际计算中是不能实现的。该算法的具体内容如下:

(1) 公钥:选择两个互异的大质数 p 和 q,使 $n = pq$,$\phi(n) = (p-1)(q-1)$,$\phi(n)$ 是欧拉函数,选择一个正数 e,使其满足 $(e, \phi(n)) = 1$,$\phi(n) > 1$,将 $K_p = (n, e)$ 作为公钥。

(2) 私钥:求出正数 d 使其满足 $ed = 1 \bmod \phi(n)$,$\phi(n) > 1$,将 $K_s = (d, p, q)$ 作为私钥。

(3) 加密变换:将明文 M 作变换,使 $C = E_{K_p}(M) = M^e \bmod n$,从而得到密文 C。

(4) 解密变换:将密文 C 作变换,使 $M = D_{K_s}(C) = C^d \bmod n$,从而得到明文 M。

一般要求 p、q 为安全质数,现在商用的安全要求为 n 的长度不少于 1024 位。RSA 算法被提出来后已经得到了很广泛的应用,例如,用于保护电子邮件安全的 Privacy Enhanced Mail(PEM) 和 Pretty Good Privacy(PGP),还有基于该算法建立的签名体制。

2. 算法的安全性分析

RSA 公钥密码体制的安全性是建立在大整数的素分解问题的难解性上,也就是说破译 RSA 的明显方法至少和因子分解问题一样困难。

(1) 从算法描述中可以看出,如果密码分析者能分解 n 的因子 p 和 q,那么就可以求出 $\phi(n)$ 和解密的密钥 d,从而能破译 RSA,因此破译 RSA 不可能比因子分解难题更困难。

(2) 如果密码分析者能够不对 n 进行因子分解而求得 $\phi(n)$,则可以根据

$$de \equiv 1 \bmod \phi(n)$$

求得解密密钥 d,从而破译 RSA。因为

$$p + q = n - \phi(n) + 1, \quad p - q = \sqrt{(p+q)^2 - 4n}$$

所以知道 $\phi(n)$ 和 n 就可以容易地求得 p 和 q,从而成功分解 n,因此,不对 n 进行因子分解而直接计算 $\phi(n)$ 并不比对 n 进行因子分解更容易。

(3) 如果密码分析者既不能对 n 进行因子分解也不能求 $\phi(n)$ 而直接求得解密密钥 d,那么就可以计算 $ed - 1$,$ed - 1$ 是 $\phi(n)$ 的倍数。而且利用 $\phi(n)$ 的倍数可以容易地分解出 n 的因子。因此直接计算解密密钥 d 并不比对 n 进行因子分解更容易。

现在随着计算能力的不断增强以及因子分解算法的不断完善,为了保证 RSA 的安全,就目前的需要,n 的长度为 1024 位 ~2048 位是比较合理的。除了指定 n 的大小外,为避免选取容易分解的整数 n,还应该注意:p 和 q 的长度相差不能太多;$p-1$ 和 $q-1$ 都应该包含大的素因子;$p-1$ 和 $q-1$ 的最大公因子要尽可能小。

3.3.3 ElGamal 算法

1. ElGamal 算法的基本内容

ElGamal 公钥密码体制是由 T. ElGamal 于 1985 年提出的,直到现在仍然是一个安全性能良好的公钥密码体制。该算法既能用于数据加密也能用于数字签名,其安全性依赖于计算有限域上离散对数这一难题。下面详细介绍该算法:

(1) 选取大素数 p,$\alpha \in Z_p^*$ 是一个本原元,p 和 α 公开。

(2) 随机选取整数 d,且使 $1 \leqslant d \leqslant p-1$,计算

$$\beta = \alpha^d \bmod p$$

其中:β 是公开的加密密钥;d 是保密的解密密钥。

（3）明文空间为 Z_p^*,密文空间为 $Z_p^* \times Z_p^*$。

（4）加密变换:对任意明文 $m \in Z_p^*$,秘密随机选取一个整数 $k,1 \leq k \leq p-2$,计算 $c_1 = \alpha^k \bmod p$ 和 $c_2 = m\beta^k \bmod p$,得到密文 $c = (c_1, c_2)$。注意密文的大小是明文的 2 倍。

（5）解密变换:对任意密文 $c = (c_1, c_2) \in Z_p^* \times Z_p^*$,明文为 $m = c_2 (c_1^d)^{-1} \bmod p$。

在 ElGamal 公钥密码体制中,密文依赖于明文 m 和秘密选取的随机数 k,因此明文空间中的一个明文对应密文空间中的许多不同密文。该算法的最大应用是以它为基础制定的美国数字签名标准(DSS)。

2. ElGamal 算法的安全性分析

前面提到了 ElGamal 算法的安全性是建立在有限域上求离散对数这一难题基础上的。下面先看什么是有限域上的离散对数问题。

定义 设 p 是素数,$\alpha \in Z_p^*$,α 是一个本原元,$\beta \in Z_p^*$,已知 α 和 β,求满足

$$\alpha^n \equiv \beta \bmod p$$

的唯一整数 $n,0 \leq n \leq p-1$,称为有限域上的离散对数问题。

关于有限域上的离散对数问题已经进行了很深入的研究,但到目前为止还没有找到一个非常有效的多项式时间算法来计算有限域上的离散对数。通常只要把素数 p 选取得很合适,有限域 Z_p 上的离散对数问题是难解的;反过来,如果已知 α 和 n,计算 $\beta = \alpha^n \bmod p$ 是容易的,因此对于适当的素数 p,模 p 指数运算是一个单向函数。在 ElGamal 密码体制中,从公开的 α 和 β 求保密的解密密钥 d,就是计算一个离散对数。可见,该算法的安全性是建立在有限域上的离散对数问题的难解性上。

为了安全,现在要求在 ElGamal 密码算法的应用中,素数 p 按十进制表示,那么至少应该有 150 位数字,并且 $p-1$ 至少应该有一个大的素数因子。

3.3.4 椭圆曲线算法

一种相对比较新的技术——椭圆曲线加密技术,已经逐渐被人们用作基本的数字签名系统。椭圆曲线作为数字签名的基本原理大致和 RSA 与 DSA(数字签名算法)的功能相同,并且数字签名的产生与认证的速度要比 RSA 和 DSA 快。

1. 椭圆曲线上的密码算法

此算法基于椭圆曲线离散对数难题,1985 年 N. Koblitz 和 Miller 提出将椭圆曲线用于密码算法,分别利用有限域上椭圆曲线的点构成的群,实现了离散对数密码算法。随后,基于椭圆曲线上的数字签名算法,即椭圆曲线数字签名算法(ECDSA),由 IEEE 工作组和 ANSI X9 组织开发。除椭圆曲线外,还有人提出在其他类型的曲线,如超椭圆曲线上实现公钥密码算法,其根据是有限域上的椭圆曲线上的点群中的离散对数问题(ECDLP)。ECDLP 是比因子分解问题更难的问题,许多密码专家认为它是指数级的难度。从目前已知的最好求解算法来看,160 位的椭圆曲线密码算法的安全性相当于 1024 位的 RSA 算法。

此后,有人在椭圆曲线上实现了类似 ElGamal 的加密算法,以及可恢复明文的数字签名方案。

椭圆曲线密码算法的数学原理比较复杂,详细内容可以参考 Alfred Menezes 所著的 Elliptic Curve Public Key Cryptosystems,Kluwer Academic Publishers,1993。

2. 椭圆曲线密码算法的发展

椭圆曲线加密系统由很多依赖于离散算法问题的加密系统组成,DSA 就是一个很好的例子,DSA 是以离散对数为基础的算法。椭圆曲线数字签名系统已经被研究了很多年并创造了很多商业价值。

由于其自身优点,椭圆曲线密码学一出现便受到关注。现在密码学界普遍认为它将替代 RSA 成为通用的公钥密码算法,SET(Secure Electronic Transactions)协议的制定者已把它作为下一代 SET 协议中默认的公钥密码算法,目前已成为研究的热点,是很有前途的研究方向。

应用椭圆曲线的数字签名同时可以很容易地使用到小的有限资源的设备中,例如,智能卡(信用卡大小的,包含有微小处理芯片的塑料卡片)。椭圆曲线上的密码算法速度很快,分别在 32 位的 PC 机上和 16 位微处理器上实现了快速的椭圆曲线密码算法,其中 16 位微处理器上的 EDSA 数字签名不足 500ms。图 3.19 为 RSA 算法和椭圆曲线密码算法的难度比较。

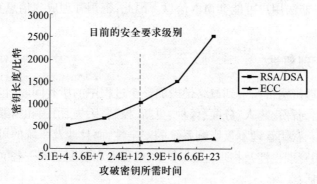

图 3.19　RSA 算法和椭圆曲线密码算法的难度比较

公开密钥加密技术在密钥管理上的优势使它越来越受到人们的重视,应用也日益广泛。除了以上介绍的几种公钥体制密码算法外,还有其他优秀算法,不再一一介绍。

3.3.5　电子信封技术

对称密码算法,加/解密速度快,但密钥分发问题严重;非对称密码算法,加/解密速度较慢,但密钥分发问题易于解决。为解决每次传送更换密钥的问题,结合对称加密技术和非对称密钥加密技术的优点,产生了电子信封技术,用来传输数据。

电子信封技术的原理如图 3.20 所示。用户 A 需要发送信息给用户 B 时,用户 A 首先生成一个对称密钥,用这个对称密钥加密要发送的信息,然后用用户 B 的公开密钥加密这个对称密钥,用户 A 将加密的信息连同用用户 B 的公钥加密后的对称密钥一起传送给用户 B。用户 B 首先使用自己的私钥解密被加密的对称密钥,再用该对称密钥解密出信息。电子信封技术在外层使用公开密钥技术,解决了密钥的管理和传送问题,由于内层的对称密钥长度通常较短,公开密钥加密的相对低效率被限制到最低,而且每次传送都可由发送方选定不同的对称密钥,更好地保证数据通信的安全性。

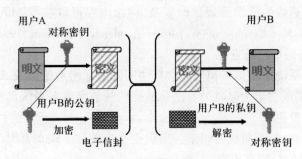

图 3.20　电子信封技术的原理

 ## 3.4　密钥管理技术

在现代的信息系统中用密码技术对信息进行保密,其安全性实际取决于对密钥的安全保护。在一个信息安全系统中,密码体制、密码算法可以公开,甚至所用的密码设备丢失,只要密钥没有被泄露,保密信息仍是安全的,而密钥一旦丢失或出错,不但合法用户不能提取信息,而且非法用户可能会窃取信息。因此,密钥管理成为信息安全系统中的一个关键问题。

3.4.1　密钥管理概述

密钥管理处理密钥自产生到最终销毁的整个过程中的所有问题,包括系统的初始化,密钥的产生、存储、备份/装入、分配、保护、更新、控制、丢失、吊销和销毁等,其中分配和存储是最大的难题。密钥管理不仅影响系统的安全性,而且涉及系统的可靠性、有效性和经济性。当然,密钥管理也涉及物理上、人事上、规程上和制度上的一些问题。

密钥管理包括:

(1) 产生与所要求安全级别相称的合适密钥;

(2) 根据访问控制的要求,决定每个密钥哪个实体应该接受密钥的复制;

(3) 用可靠办法使这些密钥对开放系统中的实体是可用的,即安全地将这些密钥分配给用户;

(4) 某些密钥管理功能将在网络应用实现环境之外执行,包括用可靠手段对密钥进行物理的分配。

密钥交换是设计网络认证、保密传输等协议功能的前提条件。密钥选取也可以通过访问密钥分配中心来完成,或经管理协议做事先的分配。

使用密钥管理有很多因素,下面从理论、人为管理和技术三个层面来说明。

(1) 理论因素。按照信息论的理论,密文在积累到足够的量时,其破解是必然的,这种关系如图 3.21 所示。

假设 Alice 和 Bob 在使用对称密钥进行保密通信时,必然拥有相同的密钥,如图 3.22 所示。为了避免攻击者通过穷举攻击等方式获得密钥,必须经常更新或是改变密钥,对于更新的密钥也要试图找到合适的传输途径。这里更新密钥是指通信双方更改所使用的对称密钥,改变是指通信单方变更自己的私钥和对应的公钥对。

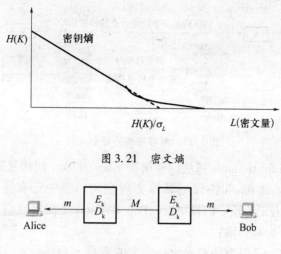

图 3.21　密文熵

图 3.22　密文熵

　　更新密钥的另外一个原因是：假设 Alice 在向 Bob 发送信息时，始终不更新密钥，那么在加密数据积累到一定程度的情况下，即攻击者 Mallory 对信息 M 的收集量满足一定要求时，其成功破译系统的可能性会增大。

　　综上，两个通信用户 Alice 和 Bob 在进行通信时，必须要解决两个问题：一是必须经常更新或改变密钥；二是如何能安全地更新或是改变密钥。

　　（2）人为因素。破解好的密文非常困难，即便是专业的密码分析员有时也束手无策，当然可以花费高昂的代价去购买破译设备，但可能得不偿失。商业上的竞争对手更愿意花费小额的金钱从商业间谍或是贿赂密钥的看守者从而得到密钥，因此导致安全的漏洞。实际上这种人为的情况往往比加密系统的设计者所能够想象的还要复杂的多，所以需要有一个专门的机构和系统防止上述情形的发生。

　　（3）技术因素：

　　① 用户产生的密钥有可能是脆弱的；

　　② 密钥是安全的，但是密钥保护有可能是失败的。

3.4.2　对称密钥的管理

　　对称加密是基于共同保守秘密来实现的。采用对称加密技术的双方必须要保证采用的是相同的密钥，要保证彼此密钥的交换安全可靠，同时还要设定防止密钥泄密和更改密钥的程序。对称密钥的管理和分发工作是一件具有潜在危险和繁琐的过程，可通过公开密钥加密技术实现对称密钥的管理，使相应的管理变得简单和更加安全，同时还解决了对称密钥体制模式中存在的管理、传输的可靠性和鉴别问题。

　　1. 对称密钥交换协议

　　在图 3.23 中，如果用户 Alice 和 Bob 间的相互通信使用相同密钥 K 进行加密传输，由于 Alice 和 Bob 间要经常更换密钥，那么这个密钥如何来建立和传输是一个重要的问题，建立传输密钥 K 的信道必须是安全的。

　　Diffie-Hellman 算法（1976）是一个公开的密钥算法，其安全性基于在有限域上求解离

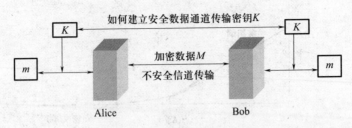

图 3.23 对称密钥的密钥交换

散对数的困难性。Diffie-Hellman 算法能够解决 Alice 和 Bob 间相互通信时如何产生和传输密钥的问题。Diffie-Hellman 协议的具体实现在密码学中已有体现,下面讨论 Diffie-Hellman 协议的三方密钥传输。假设 Alice、Bob 和 Coral 是需要通信的三方,那么密钥可以按照如下的方式产生和传输:

(1) Alice、Bob、Coral 三方协商确定一个大的素数 n 和整数 g(这两个数可以公开),其中 g 是 n 的本原元。

(2) Alice 选取一个大的随机整数 x,并且发送 $X = g^x \bmod n$ 给 Bob;Bob 选取一个大的随机整数 y,并且发送 $Y = g^y \bmod n$ 给 Coral;Coral 选取一个大的随机整数 z,并且发送 $Z = g^z \bmod n$ 给 Alice。

(3) Alice 计算 $X1 = Z^x \bmod n$ 给 Bob;Bob 计算 $Y1 = X^y \bmod n$ 给 Coral;Coral 计算 $Z1 = Y^z \bmod n$ 给 Alice。

(4) Alice 计算 $k = Z1^x \bmod n$ 作为秘密密钥;Bob 计算 $k = X1^y \bmod n$ 作为秘密密钥;Coral 计算 $k = Y1^z \bmod n$ 作为秘密密钥。

这样就可以得到秘密密钥 $k = g^{xyz} \bmod n$。由于在传送过程中,攻击者 Mallory 只能得到 X、Y、Z 和 $X1$、$Y1$、$Z1$,而不能求得 x、y 和 z,所以这个算法是安全的。Diffie-Hellman 协议很容易能扩展到多人间的密钥分配中去,因此这个算法在建立和传输密钥上经常使用。

2. 加密密钥交换协议

1) 加密密钥交换(Encryption Key Exchange,EKE)协议

EKE 协议由 Steve Bellovin 和 Michael Merritt 设计,使用公开密钥和对称密钥实现鉴别与安全。EKE 协议描述如下:

假设 A 和 B 共享一个密钥或是口令 P,那么产生密钥 K 以及鉴别和验证密钥 K 的正确性的过程为:

(1) A 选取随机的公(私)密钥 AEK,使用 P 作为加密密钥,并且发送 $E_p(\text{AEK})$ 给 B。

(2) B 先计算求得 AEK,然后选取随机的对称密钥 BEK,使用 AEK 和 P 加密,发送 $E_p(E_{\text{AEK}}(\text{BEK}))$ 给 A。

(3) A 计算求得 BEK,那么此时这个数值就是产生的密钥 K。

(4) A 选取随机数字串 R_A,使用 K 加密后,发送 $E_k(R_A)$ 给 B。

(5) B 计算求得 R_A 后,选取随机数字串 R_B,使用 K 加密后,发送 $E_k(R_A, R_B)$ 给 A。

(6) A 计算求得数字串 (R_A, R_B) 后,判断此时的数据串是否含有先前发送的数字串 R_A,若是,则取出数字串 R_B,使用 K 加密后,发送 $E_k(R_B)$ 给 B;否则取消发送。

(7) B 计算求得数字串 R_B 后,判断此时的数据串是等于先前发送的数字串 R_B,若

是,则选用密钥 K 作为通信密钥;否则取消通信。

2）互联网密钥交换(Internet Key Exchange,IKE)协议

由 RFC2409 文档描述的 IKE 密钥交换属于一种混合型协议,由 IETF 工作组定义完善。IKE 协议沿用了密钥管理协议(ISAKMP)ISAKMP 本身并不建立会话密钥,但是能够与各种不同的会话密钥建立协议)的基础、Oakley 的模式以及 SKEME 的共享和密钥更新技术,从而提供完整的密钥管理方案。Oakley 密钥决定协议采用混合的 Diffie-Hellman 技术建立会话密钥。IKE 技术主要用来确定鉴别协商双方身份、安全共享联合产生的密钥。

由于目前广泛应用于 VPN 隧道构建的 IKE 密钥交换协议存在潜在的不安全因素,因此这一协议的推广应用有可能暂停,对此不做详细阐述。IKE 协议存在的安全缺陷包括可能导致服务器过载的大量初始安全连接请求及占用服务器处理能力的大量不必要安全验证等,这类缺陷可能会招致严重的 DoS 攻击及敏感信息泄露。

3）基于 Kerberos 的互联网密钥协商(Kerberroized Internet Negotiation of Keys,KINT)协议

KINT 是一个新的密钥协商协议,相对于 IKE 而言,它的协商速度更快、计算量更小、更易于实现。KINT 使用 Kerberos 机制实现初期的身份认证和密钥交换,通过 Kerberos 提供对于协商过程的加密和认证保护。KINT 将 Kerberos 快速高效的机制结合到密钥协商过程中,加快了身份认证和密钥交换的过程,缩减了协商所需要的时间。

3.4.3　非对称密钥的管理

无论是对称密钥还是公开密钥,都要涉及密钥保护的问题。一个密钥系统是否是完善的,有时取决于能否正常地保有密钥。对称密钥加密方法的致命弱点就在于它的密钥管理十分困难,因此很难在电子商务和电子政务中得到广泛应用。非对称密钥的管理相对于对称密钥就要简单得多,因为对于用户 Alice 而言,只需要记住通信的他方——Bob 的公钥,即可以进行正常的加密通信和对 Bob 发送信息的签名验证。非对称密钥的管理主要在于密钥的集中式管理。

1. 非对称密钥的技术优势

在使用对称密码系统时,发送加密信息的时候无须担心被截取(因为截取的人无法破译信息)。然而,如何安全地将密钥传送给需要接收消息的人是一个难点。公开密钥密码系统的一个基本特征就是采用不同的密钥进行加密和解密。使用公开密钥密码系统,公开密钥和私有密钥是成对的,而且公开密钥可以自由分发而不会威胁私有密钥的安全,但是私有密钥一定要保管好。通过公开密钥加密的信息只有配对的私有密钥才能解密。非对称密钥的安全问题在于一个用户如何能正常并且正确地获得另一个用户的公钥而不用担心这个公钥是伪造的。

在公开密码系统发明之前,维护一个庞大的密钥管理系统几乎是不可能的。因为在采用对称加密密码系统的情况下,随着用户数目的增加,密钥的需求量按几何级数增加。公开密钥密码系统的发明对一个大规模网络的密钥管理起了极大的推动作用。虽然公开密钥密码系统有很多优点,但公开密钥密码系统的工作效率没有对称密钥密码系统好,公钥加密计算复杂,耗用的时间也长,公钥的基本算法比常规的对称密钥加密慢很多。为加快加密过程,通常采取对称密码和公开密钥的混合系统,也就是使用公开密钥密码系统来

传送密码,使用对称密钥密码系统来实现对话。例如,如果 Alice 和 Bob 要进行通话,那么它们需按照如下步骤进行:

(1) Alice 想和 Bob 通话,并向 Bob 提出对话请求。

(2) Bob 响应请求,并给 Alice 发送 CA 证书(CA 证书是经过第三方认证和签名,并且无法伪造或篡改)。这个证书中包括了 Bob 的身份信息和 Bob 的公开密钥。

(3) Alice 验证 CA 证书,使用一个高质量、快速的常用对称密钥加密法来加密一个普通文本信息和产生一个临时的通话密钥;然后使用 Bob 的公钥去加密该临时会话密钥,并把此会话密钥和该已加密文本发送给 Bob。

(4) Bob 接收到信息,并使用自己的私钥恢复出会话密钥。

(5) Bob 使用临时会话钥对加密文本解密。

(6) 双方通过这个会话密钥会话。会话结束,会话密钥也就废弃。

通信双方为每次进行交换的数据信息生成唯一的对称密钥,并使用公开密钥对该密钥进行加密,然后再将加密后的密钥和使用该对称密钥加密的信息一起发送给相应的通信方。由于对每次信息交换都对应生成了唯一的一把密钥,因此各通信方就不再需要对密钥进行维护和担心密钥的泄露或过期。这种方式的另一优点是,即使泄露了对称密钥也只将影响一次通信,而不会影响到通信双方之间所有的通信数据。这种方式还提供了通信双方发布对称密钥的一种安全途径,因此适用于建立贸易和电子商务的双方。

2. 非对称密钥管理的实现

公开密钥管理利用数字证书等方式实现通信双方间的公钥交换。国际电信联盟(ITU)制定的标准 X.509 对数字证书进行了定义,该标准等同于国际标准化组织(ISO)与国际电工委员会(IEC)联合发布的 ISO/IEC 9594-8:195 标准。数字证书能够起到标识贸易双方的作用,网络上的浏览器都提供了数字证书的识别功能来作为身份鉴别的手段。目前国际有关的标准化机构都着手制定关于密钥管理的技术标准规范。ISO 与 IEC 下属的信息技术委员会(JTC1)起草的关于密钥管理的国际标准规范主要由密钥管理框架、采用对称密钥技术的机制、采用非对称密钥技术的机制组成。

3.4.4 密钥产生技术

现代通信技术中需要产生大量的密钥分配给系统中的各个节点或实体,依靠人工产生密钥的方式不能适应现在对密钥大量需求的现状,因此实现密钥产生的自动化,不仅可以减轻人为制造密钥的工作负担,而且可以消除人为差错引起的泄密。下面介绍密钥产生的硬件技术、软件技术和密钥产生的方法。

1. 密钥产生的硬件技术

噪声源技术是密钥产生的常用方法。因为噪声源具有产生二进制的随机序列或与之对应的随机数的功能,所以成为密钥产生设备的核心部件。噪声源还具有在物理层加密的环境下进行信息填充,使网络具有防止流量分析的功能。当采用序列密码时,也有防止乱数空发的功能。噪声源还被用于某些身份验证技术中,如对等实体鉴别中。为了防止口令被窃取,常使用随机应答技术,这时的提问与应答是由噪声源控制的。因此噪声源在信息的安全传输和保密中有着广泛的应用。

噪声源输出随机数序列有以下常见的几种。

（1）伪随机序列：也称作伪码，具有近似随机序列（噪声）的性质，而又能按一定规律（周期）产生和复制的序列。因为真正的随机序列是只能产生而不能复制的，所以称其是"伪"的随机序列。一般用数学方法和少量的种子密钥来产生。伪随机序列一般都有良好的、能受理论检验的随机统计特性，但当序列的长度超过了唯一解的距离时，就成了一个可预测的序列。常用的伪随机序列有 m 序列、M 序列和 $R-S$ 序列。

（2）物理随机序列：用热噪声等客观方法产生的随机序列。实际的物理噪声往往要受到温度、电源、电路特性等因素的限制，其统计特性常带有一定的偏向性，因此也不能称为真正的随机序列。

（3）准随机序列：用数学方法和物理方法相结合产生的随机序列。这种随机序列可以克服前两者的缺点，具有很好的随机性。

物理噪声源按照产生的方法不同有以下常见的几种。

（1）基于力学噪声源的密钥产生技术：通常利用硬币、骰子等抛散落地的随机性产生密钥。例如，用 1 表示硬币的正面，用 0 表示硬币的反面，选取一定数量随机地抛撒并记录其落地后的状态，便产生出二进制的密钥。这种方法效率低，而且随机性较差。

（2）基于电子学噪声源的密钥产生技术：利用电子方法对噪声器件（如真空管、稳压二极管等）的噪声进行放大、整形处理后产生密钥随机序列。根据噪声迭代的原理将电子器件的内部噪声放大，形成频率随机变化的信号，在外界采样信号 CLK 的控制下，对此信号进行采样锁存，然后输出信号为"0"、"1"随机的数字序列。

（3）基于混沌理论的密钥产生技术：在混沌现象中，只要初始条件稍有不同，其结果就大相径庭，难以预测，而且在有些情况下，反映这类现象的数学模型又是十分简单，甚至一维非线性迭代函数就能显示出这种混沌特性。因此利用混沌理论的方法，不仅可以产生噪声，而且噪声序列的随机性好，产生效率高。

2. 密钥产生的软件技术

X9.17（X9.17—1985 金融机构密钥管理标准，由 ANSI 定义）标准定义了一种产生密钥的方法。X9.17 标准产生密钥的算法是三重 DES，算法的目的并不是产生容易记忆的密钥，而是在系统中产生一个会话密钥或是伪随机数。产生密钥的过程如图 3.24 所示。

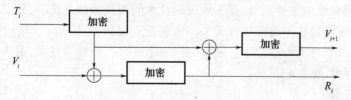

图 3.24　ANSI X9.17 密钥产生的过程

假设 $E_k(x)$ 表示用密钥 K 对比特串 x 进行的三重 DES 加密，K 是为密钥发生器保留的一个特殊密钥，V_0 是一个秘密的 64 位种子，T 是一个时间标记。产生的随机密钥 R_i 可以通过下面的两个算式来计算：

$$R_i = E_k(E_k(T_i) \oplus V_i)$$

$$V_{i+1} = E_k(E_k(T_i) \oplus R_i)$$

对于 128 位和 192 位密钥，可以通过上法生成几个 64 位的密钥后，串接起来就可以。

3. 密钥的产生方法

1）主机主密钥的产生方法

这类密钥通常要用诸如掷硬币、骰子、从随机数表中选数等随机方式产生,以保证密钥的随机性,避免可预测性,然而,任何计算机和算法所产生的密钥都有被预测的危险。主机主密钥是控制产生其他加密密钥的密钥,而且长时间保持不变,因此它的安全性是至关重要的。

2）加密密钥的产生方法

加密密钥可以由计算机自动产生,也可以由密钥操作员选定。密钥加密密钥构成的密钥表存储在主机中的辅助存储器中,只有密钥产生器才能对此表进行增加、修改、删除和更换密钥,其副本则以秘密方式送给相应的终端或主机。一个由 n 个终端用户的通信网,若要求任意一对用户之间彼此能进行保密通信,则需要 C_n^2 个密钥加密密钥。当 n 较大时,难免有一个或数个被敌手掌握,因此密钥产生算法应当能够保证其他用户的密钥加密密钥仍有足够的安全性。可用随机比特产生器(如噪声二极管振荡器等)或伪随机数产生器生成这类密钥,也可用主密钥控制下的某种算法来产生。

3）会话密钥的产生方法

会话密钥可在密钥加密密钥作用下通过某种加密算法动态地产生,如用初始密钥控制一非线性移存器或用密钥加密密钥控制 AES 算法产生。初始密钥可用产生密钥加密密钥或主机主密钥的方法生成。

3.4.5　密钥管理系统

密钥的种类繁杂,但一般将不同场合的密钥分为以下几类:

(1) 初始密钥:由用户选定或系统分配的,在较长的一段时间内由一个用户专用的秘密密钥。要求它既安全又便于更换。

(2) 会话密钥:是两个通信终端用户在一次会话或交换数据时所用的密钥。

(3) 密钥加密密钥(Key Encrypting Key,KEK):用于传送会话密钥时采用的密钥。

(4) 主密钥(Mater Key):是对密钥加密密钥进行加密的密钥,存于主机的处理器中。

密钥是密码系统的重要部分,在采用密码技术的现代通信系统中,其安全性主要取决于密钥的保护,而与算法本身或硬件无关。密钥管理系统是依靠可信赖的第三方参与的公证系统,密钥的管理需要借助于加密、认证、签字、协议、公证等技术,本节主要介绍密钥的分配、注入、存储、更换和吊销。

1. 密钥的分配

密钥的分配要解决两个问题:一是密钥的自动分配机制,自动分配密钥以提高系统的效率;二是应尽可能减少系统中驻留的密钥量。

密钥分配是密钥管理系统中最为复杂的问题,根据不同的用户要求和网络系统的大小,有不同的解决方法。根据密钥信息的交换方式,密钥分配可以分成人工密钥分发、基于中心的密钥分发和基于认证的密钥分发三类。

1）人工密钥分发

在很多情况下,用人工的方式给每个用户发送一次密钥,后面的加密信息用这个密钥加密后再进行传送,这时,用人工方式传送的第一个密钥就是密钥加密密钥。

对一些保密要求很高的部门,采用人工分配是可取的。只要密钥分配人员是忠诚的,并且实施的计划周密,则人工分配密钥是安全的。随着计算机通信技术的发展,人工分配密钥的安全性将会加强。然而,人工分配密钥却不适应现代计算机网络的发展需要,利用计算机网络的数据处理和数据传输能力实现密钥分配自动化,无疑有利于密钥安全,反过来又提高了计算机网络的安全。

2) 基于中心的密钥分发

基于中心的密钥分发利用可信任的第三方进行密钥分发,可信第三方可以在其中扮演密钥分发中心(Key Distribuion Center,KDC)和密钥转换中心(Key Translation Center,KTC)两种角色。该方案的优势在于,如果用户知道自己的私钥和 KDC 的公钥,就可以通过密钥分发中心获取他将要进行通信的他方的公钥,从而建立正确的保密通信。

在 Kerberos 中,如果主体 Alice 和 Bob 通信时需要一个密钥,那么 Alice 需要在通信之前先从 KDC 获得一个密钥,这种模式又称为拉模式。基于中心的密钥分发的拉模型可以用图 3.25 来表示。

美国金融机构密钥管理标准(ANSI X9.17)要求通信方 Alice 首先要和 Bob 建立联系,然后让 Bob 从 KDC 取得密钥,这种模式称为推模式。表示是由 Alice 推动 Bob 去和KDC 联系取得密钥。推模式可用图 3.26 来表示。

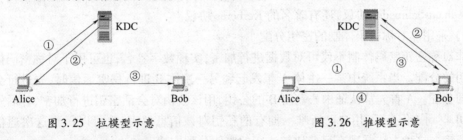

图 3.25 拉模型示意　　　　　　　图 3.26 推模型示意

从安全性方面,推模式和拉模式没有优劣之分,至于要实现哪种模式要看具体的环境而定。在 Kerberos 实现认证管理的本地网络环境中,把获取密钥的任务交给大量的客户端,这样可以减轻服务器的负担。在使用 X9.17 设计的广域网环境中,采用由服务器去获得密钥的方案会好一些,这是因为服务器一般和 KDC 放在一起,而客户端通常和 KDC 离得很远。

3) 基于认证的密钥分发

基于认证的密钥分发也可以用来进行建立成对的密钥。基于认证的密钥分发技术又分成以下两类:

(1) 用公开密钥加密系统,对本地产生的加密密钥进行加密,来保护加密密钥在发送到密钥管理中心的过程,整个技术叫做密钥传送。

(2) 加密密钥由本地和远端密钥管理实体一起合作产生密钥,这个技术叫做密钥交换,或密钥协议。最典型的密钥交换协议是 Diffie-Hellman 密钥交换。

2. 计算机网络密钥分配方法

1) 只使用会话密钥

这个方法适合比较小的网络系统中不同用户间的保密通信。它由一专门机构生成密钥后,将其安全发送到每个用户节点,保存在安全的保密装置内。在通信双方通信时,就直接使用这个会话密钥对信息加密。这个密钥被各个节点所共享，但这种只使用这一种密钥的通信系统的安全性低，而且由于密钥被每个节点共享，容易泄露。在密钥更新时就必须在同一时间，在网内的所有节点（或终端）上进行，比较繁琐。

这种情况不适合现在开放性、大容量网络系统的需要。

2）采用会话和基本密钥

为了提高保密性，可使用两种密钥，即会话密钥和基本密钥。对于这种方法，进行数据通信的过程是：主体在发送数据之前首先产生会话密钥，用基本密钥对其加密后，通过网络发送到客体；客体收到后用基本密钥对其解密，双方就可以开始通话；会话结束，会话密钥消失。由于数据加密密钥只在一次会话内有效，会话结束，会话密钥消失，下次再会话时，再产生新的会话密钥，实现了密钥的动态更新，一次一密，因此大大提高了系统的保密性。

为了防止会话密钥和中间一连串加密结果被非法破译，加密方法和密钥必须保存在一个被定义为保密装置的保护区中。基本密钥必须以秘密信道的方式传送，注入保密装置，不能以明文形式存在于保密装置以外。

基于这种情况的密钥分配已经产生了很多成熟的密钥协议。例如，简单的 Wide-Mouth Frog 密钥分配协议，讨论比较多的 Yahalom 密钥分配协议，可以有效防范重传攻击的 Needham-Schroeder 协议，还有著名的 Kerberos 协议。

3）采用非对称密码体制的密钥分配

非对称密钥密码体制不仅可对数据进行加密，实现数字签名，也可用于对称密码体制中密钥的分配。当系统中某一主体 A 想发起和另一主体 B 进行秘密通信时，先进行会话密钥的分配。A 首先从认证中心获得 B 的公钥，用该公钥对会话密钥进行加密，然后发送给 B，B 收到该信息后，用自己所唯一拥有的私钥对该信息解密，就可以得到这次通信的会话密钥。这种方法是现在目前比较流行的密钥分配方法。

3. 密钥注入和密钥存储

1）密钥注入

密钥的注入通常采用人工方式，特别对于一些很重要的密钥可由多人、分批次独立、分开完成注入，并且不能显示注入的内容，以保证密钥注入的安全。密钥的注入过程应当在一个安全、封闭的环境，以防止可能被窃听，防止电磁泄露或其他辐射造成的泄密等。当然，进行密钥注入工作的人员应当是绝对可靠的，这是前提条件。

密钥常用的注入方法有键盘输入、软盘输入、专用密钥注入设备（密钥枪）输入。采用密钥枪或密钥软盘应与键盘输入的口令相结合的方式来进行密钥注入更为安全。只有在输入了合法的加密操作口令后，才能激活密钥枪或软盘里的密钥信息。因此，应建立一定的接口规约。在密钥注入过程完成后，不允许存在任何可能导出密钥的残留信息，比如应将使用过的存储区清零。当将密钥注入设备用于远距离传递密钥时，注入设备本身应设计成像加密设备那样的封闭式物理逻辑单元。密钥注入后，还要检验其正确性。

2）密钥存储

在密钥注入后，所有存储在加密设备里的密钥平时都以加密的形式存放，而对这些密钥的操作口令应该实现严格的保护，专人操作，口令专人拥有或用动态口令卡来进行保护等,这样可以防止装有密钥的加密设备丢失,也不至于造成密钥的泄露。

加密设备应有一定的物理保护措施。一部分最重要的密钥信息应采用掉电保护措施,使得在任何情况下,只要拆开加密设备,这部分密钥就会自动丢掉。

如果采用软件加密的形式,应有一定的软件保护措施。重要的加密设备应有紧急情况下自动消除密钥的功能。在可能的情况下,应有对加密设备进行非法使用的审计,把非法口令输入等事件的发生时间等纪录下来。高级专用加密设备应做到无论通过人工的方法还是自动的(电子、X射线、电子显微镜等)方法都不能从密码设备中读出信息。对当前使用的密钥应有密钥合法性验证措施,以防止被篡改。

通过这些保护措施的使用,应该做到存储时必须保证密钥的机密性、认证性和完整性,防止泄露和篡改。比较好的解决方案是:将密钥储存在磁条卡中,使用嵌入ROM芯片的塑料密钥或智能卡,通过计算机终端上特殊的读入装置把密钥输入到系统中。当用户使用这个密钥时,他并不知道它,也不能泄露它,他只能用这种方法使用它。如果将密钥平分成两部分,一半存入终端,另一半存入ROM钥卡上,那么即使丢掉了ROM钥卡也不致泄露密钥。将密钥做成物理形式会使存储和保护它更加直观。对于难以记忆的密钥可用加密形式存储,利用密钥加密密钥来加密。

公钥密码中的公钥不需要机密性保护,但应该提供完整性保护以防止篡改。公钥密码中的私钥必须在所有时间都妥善保管。如果攻击者得到私钥的副本,那么它就可以读取发送给密钥对拥有者的所有机密通信数据,还可以像密钥对的拥有者那样对信息进行数字签名。因此,对私钥的保护也应包括它们的所有副本,而且必须保护带有密钥的文件以及可能包含这个文件的所有备份。

私钥管理成了公钥系统安全中薄弱的环节,从私钥管理途径进行攻击比单纯破译密码算法的代价要小得多,如何保护用户的私钥成了防止攻击的重点。大多数系统都使用密码对私钥进行保护,这样可以保护密钥不会被窃取,但是密码口令必须精心选择,以防止口令攻击。

常见的私钥存储方案有用口令加密后存放在本地软盘或硬盘、存放在网络目录服务器中、智能卡存储和电子钥匙(USB Key)存储四种。

4. 密钥更换和密钥吊销

1) 密钥更换

密钥的使用是有寿命的,一旦密钥有效期到,必须消除原密钥存储区,或者使用随机产生的噪声重写。为了保证加密设备能连续工作,也可以在新密钥生成后,旧密钥还可以保持一段时间,以防止密钥更换期间不能解密的死锁。密钥的更换可以采用批密钥的方式,即一次注入多个密钥,在更换时可以按照一个密钥生效,另一个密钥废除的形式进行。替代的次序可以采用密钥的序号,如果批密钥的生成与废除是顺序的,则序数低于正在使用的密钥的所有密钥都已过期,相应的存储区清零。

2) 密钥吊销

密钥的寿命不是无限的。由于会话密钥只能存在于一个会话中,所以在会话结束时,这个密钥会被删除,不需要吊销它。一些密钥可能需要在给定的时间段内有效,一般来说,公钥对的有效期为1年~2年。有效的公钥会给出失效日期,在这个日期之后,读到该证书的系统不会认为它是有效的,因此不需要吊销已经失效的证书,不过此类密钥也可能丢失或者被攻击,在发生这种情况时,密钥的拥有者必须将密钥不再有效并且不应该继续使用这一情况通知其他用户。对于私钥加密系统,如果密钥被攻击,那么启用新的密钥。

对于公钥的情况,如果密钥对被攻击或吊销,则没有明显的途径可以通知公钥的潜在使用者这个公钥不再有效。在某些情况下,公钥被发布给公钥服务器,那些希望与密钥的拥有者通信的人都可以连接到该服务器,以获得有效的公钥。针对这些人必须定期访问密钥服务器,以查看密钥是否被吊销,密钥的拥有者必须向所有潜在的密钥服务器发送吊销消息,密钥服务器还必须在原始证书有效期到期之前保留这条吊销信息。

 # 本 章 小 结

密码学中有两种常见的密码体制:一种是对称密码体制,也叫单钥密码体制;另一种是非对称密码体制,也叫公钥密码体制。对称密码体制是指如果一个加密系统的加密密钥和解密密钥相同,或者虽然不相同,但是由其中的任意一个可以很容易地推导出另一个。非对称密码体制是指一个加密系统的加密密钥和解密密钥是不一样的,或者说不能由一个推导出另一个。

按照加密时对明文处理方式的不同,可将对称密码体制分为分组密码和流密码两种。本章具体介绍了代换密码和置换密码这两种古典密码,详细描述了 DES 算法、国际数据加密算法(IDEA)和 AES 算法这三种具有代表性的分组密码算法,阐述了分组密码的分析方法和几种工作模式,并且简单介绍了流密码的基本原理、二元加法流密码和几种常见的流密码算法。

非对称密码体制解决了密钥的管理和发布问题,本章对 RSA 公钥密码算法、ElGamal 算法和椭圆曲线算法这三种公钥算法进行了详细地分析,对非对称密钥的技术优势和非对称密钥管理的实现方法做了简单介绍。

密钥管理涉及密钥的产生、存储、备份/装入、分配、保护、更新、控制、丢失、吊销和销毁等问题。密钥管理的重要内容就是解决密钥的分发问题。对称密钥的管理和分发工作是一件具有潜在危险和繁琐的过程,可通过公开密钥加密技术实现对称密钥的管理,非对称密钥的管理主要在于密钥的集中式管理。本章简单介绍了密钥产生的硬件技术、软件技术和密钥产生的方法,重点分析了密钥的分配、注入、存储、更换和吊销。

思 考 题

1. 密码技术的发展经历了哪几个阶段? 各自特点是什么?

2. 按照使用密钥数量的不同,可将密码体制分为哪几类? 按照对明文信息的加密方式不同,可将密码体制分为哪几类?

3. 设计分组密码的主要指导原则是什么? 实现的手段主要是什么?

4. 根据攻击者掌握的信息，可将分组密码的攻击分为哪几类？常见的攻击方法有哪些？

5. 公钥密码体制出现有何重要意义？它与对称密码体制的异同有哪些？

6. 为什么要引进密钥管理技术？

7. 密钥管理涉及哪些内容？

第4章 认证技术与 PKI

认证技术主要用于防止对手对系统进行的主动攻击,如伪装、窜扰等,这对于开放环境中各种信息系统的安全性尤为重要。认证的目的有两个方面:一是验证信息的发送者是合法的,而不是冒充的,即实体认证,包括信源、信宿的认证和识别;二是验证消息的完整性,验证数据在传输和存储过程中是否被篡改、重放或延迟等。

4.1 Hash 函数原理和典型算法

4.1.1 Hash 函数概述

Hash 函数也称为消息摘要或杂凑函数,其输入为一可变长度 x,返回一固定长度串,该串被称为输入 x 的 Hash 值(消息摘要),还有形象的说法是数字指纹。因为 Hash 函数是多对一的函数,所以一定将某些不同的输入变化成相同的输出。这就要求给定一个 Hash 值,求其逆是比较难的,但给定的输入计算 Hash 值必须是很容易的,因此也称 Hash 函数为单向 Hash 函数。Hash 函数一般满足以下几个基本需求:

(1) 输入 x 可以为任意长度;

(2) 输出数据长度固定;

(3) 容易计算,给定任何 x,容易计算出 x 的 Hash 值 $H(x)$;

(4) 单向函数,即给出一个 Hash 值,很难反向计算出原始输入;

(5) 唯一性,即难以找到两个不同的输入会得到相同的 Hash 输出值(在计算上是不可行的)。

Hash 值的长度由算法的类型决定,与被 Hash 的消息大小无关,一般为 128 位或者 160 位。即使两个消息的差别很小,如仅差别一两位,其 Hash 运算的结果也会截然不同,用同一个算法对某一消息进行 Hash 运算只能获得唯一确定的 Hash 值。常用的单向 Hash 算法有 MDs、SHA - l 等。

Hash 函数可以按照其是否有密钥控制分为两类:一类是有密钥控制,以 $H_k(x)$ 表示,为密码 Hash 函数;另一类是无密钥控制,为一般 Hash 函数。一个带密钥的 Hash 函数通常用来作为消息认证码(MAC)。应注意的是由不带密钥的 Hash 函数和带密钥的 Hash 函数各自提供的数据完整性是有区别的。用不带密钥的 Hash 函数时,消息摘要必须被安全地存放,不能被篡改;而用带密钥的 Hash 函数时,可以在不安全的信道同时传输数据和认证标签。

攻击 Hash 函数的典型方法有穷举攻击、生日攻击和中途相遇攻击。其中穷举攻击比较直接,但效率低;生日攻击不涉及 Hash 算法的结构,可用于攻击任何 Hash 算法;中途相遇攻击是一种选择明文/密文的攻击,主要是针对迭代和级连的分组密码体制设计的

Hash 算法。

　　一个安全的单向迭代函数是构造安全消息 Hash 值的核心和基础,有了好的单向迭代函数,就可以用合适的迭代方法来构造迭代 Hash 函数。到现在为止,关于 Hash 函数的安全性设计的理论主要有两点:一个是函数的单向性;二是函数影射的随机性。

4.1.2　Hash 算法的分类

　　现在常用的 Hash 算法有信息摘要(Message Digest,MD)算法、安全散列(Security Hash Algorithm,SHA)算法、散列信息验证码(Hashed Message Authentication Code,HMAC)算法等,下面分别做简单介绍。

　　1. MD 算法

　　MD 算法是由 Rivest 从 20 世纪 80 年代末起所开发的系列散列算法的合称,历称 MD2、MD3、MD4 和发展到现在的 MD5。1991 年,Rivest 开发出技术上更为趋近成熟的 MD5 算法,它在 MD4 的基础上增加了"Safety – Belts"的概念。虽然 MD5 比 MD4 稍微慢一些,但却更为安全。对 MD5 算法简要的叙述可以为 MD5 以 512 位分组来处理输入的信息,且每一分组又被划分为 16 个 32 位子分组,经过了一系列的处理后,算法的输出由 4 个 32 位分组组成,将这 4 个 32 位分组级联后将生成一个 128 位散列值。

　　2. SHA 算法

　　SHA 算法是美国的 NIST 和 NSA 设计的一种标准 Hash 算法,SHA 用于数字签名的标准算法 DSS 中,也是安全性很高的一个 Hash 算法,该算法的输入消息长度小于 2^{64} 位,最终的输出结果值为 160 位。SHA 与 MD4 相比较而言,主要是增加了扩展变换,将前一轮的输出加到下一轮的,这样增加了雪崩效应;SHA 与 MD5 相比较而言,它的输出是 160 位,速度稍慢一些,但是安全性要好一些。

　　3. HMAC 算法

　　HMAC 算法是利用对称密钥和现有的单向函数生成信息验证码的一种散列算法,可以提供数据的完整情和验证。首先,它对数据包使用带密钥的散列算法,产生一个接收方可以进行验证的数字签名。如果信息在传输的过程中被改变,那么散列值必然与原来的数字签名有所不同,于是接收方把这个 IP 数据包丢弃。HMAC 有不同的具体散列实现算法,它们产生不同长度的数字签名,分别对应不同级别的安全要求。

　　除了上面介绍的 Hash 算法外,还有其他的 Hash 算法,如 GOST 算法、SNEFRU 算法等。另外,将标准分组算法通过级联、迭代也能构造出优秀的 Hash 算法。

 ## 4.2　数　字　签　名

　　数字签名是在公钥密码体制下很容易获得的一种服务,它的机制与手写签名类似,单个实体在数据上签名,而其他的实体能够读取这个签名并能验证其正确性。数字签名从根本上说是依赖于公私密钥对的概念,可以把数字签名看作是在数据上进行的私钥加密操作。如果发送方是唯一知道这个私钥的实体,很明显,他就是唯一能签署该数据的实体;另一方面,任何实体(只要能够获得发送方相应的公钥)都能在数据签名上用公开密钥做一次解密操作,验证这个签名的结果是否有效。

4.2.1 数字签名的实现方法

由于要签名的数据大小是任意的,而使用私钥加密操作的速度较慢,因而希望进行私钥加密时能有固定大小的输入和输出,要解决这个问题,可以使用单向 Hash 函数。数字签名的实现方法主要有下面两种。

1. 用对称加密算法进行数字签名

这种算法的签名通常称为 Hash 签名,该签名不属于强计算密集型算法,应用较广泛。很多少量现金付款系统,如 DEC 的 Millicent 和 CyberCash 的 CyberCoin 等都使用 Hash 签名。使用这种较快 Hash 算法,可以降低服务器资源的消耗,减轻中央服务器的负荷。Hash 的主要局限是接收方必须持有用户密钥的副本以检验签名,因为双方都知道生成签名的密钥,较容易攻破,存在伪造签名的可能。如果中央或用户计算机中有一个被攻破,那么其安全性就受到了威胁。因此这种签名机制适合安全性要求不是很高的系统中。

2. 用非对称加密算法进行数字签名和验证

发送方首先用公开的单向 Hash 函数对报文进行一次变换,得到消息摘要,然后利用自己的私钥对消息摘要进行加密后作为数字签名附在报文之后一同发出。接收方用发送方的公钥对数字签名进行解密变换,得到一个消息摘要,同时接收方将得到的明文通过单向 Hash 函数进行计算,同样也得到一个消息摘要,再将两个消息摘要进行对比,如果相同,则证明签名有效;否则,无效。

数字签名和验证过程如图 4.1 所示,其过程为:

(1) 发送方产生文件的单向 Hash 值。

(2) 发送方用他的私钥对 Hash 值加密,凭此表示对文件签名。

(3) 发送方将文件和 Hash 签名送给接收方。

(4) 接收方用发送方发送的文件产生文件的单向 Hash 值,同时用发送方的公钥对签名的 Hash 值解密。如果签名的 Hash 值与自己产生的 Hash 值匹配,签名就是有效的。

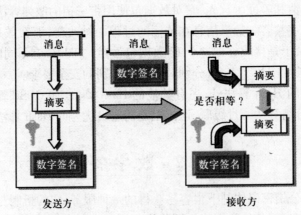

图 4.1 数字签名与验证过程示意图

使用公钥算法进行数字签名的最大方便是没有密钥分配问题,因为公钥加密算法使用两个不同的密钥,其中有一个是公开的,另一个是保密的。公钥一般由一个可信赖的认证机构(Certification Authority,CA)发布的,网上的任何用户都可获得公钥,而私钥是用户专用的,由用户本身持有,它可以对由公钥加密的信息进行解密。

4.2.2　数字签名的特性和功能

数字签名除了具有普通手写签名的特点和功能外,还具有自己独特的特性和功能。

1. 数字签名的特性

(1) 签名是可信的,任何人都可以方便地验证签名的有效性。

(2) 签名是不可伪造的,除了合法的签名者之外,任何其他人伪造其签名是困难的。这种困难性指实现时计算上是不可行的。

(3) 签名是不可复制的,对一个消息的签名不能通过复制变为另一个消息的签名。如果一个消息的签名是从别处复制的,则任何人都可以发现消息与签名之间的不一致性,从而可以拒绝签名的消息。

(4) 签名的消息是不可改变的,经签名的消息不能被篡改,一旦签名的消息被篡改,则任何人都可以发现消息与签名之间的不一致性。

(5) 签名是不可抵赖的,签名者不能否认自己的签名。

2. 数字签名的功能

数字签名可以解决否认、伪造、篡改及冒充等问题,具体要求为:

(1) 发送者事后不能否认发送的报文签名。

(2) 接收者能够核实发送者发送的报文签名,接收者不能伪造发送者的报文签名,接收者不能对发送者的报文进行部分篡改。

(3) 网络中的某一用户不能冒充另一用户作为发送者或接收者。

4.2.3　常用数字签名体制

用非对称加密算法实现的数字签名技术最常用的是 DSS 和 RSA 签名,下面分别做简单介绍。

1. DSS 签名

DSA(Digital Signature Algorithm)是 Schnorr 和 ElGamal 签名算法的变种,被美国 NIST 作为数字签名标准(Digital Signature Standard, DSS)。DSS 是由美国国家标准化研究院和国家安全局共同开发的。由于它是由美国政府颁布实施的,主要用于与美国政府做生意的公司,其他公司则较少使用,它只是一个签名系统,而且美国政府不提倡使用任何削弱政府窃听能力的加密软件,认为这才符合美国的国家利益。算法中应用了下述参数:

(1) p:L 位长的素数。L 是 64 的倍数,范围是从 512 位 ~ 1024 位;

(2) q:$p-1$ 的素因子,且 $2^{159} < q < 2^{160}$,即 q 为 160 位长 $p-1$ 的素因子;

(3) g:$g = h^{p-1} \bmod p$,h 满足 $1 < h < p-1$,并且 $h^{(p-1)/q} \bmod p > 1$;

(4) x:用户秘密钥,x 为 $0 < x < q$ 的随机或拟随机正整数;

(5) y:$y = g^x \bmod p$,(p,q,g,y) 为用户公钥;

(6) k:对每个消息的随机数,且 $0 < k < q$;

(7) $H(x)$:单向 Hash 函数。

p、q、g 可由一组用户共享,但在实际应用中,使用公共模数可能会带来一定的威胁。

签名过程:对消息 $M \in Z_p^*$,产生随机数 $k,0<k<q$,计算

$$r = (g^k \bmod p) \bmod q$$

$$s = \left[k^{-1} (H(M) + xr) \right] \bmod q$$

签名结果是 (M,r,s) 。

验证过程:计算

$$w = s^{-1} \bmod q$$

$$u_1 = \left[H(M) w \right] \bmod q$$

$$u_2 = (rw) \bmod q$$

$$v = \left[(g^{u_1} y^{u_2}) \bmod p \right] \bmod q$$

若 $v = r$,则认为签名有效。

DSS 签名过程如图 4.2 所示。

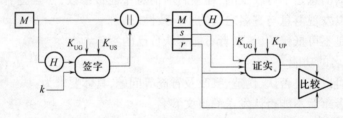

图 4.2　DSS 签名过程

在图 4.2 中: H 表示 Hash 运算; M 表示消息; K_{US} 表示用户秘密钥; K_{UP} 表示用户公开钥; K_{UG} 表示部分或全局用户公钥; k 是一个随机数。

2. RSA 签名

RSA 是最流行的一种加密标准,许多产品的内核中都有 RSA 的软件和类库,早在 Web 飞速发展之前,RSA 数据安全公司就负责数字签名软件与 Macintosh 操作系统的集成,在 Apple 的协作软件 PowerTalk 上还增加了签名拖放功能,用户只要把需要加密的数据拖到相应的图标上就完成了电子形式的数字签名。RSA 与 Microsoft、IBM、Sun 和 Digital 都签订了许可协议,使在其生产线上加入了类似的签名特性。与 DSS 不同,RSA 既可以用来加密数据,也可以用于身份认证。和 Hash 签名相比,在公钥系统中,由于生成签名的密钥只存储于用户的计算机中,安全系数大一些。下面详细介绍该签名体制的内容:

(1)参数。令 $n = p_1 p_2$, p_1 和 p_2 是大素数,令 $\mu = \varphi = Z_n$,选 e 并计算出 d 使 $ed \equiv 1 \bmod \varphi(n)$,公开 n 和 e ,将 p_1,p_2 和 d 保密。

(2)签字过程。对消息 $M \in Z_n$,定义

$$S = \text{Sig}_k(H(M)) = (H(M))^d \bmod n$$

为对 M 签字。

(3)验证过程。对给定的 M 、 S ,可按下式验证:

$$\text{Ver}_k(M,S) \text{ 为真} \Leftrightarrow H(M) \equiv S^e \bmod n$$

(4)安全性分析。显然,由于只有签名者知道 d ,由 RSA 体制知道,其他人不能伪造签名,但可易于证实所给任意 M 、 S 对,其是否为消息 M 和相应签名构成的合法对。RSA 签名过程如图 4.3 所示。

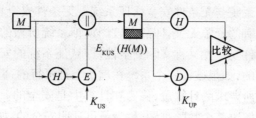

图 4.3 RSA 签名过程

图 4.3 中:H 表示 Hash 运算;M 表示消息;E 表示加密;D 表示解密;K_{US} 表示用户秘密钥;K_{UP} 表示用户公开钥。

除了以上介绍的两个著名的数字签名体制外,还有其他优秀的签名体制和算法,如 Rabin 签名体制、ElGamal 签名体制、Schnorr 签名体制等,不再一一介绍。

4.3 身份认证技术

身份认证理论是一门新兴的理论,是现代密码学发展的重要分支。在一个安全系统设计中,身份认证是第一道关卡,用户在访问所有系统之前,首先应该经过身份认证系统识别身份,然后由安全系统根据用户的身份和授权数据库决定用户是否能够访问某个资源。

身份认证是指定用户向系统出示自己身份的证明过程。计算机系统和计算机网络是一个虚拟的数字世界,在这个数字世界中,一切信息包括用户的身份信息都是用一组特定的数据来表示的,计算机只能识别用户的数字身份,所有对用户的授权也是针对用户数字身份的授权。然而,我们生活的现实世界是一个真实的物理世界,每个人都拥有独一无二的物理身份,如何保证以数字身份进行操作的操作者就是这个数字身份合法拥有者,也就是说保证操作者的物理身份与数字身份相对应,就成为一个很重要的问题,身份认证技术的诞生就是为了解决这个问题。

在真实世界中,验证一个人的身份主要通过三种方式判定:一是根据你所知道的信息来证明你的身份(What You Know),假设某些信息只有某个人知道,如暗号等,通过询问这个信息就可以确认这个人的身份;二是根据你所拥有的东西来证明你的身份(What You Have),假设某一个东西只有某个人有,如印章等,通过出示这个东西也可以确认个人的身份;三是直接根据你独一无二的身体特征来证明你的身份(Who You Are),如指纹、面貌等。在网络环境下,根据被认证方赖以证明身份秘密的不同,身份认证可以基于如下一个或几个因子:

(1) 双方共享的数据,如口令;

(2) 被认证方拥有的外部物理实体,如智能安全存储介质;

(3) 被认证方所特有的生物特征,如指纹、语音、虹膜、面相等;

(4) 在实际使用中,可以结合使用两种或三种身份认证因子。

4.3.1 身份认证系统的分类

可以按以下方式对身份认证系统进行分类。

（1）条件安全认证系统与无条件安全认证系统。无条件安全性又称理论安全性，它与敌方的计算能力和拥有的资源无关，即敌方破译认证系统所做的任何努力都不会比随机选择碰运气更优。条件安全性又称实际安全性，即认证系统的安全性是根据破译该系统所需的计算量来评价的，如果破译一个系统在理论上是可行的，但依赖现有的计算工具和计算资源不可能完成所要求的计算量，称为在计算上是安全的。如果能够证明破译某个体制的困难性等价于解决某个数学难题，称为是可证明安全的，如 RSA 数字签名体制。

（2）有保密功能的认证系统与无保密功能的认证系统。有保密功能的认证系统能够同时提供认证和保密两种功能，一般采用多种加密技术，而且也涉及多种密钥；而无保密功能的认证系统则只是纯粹的认证系统，不提供数据加密传输功能。

（3）有仲裁人认证系统与无仲裁人认证系统。传统的认证系统只考虑了通信双方互相信任，共同抵御敌方的主动攻击的情形，此时系统中只有参与通信的发送方和接收方及发起攻击的敌方，而不需要裁决方，因此称为无仲裁人的认证系统。但在现实生活中，常遇到的情形是通信双方并不互相信任，比如，发送方发送了一个消息后，否认曾发送过该消息；或者接收方接收到发送方发送的消息后，否认曾接收到该消息或宣称接收到了自己伪造的不同于接收到的消息的另一个消息。一旦这种情况发生，就需要一个仲裁方来解决争端，这就是有仲裁人认证系统的含义。有仲裁人认证系统又可分为单个仲裁人认证系统和多仲裁人认证系统。

4.3.2 基于口令的认证技术

目前，常用的身份认证技术可以分为两大类：一类是基于密码技术的各种电子 ID 身份认证技术；另一类是基于生物特征识别的认证技术。这里先来介绍第一类中的口令认证技术。

较早的认证技术主要采用基于口令的认证方法。当被认证对象要求访问提供服务的系统时，提供服务的认证方要求被认证对象提交口令信息，认证方收到口令后，将其与系统中存储的用户口令进行比较，以确认被认证对象是否为合法访问者，这种认证方式叫做 PAP（Password Authentication Protocol）认证。PAP 仅在连接建立阶段进行，在数据传输阶段不进行 PAP 认证。这种认证方法的优点在于：一般的系统如 UNIX、Windows NT、Net-Ware 等都提供了对口令认证的支持，对于封闭的小型系统来说不失为一种简单可行的方法。然而，基于口令的认证方法明显存在以下几点不足：

（1）以明文方式输入口令，很容易被内存中运行的黑客软件记录下来而泄密。

（2）口令在传输过程中可能被截获。

（3）窃取口令者可以使用字典穷举口令或者直接猜测口令。

（4）攻击者可以利用服务系统中存在的漏洞获取用户口令。

（5）口令的发放和修改过程都涉及很多安全性问题。

（6）低安全级别系统口令很容易被攻击者获得，从而用来对高安全级别系统进行攻击。

（7）只能进行单向认证，即系统可以认证用户，而用户无法对系统进行认证。

对于第二点，系统可以对口令进行加密传输；对于第四点，系统可以对口令文件进行不可逆加密。尽管如此，攻击者还是可以利用一些工具将口令和口令文件解密。很明显，基于口令的认证方法只是认证理论发展的初期阶段,存在着非常多的安全隐患,在系统开发中应该被摒弃。

对 PAP 的改进产生了挑战握手认证协议(Challenge Handshake Authentication Protocol,CHAP),它采用"挑战—应答"(Challenge – Response)的方式,通过三次握手对被认证对象的身份进行周期性的认证。CHAP 加入不确定因素,通过不断地改变认证标识符和随机的挑战消息来防止重放攻击。CHAP 的认证过程为:

(1)当被认证对象要求访问提供服务的系统时,认证方向被认证对象发送递增改变的标识符和一个挑战消息,即一段随机的数据。

(2)被认证对象向认证方发回一个响应,该响应数据由单向散列函数计算得出,单向散列函数的输入参数由本次认证的标识符、密钥和挑战消息构成。

(3)认证方将收到的响应与自己根据认证标识符、密钥和挑战消息计算出的散列函数值进行比较。若相符,则认证通过,向被认证对象发送"成功"消息;否则,发送"失败"消息,切断服务连接。

4.3.3 双因子身份认证技术

现在较为先进的身份认证系统都溶入了双因子等先进技术,即用户知道什么和用户拥有什么。据预测,双因子身份认证系统将成为网络信息安全市场新一轮焦点和新的趋势。所谓双因子认证,其中一个因子是只有用户本身知道的密码,它可以是个默记的个人认证号(PIN)或口令;另一个因子是只有该用户拥有的外部物理实体——智能安全存储介质。

现实生活中有很多双因子的应用,例如,使用银行卡在 ATM 机上取款时,取款人必须具备两个条件,即一张银行卡(硬件部分)和密码(软件部分)。ATM 机上运行着一个应用系统,此系统要求两部分(银行卡、密码)同时正确时才能得到授权使用。由于这两部分一软一硬,他人即使得到密码,因为没有硬件而不能使用;或者得到硬件,因为没有密码还是无法使用。这样弥补了"用户名 + 口令"之流的纯软认证容易泄露的缺点。

与软盘、光盘等传统存储介质不同,智能安全存储介质都有 Master Key 和 PIN 口令保护及完善的信息加密、管理功能,非常适合作为安全身份认证应用秘密信息的载体,它的优点有:

(1)存储的信息无法复制;

(2)具有双重口令保护机制和完备的文件系统管理功能;

(3)另外,某些智能安全存储介质还允许设置 PIN 猜测的最大值,以防止口令攻击。如果使用 USB Token 作为信息载体,则无须专门的读卡器,使用简单方便,而且非常轻巧,容易携带。

双因子认证比基于口令的认证方法增加了一个认证要素,攻击者仅仅获取了用户口令或者仅仅拿到了用户的令牌访问设备,都无法通过系统的认证。因此,这种方法比基于口令的认证方法具有更好的安全性,在一定程度上解决了口令认证方法中的很多问题。

4.3.4 生物特征认证技术

传统的身份鉴别方法是将身份认证问题转化为鉴别一些标识个人身份的事物,如

"用户名＋口令",如果在身份认证中加入这些生物特征的鉴别技术作为第三道认证因子,则形成了三因子认证。这种认证方式以人体唯一的、可靠的、稳定的生物特征为依据,采用计算机的强大功能和网络技术进行图像处理及模式识别,具有更好的安全性、可靠性和有效性。用于生物识别的生物特征有手形、指纹、脸形、虹膜、视网膜、脉搏、耳郭等,行为特征有签字、声音、按键力度等。基于这些特征,人们已经发明了多种生物识别技术,其中用于身份认证的生物识别技术主要有手写签名识别技术、指纹识别技术、语音识别技术、视网膜图样识别技术、虹膜图样识别技术、脸型识别技术等。

目前,人体特征识别技术市场上占有率最高的是指纹机和手形机,这两种识别方式也是目前技术发展中最成熟的。相比传统的身份鉴别方法,基于生物特征识别的身份认证技术具有的优点是:不易遗忘或丢失;防伪性能好,不易伪造或被盗;"随身携带",随时随地可用。生物识别认证过程原理的系统部件如图4.4所示。

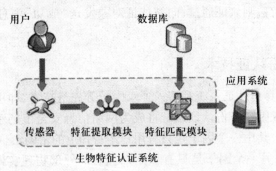

图4.4　生物特征认证系统结构图

模板数据库中存放了所有被认证方的生物特征数据,生物特征数据由特征录入设备预处理完成。以指纹认证为例,当用户登录系统时,首先必须将其指纹数据由传感器采集量化,通过特征提取模块提取特征码,再与模板数据库中存放的指纹特征数据以某种算法进行比较,如果相符则通过认证,允许用户使用应用系统。

若认证系统采用集中模式的模板数据库存放特征数据,则很容易产生单点故障问题。因此,可以考虑将PKI结合进来,不建立集中的模板数据库,将特征模板数据与用户的数字证书一起存放在智能存储设备上,由用户自己保存。这种模式可以有效地避免集中式处理的缺点,分散化解安全风险。

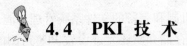

4.4　PKI 技术

4.4.1　PKI 原理

公钥基础设施(Public Key Infrastructure,PKI)是一个采用非对称密码算法原理和技术来实现并提供安全服务的、具有通用性的安全基础设施,PKI技术采用证书管理公钥,通过第三方的可信任机构——认证机构(Certificate Authority,CA)——把用户的公钥和用户的标识信息捆绑在一起,在互联网上验证用户的身份,提供安全可靠的信息处理。目前,通用的办法是采用建立在PKI基础之上的数字证书,通过把要传输的数字信息进行加密和签名,保证信息传输的机密性、真实性、完整性和不可否认性,从而保证信息的安全传输。

PKI所提供的安全服务以一种对用户完全透明的方式完成所有与安全相关的工作,极大地简化了终端用户使用设备和应用程序的方式,而且简化了设备和应用程序的管理工作,保证了他们遵循同样的安全策略。PKI技术可以让人们随时随地方便地同任何人秘密通信。PKI技术是开放、快速变化的社会信息交换的必然要求,是电子商务、电子政务及远程教育正常开展的基础。

PKI技术是公开密钥密码学完整的、标准化的、成熟的工程框架。它基于并且不断吸收公开密钥密码学丰硕的研究成果,按照软件工程的方法,采用各种成熟的算法和协议,遵循国际标准和RFC文档,如PKCS、SSL、X.509、LDAP,完整地提供网络和信息系统安全的解决方案。

4.4.2 数字证书和证书撤销列表

1. X.509数字证书

证书是证明实体所声明的身份和其公钥绑定关系的一种电子文档,是将公钥和确定属于它的某些信息(比如,该密钥对持有者的姓名、电子邮件或者密钥对的有效期等信息)相绑定的数字声明。数字证书由CA认证机构颁发。认证中心所颁发的数字证书均遵循X.509 V3标准。数字证书的格式在ITU标准和X.509 V3(RFC 2459)中定义。X.509证书的结构如图4.5所示,其中证书和基本信息采用X.500的可辨别名DN来标记,它是一个复合域,通过一个子组件来定义。

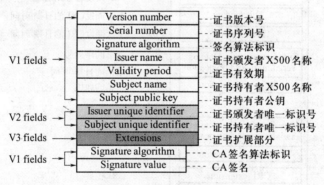

图4.5 X.509证书结构

X.509证书包括下面的一些数据:

(1)证书版本号:该域定义了证书的版本号,这将最终影响证书中包含的信息的类型和格式,目前版本4已颁布,但在实际使用过程版本3还是占据主流。

(2)证书序列号:是赋予证书的唯一整数值。它用于将本证书与同一CA颁发的其他证书区别开来。

(3)签名算法标识:该域中含有CA签发证书所使用的数字签名算法的算法标识符,如SHA1WithRSA。有CA的签名,便可保证证书拥有者身份的真实性,而且CA也不能否认其签名。

(4)证书颁发者X500名称:这是必选项,该域含有签发证书实体的唯一名称(DN),命名必须符合X.500格式,通常为某个CA。

（5）证书有效期：证书仅仅在一个有限的时间段内有效。证书的有效期就是该证书的有效的时间段，该域表示两个日期的序列，即证书的有效开始日期（notBefore）以及证书有效期结束的日期（notAfter）。

（6）证书持有者 X500 名称：证书拥有者的可识别名称，命名规则也采用 X.500 格式，是必选项。

（7）证书持有者公钥：主体的公钥和它的算法标识符，是必选项。

（8）证书颁发者唯一标识号：含有颁发者的唯一标识符，是可选项。

（9）证书持有者唯一标识号：证书拥有者的唯一标识符，是可选项。

（10）证书扩展部分：是 V3 版本在 RFC2459 中定义的。可供选择的标准和扩展包括证书颁发者的密钥标识、证书持有者密钥标识符、公钥用途、CRL 发布点、证书策略、证书持有者别名、证书颁发者别名和主体目录属性等。

2. 证书撤销列表

在 CA 系统中，由于密钥泄密、从属变更、证书终止使用以及 CA 本身私钥泄密等原因，需要对原来签发的证书进行撤销。X.509 定义了证书的基本撤销方法：由 CA 周期性的发布一个证书撤销列表（Certificate Revocation List，CRL），里面列出了所有未到期却被撤销的证书，终端实体通过 LDAP 的方式下载查询 CRL。CRL 格式如图 4.6 所示。

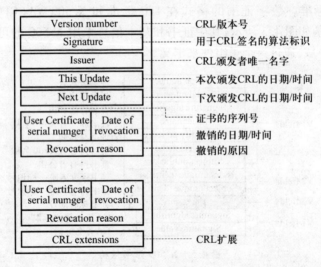

图 4.6　CRL 格式

CA 将某个证书撤销后，应使得系统内的用户尽可能及时地获知最新的情况，这对于维护 PKI 系统的可信性至关重要。所以 CA 如何发布 CRL 的机制是 PKI 系统中的一个重要问题。发布 CRL 的机制主要有定期发布 CRL 的模式、分时发布 CRL 的模式、分时分段的 CRL 的模式、Delta – CRL 的发布模式。

4.4.3　PKI 系统的功能

一个完整的 PKI 系统对于数字证书的操作通常包括证书颁发、证书更新、证书废除、证书和 CRL 的公布、证书状态的在线查询、证书认证等。

（1）证书颁发：申请者在 CA 的注册机构（RA）进行注册，申请证书。CA 对申请者进行审核,审核通过则生成证书,颁发给申请者。证书的申请可采取在线申请和亲自到 RA 申请两种方式。证书的颁发也可采取两种方式:一是在线直接从 CA 下载;二是 CA 将证书制作成介质(磁盘或 IC 卡)后,由申请者带走。

(2)证书更新:当证书持有者的证书过期、证书被窃取、丢失时,通过更新证书方法使其使用新的证书继续参与网上认证。证书的更新包括证书的更换和证书的延期两种情况。证书的更换实际上是重新颁发证书,因此证书的更换过程和证书的申请流程基本情况一致;而证书的延期只是将证书有效期延长,其签名和加密信息的公私密钥没有改变。

(3)证书废除:证书持有者可以向 CA 申请废除证书。CA 通过认证核实,即可履行废除证书职责,通知有关组织和个人,并写入黑名单 CRL(Certificate Revocation List)。有些人(如证书持有者的上级或老板)也可申请废除证书持有者的证书。

(4)证书和 CRL 的公布:CA 通过 LDAP(Lightweight Directory Acess Protocol)服务器维护用户证书和黑名单(CRL)。它向用户提供目录浏览服务,负责将新签发的证书或废除的证书加入到 LDAP 服务器上。这样用户通过访问 LDAP 服务器就能够得到他人的数字证书或能够访问黑名单。

(5)证书状态的在线查询:通常,CRL 签发为一日一次,CRL 的状态同当前证书状态有一定的滞后,证书状态的在线查询向 OCSP(Online Certificate Status Protocol)服务器发送 OCSP 查询包,包含有待验证证书的序列号,验证时戳。OCSP 服务器返回证书的当前状态并对返回结果加以签名。在线证书状态查询比 CRL 更具有时效性。

(6)证书认证:在进行网上交易双方的身份认证时,交易双方互相提供自己的证书和数字签名,由 CA 来对证书进行有效性和真实性的认证。在实际中,一个 CA 很难得到所有用户的信任并接受它所发行的所有公钥用户的证书,而且这个 CA 也很难对有关的所有潜在注册用户有足够全面的了解,这就需要多个 CA。在多个 CA 系统中,令由特定 CA 发放证书的所有用户组成一个域。若一个持有由特定 CA 发证的公钥用户要与由另一个 CA 发放公钥证书的用户进行安全通信,则需要解决跨域的公钥安全认证和递送,建立一个可信任的证书链或证书通路。高层 CA 称做根 CA,它向低层 CA 发放公钥证书。

4.4.4 PKI 系统的组成

PKI 公钥基础设施是提供公钥加密和数字签名服务的系统或平台,目的是为了管理密钥和证书。一个机构通过采用 PKI 框架管理密钥和证书可以建立一个安全的网络环境。PKI 主要包括 X.509 格式的证书和证书撤销列表 CRL、CA/RA 操作协议、CA 管理协议、CA 政策制定。一个典型、完整、有效的 PKI 应用系统至少包括以下部分:

(1)认证机构(CA,Certificate Authority):认证机构也是证书的签发机构,它是 PKI 的核心,是 PKI 应用中权威的、可信任的、公正的第三方机构。认证机构是一个实体,它有权利签发并撤销证书,对证书的真实性负责。在整个系统中,CA 由比它高一级的 CA 控制。

(2)根 CA(Root CA):信任是任何认证系统的关键,因此 CA 自己也要被另一些 CA 认证。每一个 PKI 都有一个单独的、可信任的根,从根处可取得所有认证证明。

(3)注册机构(Registration Authority,RA):RA 的用途是接受个人申请,核查其中信息并颁发证书,然而,在许多情况下,把证书的分发与签名过程分开是很有好处的。因为签名过程需要使用 CA 的签名私钥(私钥只有在离线状态下才能安全使用)但分发的过程

信息安全导论

要求在线进行,所以 PKI 一般使用注册机构去实现整个过程。

（4）证书目录:用户可以把证书存放在共享目录中,而不需要在本地硬盘里保存。因为证书具有自我核实功能,所以这些目录不一定需要时刻被验证。万一目录被破坏,通过使用 CA 的证书链功能,证书还能恢复其有效性。

（5）管理协议:用于管理证书的注册、生效、发布和撤销。PKI 管理协议包括:证书管理协议（PKIX CMP）、信息格式（如证书管理信息格式（Certificate Management Message Format,CMMF））、PKCS#10。

（6）操作协议:允许用户找回并修改证书,对目录或其他用户的证书撤销列表（CRL）进行修改。在大多数情况下,操作协议与现有协议（如 FTP、HTTP、LDAP 和邮件协议等）共同工作。

（7）个人安全环境:该环境下,用户的私人信息（如私钥或协议使用的缓存）被妥善保存和保护。一个实体的私钥对于所有公钥而言是保密的,为了保护私钥,客户软件要限制对个人安全环境的访问。

4.4.5 PKI 的应用

广泛的应用是普及一项技术的保障。PKI 支持 SSL、IP over VPN、S/MIME 等协议,这使得它可以支持加密 Web、VPN、安全邮件等应用;PKI 支持不同 CA 间的交叉认证,并能实现证书、密钥对的自动更换,这扩展了它的应用范畴。一个完整的 PKI 产品除主要功能外,还包括交叉认证、支持 LDAP 协议、支持用于认证的智能卡等。此外,PKI 的特性融入各种应用（如防火墙、浏览器、电子邮件、群件、网络操作系统）也正在成为趋势。基于 PKI 技术的 IPSec 协议,现在已经成为架构 VPN 的基础,它可以为路由器之间、防火墙之间或路由器和防火墙之间提供经过加密和认证的通信。目前,发展很快的安全电子邮件协议是 S/MIME,S/MIME 是一个用于发送安全报文的 IETF 标准。基于 PKI 技术的 SSL/TLS 是互联网中访问 Web 服务器最重要的安全协议,SSL/TLS 都是利用 PKI 的数字证书来认证客户和服务器的身份的。可见,PKI 的市场需求非常巨大,基于 PKI 的应用包括了许多内容,如 WWW 安全、电子邮件安全、电子数据交换、信用卡交易安全、VPN。从行业应用看,电子商务、电子政务等方面都离不开 PKI 技术。

本 章 小 结

在真实世界中,验证一个人的身份主要通过三种方式判定:一是根据你所知道的信息来证明你的身份;二是根据你所拥有的东西来证明你的身份;三是直接根据你独一无二的身体特征来证明你的身份。计算机系统和计算机网络是一个虚拟的数字世界,在这个数字世界中,用户也需要向系统证明自己身份。网络环境中的身份认证问题导致了一系列数字签名机制和身份认证技术的产生。

数字签名是在公钥密码体制下很容易获得的一种服务,从根本上说,数字签名依赖于公私密钥对的概念,可以把数字签名看作是在数据上进行的私钥加密操作。本章简单介绍了 Hash 函数的概念和几类常见的 Hash 算法,详细阐述了数字签名的实现方法及常用的数字签名体制。

身份认证是指定用户向系统出示自己身份的证明过程。本章简单介绍了三种身份认证系统,重点分析了基于口令的认证技术、双因子身份认证技术和生物特征认证技术这三种身份认证技术。

PKI 是一个采用非对称密码算法原理和技术来实现并提供安全服务的、具有通用性的安全基础设施,PKI 技术采用数字证书管理公钥,通过认证中心把用户的公钥和用户的标识信息捆绑在一起,在互联网上验证用户的身份,提供安全可靠的信息处理。一个完整的 PKI 系统对于数字证书的操作通常包括证书颁发、证书更新、证书废除、证书和 CRL 的公布、证书状态的在线查询、证书认证等。本章介绍了 PKI 的原理、功能、组成及其应用。

思 考 题

1. 简述什么是数字签名? 数字签名的实现方法有哪几种?
2. 身份认证技术有哪些? 你能从实际生活中找到它们具体实现的对照吗?
3. PKI 系统中,对于数字证书的操作有哪些? 分别是如何实现的?
4. 一个完整的 PKI 应用系统应包括哪些部分?

第5章　信息隐藏技术

近年来,计算机网络通信技术飞速发展,给信息保密技术的发展带来了新的机遇,同时也带来了挑战。与之应运而生的信息隐藏技术也已经很快发展起来,其作为新一代的信息安全技术,在当代保密通信领域里起着越来越重要的作用,应用领域也日益广泛。

5.1　信息隐藏技术的发展

5.1.1　信息隐藏的历史

信息隐藏又称信息伪装,是通过减少载体的某种冗余,如空间冗余、数据冗余等,来隐藏敏感信息,达到某种特殊的目的。信息隐藏是一门古老的技术,它从古至今一直被人们所使用,如古代的藏头诗、纸币印刷及军事情报传递等。隐写术是关于信息隐藏的最古老的分支,从应用上可以分为技术性的隐写术、语言学中的隐写术以及应用于版权保护的隐写术。这里,主要介绍一些文献上记载的重要的历史事件,以此来了解历史上人们是如何利用隐写术的。

1. 技术性的隐写术

最早的隐写术的例子可以追溯到远古时代。在大约公元前440年,为了鼓动奴隶们起来反抗,Histiaus 给他最信任的奴隶剃头,并将消息刺在头上,等到头发长出来后,消息被遮盖,这样消息可以在各个部落中传递。

在波斯朝廷的一个希腊人 Demeratus,他要警告斯巴达将有一场由波斯国王薛西斯一世发动的入侵,他首先去掉书记板上的蜡,然后将消息写在木板上,再用蜡覆盖,这样处理后的书记板看起来是一个完全空白的,事实上,它几乎既欺骗了检查的士兵也欺骗了接收信息的人。

此外,有些人将信函隐藏在信使的鞋底、衣服的皱褶中、妇女的头饰和首饰中;还有些人通过改变信函中某些字母笔画的高度,或者在某些字母上面或下面挖出非常小的孔,以标识某些特殊的字母,而这些特殊的字母就组成秘密信息。

Wilkins(1614—1672)对上述方法进行了改进,采用无形的墨水在特定字母上制作非常小的斑点。这种方法在两次世界大战中又被德国间谍重新使用起来。

在1857年,Brewster 就已经提出将秘密消息隐藏“在大小不超过一个句号或小墨水点的空间里”的设想。到1860年,制作微小图像的难题被法国摄影师 Dragon 解决了,很多消息就可以放在微缩胶片中,如在1870年—1871年弗朗格—普鲁士战争期间,巴黎被围困时,印制在微缩胶片中的消息就是通过信鸽传递的。Brewster 的设想在第一次世界大战期间终于付诸实现,其做法是:先将间谍之间要传送的消息经过若干照相缩影后缩小到微粒状,然后粘贴在无关紧要的杂志等文字材料中的句号或逗号上。

另外,有一些隐写术使用了化学方法,如中国的魔术中采用的一些隐写方法,用笔蘸淀粉水在白纸上写字,然后喷上碘水,则淀粉和碘起化学反应后显出蓝色字体。化学的进步促使人们开发更加先进的墨水和显影剂。但是,随着"万用显影剂"的发明,不可见墨水的隐写方法就无效了。"万用显影剂"的原理是,根据纸张纤维的变化情况,来确定纸张的哪些部位被水打湿过,这样,所有采用墨水的隐写方法,在"万用显影剂"下都无效了。

　　此外,还有一些人把秘密信息隐藏在艺术作品中。在一些变形夸张的绘画作品中,从正面看是一种景象,侧面看又是另一种景象,这其中就可以隐含作者的一些政治主张或异教思想。

　　2. 语言学中的隐写术

　　语言学中的隐写术,其最广泛使用的方法是藏头诗。国外最著名的例子可能要算 Giovanni Boccaccio(1313—1375)的诗作 *Amorosa visione*,据说是"世界上最宏伟的藏头诗"作品。他先创作了三首十四行诗,总共包含大约 1500 个字母,然后创作另一首诗,使连续三行押韵诗句的第一个字母恰好对应十四行诗的各字母。

　　到了 16 世纪和 17 世纪,已经出现了大量的关于伪装术的文献,并且其中许多方法依赖于一些信息编码手段。Gaspar Schott(1608—1666)在他的 400 页的著作 *Schola Steganographica* 中,扩展了由 Trithemius 在书 *Polygraphia* 中提出的"福哉马利亚"Ave Maria 编码方法,其中 *Polygraphia* 和 *Steganographia* 是密码学和隐藏学领域所知道的最早出现的专著中的两本。扩展的编码使用 40 个表,其中每个表包含 24 个用四种语言(拉丁语、德语、意大利语和法语)表示的条目,每个条目对应于字母表中的一个字母。每个字母用出现在对应表的条目中的词或短语替代,得到的密文看起来像一段祷告、一封简单的信函或一段有魔力的咒语。

　　Gaspar Schott 还提出了可以在音乐乐谱中隐藏消息,用每一个音符对应一个字母,可以得到一个乐谱。当然,这种乐谱演奏出来就可能被怀疑。

　　中国古代也有很多藏头诗(也称嵌字诗),并且这种诗词格式也流传到现在。如一年中秋节,绍兴才子徐文长在杭州西湖赏月时,做了一首七言绝句:

平湖一色万顷秋,
湖光渺渺水长流。
秋月圆圆世间少,
月好四时最宜秋。

　　其中前面四个字连起来读,正是"平湖秋月"。

　　中国古代设计的信息隐藏方法中,发送者和接收者各持一张完全相同的、带有许多小孔的纸,这些孔的位置是被随机选定的。发送者将这张带有孔的纸覆盖在一张纸上,将秘密信息写在小孔的位置上,然后移去上面的纸,根据下面的纸上留下的字和空余位置,编写一段普通的文章。接收者只要把带孔的纸覆盖在这段普通文字上,就可以读出留在小孔中的秘密信息。在 16 世纪早期,意大利数学家 Cardan(1501—1576)也发明了这种方法,这种方法现在被称作卡登格子法。

　　3. 用于版权保护的隐写术

　　版权保护和侵权的斗争从古至今一直在持续着。根据 Samuelson 的记载,第一部"版权法"是"圣安妮的法令",由英国国会于1710年制定。隐写术又是如何被用于版权保护的呢?

Lorrain(1600—1682)是17世纪一个很有名的风景画家,当时出现了很多对他的画的模仿和冒充,由于当时还没有相关的版权保护的法律,他就使用了一种方法来保护他的画的版权。他自己创作了一本 *Liber Veritatis* 的书,这是一本写生形式的素描集,它的页面是交替出现的,四页蓝色后紧接着四页白色,不断重复着,它大约包含195幅素描。他创作这本书的目的是为了保护自己的画免遭伪造。事实上,只要在素描和油画作品之间进行一些比较就会发现,前者是专门设计用来作为后者的"核对校验图",并且任何一个细心的观察者根据这本书仔细对照后就能判定一幅给定的油画是不是赝品。

类似的技术在目前仍然使用着,例如,一种图像保护系统 ImageLock 是这样工作的:系统中对每一个图像保存一个图像摘要,构成一个图像摘要中心数据库,并且定期到网络上搜寻具有相同摘要的图像,它可以找到任何未被授权使用的图像,或者对任何仿造的图像,可以通过对比图像摘要的办法来指证盗版。

5.1.2　信息隐藏的现状及应用领域

近几年,随着计算机技术和互联网的迅速发展,越来越多的信息以电子的形式通过网络进行传输,并且随着电子商务、电子政务、网络银行等应用,越来越多的重要信息(如政府机密信息、商务信息、个人隐私等)需要保密和安全地传输。为了保证信息的安全传递,掩盖信息传递的事实,需要对网络上传输的信息进行隐写,而在网上传输的大量多媒体信息,如图像、声音、视频甚至文本信息,对于人类的视觉、听觉感知系统,都或多或少存在着一些冗余空间,而利用这些冗余空间,就可以进行信息的秘密传递,同时不影响载体的视觉或听觉效果,因此就可以实现信息的隐蔽传递。

另外,由于电子数据很容易任意复制和互联网快捷传播功能,使得一些有版权的数字作品迅速出现了大量的非法复制,这大大损害了出版商的利益,打击了出版商的积极性。数字水印技术的发展为解决数字产品的侵权问题提供了一个有效的解决途径。数字水印技术是利用信息隐藏的思想,将数字产品的版权信息隐藏在数字产品中,同时又不影响产品的使用效果,在需要版权验证的时候可以提取出水印证明版权信息。

为了保证信息隐形技术的正常、健康使用,在信息隐形性研究的同时,其对立面的研究也在开展,如信息隐藏的检测、数字水印的攻击等。

目前,信息隐藏的应用领域有:

(1) 军队和情报部门。现代化战争的胜负,越来越取决于高科技的使用,以及对信息的掌握和控制权,在现代化的战场上,检测到信号后就可以立即对之进行攻击,电子战和电子对抗的胜负,直接影响了战争的胜负。正是由于这个原因,军事通信中通常使用诸如扩展频谱调制或流星散射传输技术使得信号很难被敌方检测到或破坏掉,而伪装式隐蔽通信也正是可以达到不被敌方检测和破坏的目的。

(2) 需要匿名的场合。信息隐藏技术除了军队和情报部门需要之外,还有这样一些场合,当在从事某一行为时需要隐藏自己的身份,如匿名通信。这里包括很多合法的行为,包括公平的在线选举、个人隐私的安全传递、保护在线自由发言、使用电子现金等,但是这些匿名技术同样会被滥用于诽谤、敲诈勒索以及假冒的商业购买行为上。在信息隐藏技术的应用中,使用者的伦理道德水平并不是很清楚,所以提供信息隐藏技术时需要仔细考虑并尽量避免可能的滥用。

(3)医疗工业领域。在医疗工业中尤其是医学图像系统可以使用信息隐藏技术。在医院,一些诊断的图像数据,通常是与患者的姓名、日期、医师、标题说明等信息相互分离的。有时,患者的文字资料与图像的连接关系会由于时间或人为的错误产生丢失,因此利用信息隐藏技术将患者的姓名嵌入到图像数据中是一个有效的解决办法。当然,在图像数据中作标记是否会影响病情诊断的精确性,这仍然是一个需要解决的问题。另一个可能的应用是在 DNA 序列中隐藏信息,它可以用来保护医学、分子生物学、遗传学等领域的知识产权。

(4)犯罪领域。犯罪团伙也非常需要隐蔽的通信,如贩毒分子、恐怖分子等,它们的通信经常是处于警察和安全部门的监控之下的,而他们为了能够不被发现,也会采取各种手段逃避监视。因此,为了确保信息隐藏技术能够被正确和合法地使用,在研究隐藏技术的同时,必须同时研究隐藏的检测和追踪技术,为警察和安全部门监控犯罪团伙的行为提供技术支持。

5.1.3 信息隐藏的研究分支

从古典隐写术发展到现代隐藏技术,都是随着社会的需要和相关技术的发展而产生的。目前在现代隐藏技术方面,又产生了更多的应用分支,其中主要的应用分支是伪装式保密通信和数字水印。

1. 伪装式保密通信

伪装式保密通信,是古典隐写术与现代隐藏技术的直接结合。目前在这一研究领域中主要研究在图像、视频、声音以及文本中隐藏信息,如可以在一幅普通图像中隐藏一幅机密图像、一段机密话音或各类需要保密的数据,在一段普通谈话中隐藏一段机密谈话或各种数据,在一段视频流中隐藏各种信息等。文本中的冗余空间比较小,但利用文本的一些特点也可以隐藏一些信息。

另外,还有一类隐藏技术是叠像术。在 1994 年的欧密会上,Naor 和 Shamir 提出了一门新的学问,称为可视密码学,其主要思想是把要隐藏的秘密信息通过算法隐藏到两个或多个子图片中。这些图片可以存在磁盘上,也可以印刷到透明胶片上,在每一张图片上都有随机分布的黑点和白点,由于黑、白点的随机分布,所以持有单张图片的人不论用什么方法都无法分析出任何有用的信息;若把所有的图片叠加在一起,则能恢复出原有的秘密。随着算法的改进和提高,可视密码学又发展出一种新的技术——叠像术。通过该技术产生的每一张图像已不再是随机噪声图像,而是正常人能看懂的图像,图像上有不同的文字或图画,与一般资料无异,不会引起别人的怀疑,但是若将一定数量的图像叠加在一起,则原来每一张图像上的内容都将消失,而被隐藏的秘密内容就会出现。至于单个图像无论是失窃还是被泄露,都不会给信息的安全带来灾难性的破坏。由于每一张图像的"可读性",使其达到了更好的伪装效果,可以十分容易的逃过拦截者、攻击者的破解,而且,在一定的条件下,从理论上可以证明该技术是不可破译的,能够达到最优安全性。

在图像、视频、声音中的信息隐藏,以及叠像术,都是利用人类的视觉和听觉的特性来实现的,而在文本中的信息隐藏则不容易实现。由于文本的编码中没有任何冗余,改变任何比特都会引起文本的错误,因此文本载体中的信息隐藏需要考虑其特殊性。

2. 数字水印

在 20 世纪 90 年代初期,随着网络技术的发展,越来越多的信息以数字化的形式存在和传播,很多人开始在计算机上直接创作出数字作品或用数字作品的方式保存自己的创作成果。由于数字作品具有极易无失真地复制和传播、容易修改、容易发表等特点,因此这对数字作品的版权保护提出了技术上及法律上的难题,例如,如何鉴别一个数字作品的作者,如何确定数字作品作者的版权声明,如何公证一个数字作品的签名与版权声明等。

那么,能不能从技术角度解决数字作品的版权问题呢? 数字水印就是在此应用的基础上从信息隐藏技术演化而来的。目前,存在两种基本的数字版权标记手段:数字水印和数字指纹。数字水印是嵌入在数字作品中的一个版权信息,它可以给出作品的作者、所有者、发行者以及授权使用者等版权信息;数字指纹可以作为数字作品的序列码,用于跟踪盗版者。数字水印和数字指纹就是利用了信息隐藏的技术,利用数字产品存在的冗余度,将信息隐藏在数字多媒体产品中,以达到保护版权、跟踪盗版者的目的。数字指纹可以认为是一类特殊的数字水印,因此,一般涉及数字产品版权保护方面的信息隐藏技术统称为数字水印。

 ## 5.2　信息隐藏的基本原理

信息隐藏技术是利用数字媒体中的一些冗余空间来传递秘密信息,达到掩盖秘密信息传递的事实,起到伪装式通信的目的。

5.2.1　信息隐藏的特点

信息隐藏与密码学不同,关于信息隐藏与加密的区别,可以通过 Simmons 于 1984 年提出"囚犯问题"进行说明。假设两个囚犯 A 和 B 被关押在监狱的不同牢房,他们想通过一种隐蔽的方式交换信息,但是交换信息必须要通过看守 W 的检查。如果他们采用事先约定好的加密方式进行信息交换,囚犯 A 将加密后的信息交给看守 W,由于看守 W 看不懂想囚犯 A 所写的内容,看守 W 不会将允许囚犯 A 将其交给囚犯 B。因此,他们要想办法在不引起看守者怀疑的情况下,在看似正常的信息中,传递他们之间的秘密信息,就需要采用信息隐藏的方法。

由第 3 章可知,加密使有用的信息变为看上去是无用的乱码,使得攻击者无法读懂信息的内容从而保护信息。加密隐藏了消息内容,但加密同时也暗示攻击者所截获的信息是重要信息,从而引起攻击者的兴趣,攻击者可能在破译失败的情况下将信息破坏掉;而信息隐藏则是将有用的信息隐藏在其他信息中,使攻击者无法发现,不仅实现了信息的保密,也保护了通信本身,因此信息隐藏不仅隐藏了消息内容而且还隐藏了消息本身。虽然至今信息加密仍是保障信息安全的最基本的手段,但信息隐藏作为信息安全领域的一个新方向,其研究越来越受到人们的重视。

当然,设计一个安全的隐蔽通信系统,还需要考虑其他可能的问题,如信息隐藏的安全性问题,隐藏了信息的载体应该在感观上(视觉、听觉等)不引起怀疑。信息隐藏应该是健壮的,攻击者可能会对公开传递的信息做一些形式上的修改,隐藏的信息应该能够经受住对载体的修改。

根据信息隐藏需要达到的特殊目的,以及信息隐藏各种方法特点,信息隐藏技术通常具有下面特点:

(1) 不破坏载体的正常使用。由于不破坏载体的正常使用,就不会轻易引起别人的注意,能达到信息隐藏的效果。同时,这个特点也是衡量是否是信息隐藏的标准。

(2) 载体具有某种冗余性。通常,许多载体都在某个方面满足一定条件的情况下,具有某些程度的冗余,如空间冗余、数据冗余等,寻找和利用这种冗余就成信息隐藏的一个主要工作。

(3) 载体具有某种相对的稳定量。这个特点只是针对具有健壮性要求的信息隐藏应用,如数字水印等。寻找载体对某个或某些应用中的相对不变量,如果这种相对不变量在满足正常条件的应用时仍具有一定的冗余空间,那么这些冗余空间就成为隐藏信息的最佳场所。

(4) 具有很强的针对性。任何信息隐藏方法都具有很多附加条件,都是在某种情况下,针对某类对象的一个应用。

5.2.2 信息隐藏的模型

为了说明信息隐藏的原理,首先简单回顾传统的通信模型,以便把传统的通信模型扩展为信息隐藏模型。

图5.1是通信系统模型的基本结构。m 是准备发送的消息。信道编码器对信息 m 编码,准备发送。它将所有可能的信息映射为码字,后者从可以在信道中传输的符号所组成的集合中选择得到。码字序列通常标记为 x。

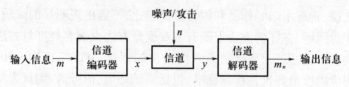

图 5.1 通信系统的模型

信号 x 经过编码后开始在信道上传输。信道是有噪声的,因此接收到的信号往往和发送的信号 x 不同。换句话说,信道在信号 x 的传输过程中添加了一个随机噪声信号 n。

在信道接收端,接收到的信号 y 进入信道解码器,进行编码过程的逆过程,同时试图纠正传输错误。

信息隐藏从本质上说是一种通信方式,基于通信的信息隐藏模型,如图5.2所示。

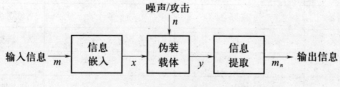

图 5.2 信息隐藏系统的模型

信息嵌入过程包括两个基本步骤:首先将隐秘信息 m 进行编码;然后将其嵌入到载体作品中,形成伪装载体 x。将伪装载体本身看成信道,同样信道是有噪声的,因此接收

到的信号记为 y，进行信息嵌入的逆过程——信息提取，同时试图纠正噪声/攻击造成的误。

这两种系统都是向某种媒介（称为信道）中引入一些信息，然后尽可能可靠地将该信息提取出来。传输媒介都对待传输的信息提出了约束条件，通信系统中是最大的平均功率或峰值功率约束，隐藏系统中是感观约束条件，即隐藏后的载体信号应与原始载体在感观上不可区分。这一约束通常作为信息嵌入强度的限制条件。与传统通信系统相比，隐藏系统又有许多不同之处。例如，通信系统中信道的干扰主要为传输媒介的干扰，如设备噪声、大气环境干扰等，但信息隐藏系统除了受到无意的干扰外，主要的威胁是试图破坏隐藏信息的主动攻击。

信息隐藏系统与通信系统的相同之处有助于我们借鉴通信领域的理论、技术来研究信息隐藏问题。

5.2.3 信息隐藏的性能

信息隐藏算法应满足一定的性能要求，信息隐藏的性能主要包括不可察觉性、容量、健壮性和安全性。

1. 不可察觉性

隐藏的信息是不可见的，也就是说嵌入到载体作品后应该不会出现可察觉的变化。信息隐藏系统最重要的是阻止攻击者检测尝试——视觉检测和工具检测（隐藏分析方法）。抗视觉检测，即攻击者对嵌入隐藏信息后的载体，从感官上无从判断是否有秘密信息存在；抗工具检测，如采用统计分析等特殊工具无从得到异常判断，可抗统计分析等。

对于图像来说，含有水印的作品和原始作品相比，不应出现明显的降质。因而就涉及对图像的质量评价问题，在评价方法上既有主观度量方法也有客观度量方法，图像的主观度量方法是观察者本人通过对图像进行观测给出的评价。ITU－R Rec.500 建议中详细给出了对电视图像的质量评价过程和标准，包括测试环境、信号源、测试人员的选择、测试过程、多种测试方法等，共有 40 多页的描述。其中一种测试方法是评价对图像质量损害的可感知程度，并用 5 个等级来定义其质量，见表 5.1。

表 5.1　ITU－R Rec.500 中对品质和削弱度量的定义

5 级 标 度			
品 质 度 量		削 弱 度 量	
5	优秀	5	不可察觉
4	良好	4	可察觉，不让人厌烦
3	一般	3	轻微的让人厌烦
2	差	2	让人厌烦
1	极差	1	非常让人厌烦

对于图像失真度量，常用的客观度量方法有峰值信噪比、均方误差、信噪比、平均绝对差分、拉普拉斯均方误差等，除了以上的差分失真度量之外，还有衡量图像之间相关度的

相关失真度量,如归一化互相关函数、相关质量等。

2. 容量

信息隐藏的本质是通信,因此信息隐藏的容量研究是信息隐藏的基础。研究隐藏容量需要回答两个问题:在某些条件(如不可察觉性、健壮性)的限制下,载体中能够隐藏消息的最大量是多少? 达到最大容量的隐藏方案是什么? 不同的载体在不可察觉的情况下可以隐藏的信息比特数不同,如在亮度均匀的图像中,微小的改变都会引起注意,而在纹理复杂的图像中则很难察觉变化,同样,在其他类型的载体中(如音频、视频等)隐藏容量的分析也是非常必要的。有些学者将图像模拟为高斯噪声源,其方差由平均噪声功率给出,信息隐藏容量通过计算高斯信道容量得到。

Pierre Moulin 和 Joseph A. O'Sullivan 对信息隐藏给出了基于信息论的分析,并在失真限制的情况下给出了隐藏容量的估计,对信息隐藏的理论研究具有重要意义[26]。

3. 健壮性

一般意义上的"健壮性"是指控制系统在一定(结构、大小)的参数摄动下,维持某些性能的特性。在信息隐藏中健壮性指的是在经过常规的信号处理操作后,仍能够检测到隐藏信息的能力,健壮性是信息隐藏的主要特征之一。

与加密一样,也存在对信息隐藏系统的攻击,此外,伪装对象在传递过程中也可能遭到某些非恶意的修改,如图像传输时,为了适应信道的带宽,需要对图像进行压缩编码。再如,图像处理技术(如平滑、滤波、图像变换等)以及数字声音的滤波,多媒体信号的格式转换等。所有这些正常的处理,都有可能导致隐藏信息的丢失。因此,一个好的信息隐藏系统需要一定的健壮性。

健壮性算法应该把需要隐藏的信息放置在信号感观最重要的部分上,因为信息隐藏在噪声部分里,很容易被去掉。而隐藏在感观最重要的部分,只要图像能够被正常使用,隐藏的信息就不会丢失,即将隐藏信息与载体的感观最重要的部分绑定在一起,其健壮性就会强很多。

一般而言,健壮性和嵌入强度成正比,也就是说,嵌入的强度越大,健壮性就越好。而嵌入强度的增大则会引起不可察觉性的降低,从而影响数字作品的质量。健壮性和容量成反比,在不增加嵌入强度的情况下,若提高健壮性则意味着容量的减少。一般来说,好的信息隐藏算法是不可察觉性、容量和健壮性三者的折中。

4. 安全性

信息隐藏的早期研究主要集中在健壮性、容量和不可感知性,致使人们认为只要隐藏能够满足较好的健壮性(不被一些常规处理方式删除)以及含隐藏信息的作品与原始作品在感知方面相似,就是安全的,就能满足实际应用的需要。但是随着实际应用需求和针对信息隐藏攻击的不断发展,仅研究健壮性问题已不能应对实际应用带来的挑战,安全性问题越来越得到重视。

衡量一个信息隐藏系统的安全性,要从系统自身算法的安全性和可能受到的攻击来进行分析。攻破一个信息隐藏系统可分为三个层次:证明隐藏信息的存在、提取隐藏信息和破坏隐藏的信息。如果一个攻击者能够证明一个隐藏信息的存在,那么这个系统就已经不安全了。在分析一个信息隐藏系统的安全问题时,应该假设攻击者具有无限的计算能力,并且能够也乐于尝试对系统进行各种类型的攻击。如果攻击者经过各种方法仍然不能确定是否有信息隐藏在一个载体中,那么这个系统可以认为是理论安全的。

信息隐藏的安全性指的是未经授权的使用者拥有接触原始信息隐藏信道权利的不可能性。换句话说,信息隐藏的安全性指的是未经授权的使用者删除、检测估计、写入或修改原始隐藏信息的不可能性。由此可见,安全性则指第三方接触到隐藏信道的不可能性,信息隐藏技术应确保攻击者不能发送和解密隐藏信息,或者破坏信道。

针对健壮性的攻击是指为了增加信息隐藏信道的错误概率的攻击,针对安全性的攻击是指为了获得系统秘密的攻击。

5.3 信息隐藏的方法

隐藏算法的结果应该具有较高的安全性和不可察觉性,并要求有一定的隐藏容量。隐写术和数字水印在隐藏的原理和方法等方面基本相同,不同的是它们的目的,隐写术是为了秘密通信,而数字水印是为了证明所有权,因而数字水印技术在健壮性方面的要求更严格一些。

信息隐藏的方法主要分为空间域算法和变换域算法两类。空间域方法通过改变载体信息的空间域特性来隐藏信息;变换域方法通过改变数据(主要指图像、音频、视频等)变换域的一些系数来隐藏信息。

5.3.1 空间域隐藏算法

较早的信息隐藏算法从本质上来说都是空间域上的,隐藏信息直接加载在数据上,载体数据在嵌入信息前不需要经过任何处理,如最低有效位(Least Significant Bit,LSB)算法和文档结构微调算法等。

1. 最低有效位算法

最低有效位算法是空间域信息隐藏的代表算法,该算法是利用原数据的最低几位来隐藏信息(具体取多少位,以人的听觉或视觉系统无法察觉为原则,对于图像来说,一般最低两比特位的修改不会给人的视觉造成很强的修改感觉)。对于数字图像,就是通过修改表示数字图像颜色(或颜色分量)的较低位平面,即通过调整数字图像中对感知不重要的像素低比特位来表达水印的信息,达到嵌入水印信息的目的。

LSB算法的优点是算法简单,嵌入和提取时不需耗费很大的计算量,通常计算速度比较快,而且很多算法在提取信息时不需要原始图像。但采用此方法实现的信息隐藏无法经受一些无损和有损的信息处理,不能抵抗如图像的几何变形、噪声污染和压缩等处理。

2. 文档结构微调算法

由 Brassil 等人首先提出了三种在通用文档图像(PostScript)中隐藏特定二进制信息的技术,隐藏信息通过轻微调整文档中的以下结构来完成编码,这包括:行移编码,即垂直移动文本行的位置;字移编码,即水平调整字符位置和距离;特征编码,即观察文本文档并选择其中一些特征量,根据要嵌入的信息修改这些特征,如轻微改变字体的形状等。该方法仅适用于文档图像类。

5.3.2 变换域隐藏算法

目前,变换域方法正日益普遍,因为在变换域嵌入的水印通常都有很好的健壮性,对图像压缩、常用的图像滤波以及噪声叠加等均有一定的抵抗力,并且一些水印算法还结合了当前的图像和视频压缩标准(如 JPEG、MPEG 等),因而有很大的实际意义。

1. 离散傅里叶变换(DFT)方法

对于二维数字图像 $f(x,y)$,$1 \leqslant x \leqslant M$,$1 \leqslant y \leqslant N$,其二维 DFT 将空域的图像转换成频域的 DFT 系数 $F(u,v)$,变换公式如下:

$$F(u,v) = \sum_{x=1}^{M} \sum_{y=1}^{N} f(x,y) \exp[-\mathrm{j}2\pi(ux/M + vy/N)], u = 1,\cdots,M, v = 1,\cdots,N$$

反变换的公式如下:

$$f(x,y) = \frac{1}{MN} \sum_{u=1}^{M} \sum_{v=1}^{N} F(u,v) \exp[(\mathrm{j}2\pi(ux/M + vy/N))], x = 1,\cdots,M, y = 1,\cdots,N$$

离散傅里叶变换具有平移、缩放的不变性。通过修改 DFT 系数 $F(u,v)$ 使其具有某种特征来嵌入隐藏的信息,通过反变换得到含隐藏信息的图像。提取时,对含隐藏信息的图像进行 DFT 变换,通过嵌入时使 DFT 系数 $F(u,v)$ 具有的某种特征来提取出所隐藏的信息。

2. 离散余弦变换(DCT)方法

仍以数字图像为例,数字图像可看作是一个二元函数在离散网格点处的采样值,可以表示为一个非负矩阵。

二维离散余弦变换定义如下:

$$F(u,v) = \alpha(u)\alpha(v) \sum_{x=0}^{N-1} \sum_{y=0}^{N-1} f(x,y) \cos \frac{(2x+1)u\pi}{2N} \cos \frac{(2y+1)v\pi}{2N}$$

逆变换定义为

$$f(x,y) = \sum_{u=0}^{N-1} \sum_{v=0}^{N-1} \alpha(u)\alpha(v) F(u,v) \cos \frac{(2x+1)u\pi}{2N} \cos \frac{(2y+1)v\pi}{2N}$$

式中

$$\alpha(0) = \sqrt{\frac{1}{N}} \quad \text{且} \quad \alpha(m) = \sqrt{\frac{2}{N}}, 1 \leqslant m \leqslant N$$

$f(x,y)$ 为图像的像素值;$F(u,v)$ 为图像做 DCT 变换后的系数。

一般,通过改变 DCT 的中频系数来嵌入要隐藏的信息。选择在中频分量编码是因为在高频编码易于被各种信号处理方法所破坏,而在低频编码则由于人的视觉对低频分量很敏感,对低频分量的改变易于被察觉。

3. 离散小波变换(DWT)方法

与传统的 DCT 变换相比,小波变换是一种变分辨率的、将时域与频域相联合的分析方法,时间窗的大小随频率自动进行调整,更加符合人眼视觉特性。小波分析在时域和频域同时具有良好的局部性,为传统的时域分析和频域分析提供了良好的结合。目前,小波分析已经广泛应用于数字图像和视频的压缩编码、计算机视觉、纹理特征识别等领域。由于小波分析在图像处理上的许多特点可以与信息隐藏的研究内容相结合,所以这种分析方法在信息隐藏和数字水印领域的应用也越来越受到广大研究者的重视,目前已有许多比较典型的基于离散小波变换的数字水印算法。

5.4 数字水印技术

前面已经提到,数字水印实质上是信息隐藏的一个应用,只是其含义、应用范围等有所不同,因此,信息隐藏的算法大部分都可以应用到数字水印中来。但是,数字水印在抗攻击性方面比一般的信息隐藏要求更严格,这是因为通常信息隐藏是在攻击者(窃密者)不确定是否有隐藏信息的情况下的攻击,而且窃密者面对大流量的信息,只能对那些有怀疑的目标进行攻击;而数字水印则不同,数字水印是镶嵌在多媒体数字作品中用来标识版权的数据,盗版者为了盗用别人的数字作品而不被控告,他会想方设法去破坏数字作品中可能的数字水印,使得在受到控告时,无法证明其中有原作者的水印。从这个角度来讲,数字水印受到的攻击要比信息隐藏可能受到的攻击强度更强,因此,设计数字水印算法时,应该比信息隐藏算法具有更强的抗攻击性,即要求数字水印具有更好的健壮性。

5.4.1 数字水印的形式和产生

数字水印从其表现形式上可以分为一串有意义的字符、一串伪随机序列、一个可视的图片(或二值图像或灰度图像)三大类。

第一类数字水印是为了在作品中标注作品的所有者、创作日期、发行部门以及其他需要标注的信息,它们可以是明文字符,将这些字符串以比特流的形式嵌入数字作品中。在提取水印时,按照提取算法提取出这些比特流,转换成字符串,就可以得到需要的水印信息。在以明文字符作为数字水印的情况中,需要考虑水印的健壮性。即使数字作品不受到恶意的攻击,它也应能够经受正常的处理引起的失真,如有损压缩、滤波、信号格式转换等。因此,为了避免由于一些小的信息失真而无法完全恢复明文字符,一般在将字符串作为水印嵌入数字作品之前,需要将水印首先进行纠错编码,对水印增加一些冗余度,使得它可以纠正由于一些小的误差引起的字符错误。这一类数字水印,从水印形式上说,是健壮性较差的水印,它需要更多的冗余度进行纠错编码,而且需要健壮性更强的水印嵌入算法来保证水印能够正确提取。这种水印的优点是直观明了,没有歧义,只要水印能够正确提取,就可以证明作品的版权。

第二类数字水印克服了第一类水印的缺点,它不是直接将明文字符作为水印,而是将需要标识的信息与一个伪随机序列串对应起来。比如,利用一个 Hash 函数,将需要嵌入的字符标识转换成一个数字,再将这个数字作为一个伪随机序列发生器的种子,产生一串伪随机数,这串伪随机数就唯一代表了原来的字符串,将伪随机数作为数字水印嵌入数字作品中。在需要验证作品的所有权问题时,用相应的水印提取算法提取出数字水印,这时提取出的数字水印不需要与原来的水印完全一样,通过相关性检测就可以判断有没有水印的存在。如果相关性很高,就可以判断提取出的水印与原来的水印很相似,也就是存在水印。可以说,利用相关性检测的水印,从水印的格式上来说,是健壮性比较好的水印。因为它不要求精确的水印恢复,提取出的水印和原始水印在每一个样点上都可能是不同的,但是只要它们的相关值很大,就可以判断水印的存在。

第三类数字水印是一种可视图像,它可以是一个人的手写签名或者是一些字符,以一个二值图像的形式保存,也可以是一个徽标形式,以二值图像(或灰度图像)的格式保存。将这些二值图像(或灰度图像)变为比特串,作为数字水印嵌入作品中。水印提取时,也是提取这些比特串,并把它们复原成原图像,由于数字作品受到可能的信号处理的破坏,或者恶意的攻击,因此恢复出的比特串会有误码,但是在误码不是足够大的情况下,它们所组成的二值图像仍然能够通过人眼来识别出原来的手写签名、字符或者是徽标。这一类水印主要是利用人眼的视觉冗余性,它可以容忍较大的比特误码,只要仍然能够识别出原来二值图像的样子,就可以断定有水印存在,也可以用相关性检测的方法判定水印是否存在。因此这一类水印从形式上来说,也是健壮性比较好的水印。

从以上介绍来看,水印的健壮性包含两个方面的含义,从选用水印的形式上以及水印算法上都要考虑。一方面,选择水印时应该考虑水印本身能够容忍一定的误码,如第二类水印和第三类水印;另一方面,设计水印算法时不仅要考虑水印算法的抗攻击能力,还要考虑水印检测方式。

5.4.2　数字水印框架

为了方便对数字水印算法的分析,结合各种可能的数字水印实现方案,本节给出了一个通用的数字水印实现框架,该框架可以概括目前通常采用的数字水印实现方案。

图 5.3 给出了数字水印框架结构,它由两部分组成:一部分是水印嵌入过程;另一部分是水印提取过程。水印提取的输出结果可以是水印本身,也可以是判断水印是否存在的判决结果,这取决于水印提取算法。数字水印系统的性能在很大程度上取决于所采用的水印加载方法。

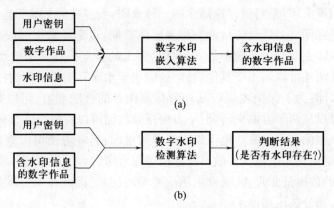

图 5.3　数字水印框架结构
(a) 数字水印嵌入过程; (b) 数字水印检测过程。

利用上述数字水印框架,可以分析目前提出的各种各样的数字水印方案。大部分的数字水印算法都是在预处理和嵌入算法上做文章。可以根据预处理的不同,把各种水印方案分类,如空间域水印(预处理为空操作)、变换域水印(预处理为各种变换);变换域水印中又根据变换域的不同,分为 DCT 变换域水印、小波变换域水印等。除了预处理的不同,还有嵌入算法的不同,它们的一些组合就构成了多种多样的数字水印算法。

水印的提取过程是根据相应的水印嵌入算法而设计的。某些算法需要原始数据进行对比,一般在提取水印时能够得到原始数据可以提高水印的健壮性,因为它不仅可以抵抗一般的失真,还可以有效的抵抗几何失真,如变形、缩放、剪切等。但是在许多应用中,不可能得到原始数据,如数据的跟踪和监控等;或者在一些应用中,如视频水印中,要处理的数据量很大,保存原始数据在实际中通常是不允许的;或者在未来的数字照相机中,拍摄出来的数字相片,就已经由数字相机嵌入了水印,因此并没有原始图片的产生。因此,当前的研究趋势是设计不需要原始数据的数字水印技术,这种技术具有更广泛的应用领域。

在设计水印算法时,首先需要考虑的就是水印的健壮性问题。一个好的数字水印算法,应该能够抵抗各种可能的攻击,包括有意或无意的破坏和攻击。由于空间域水印的健壮性较差,不能抵抗常用的信号处理,因此在实际应用中通常不被采用。目前,研究最多的数字水印技术都是基于变换域的,并出现了大量的变换域数字水印算法。这些方法大都是针对某种特定的攻击(或处理),对载体进行相应的处理,然后在处理后载体的某种相对稳定成分上嵌入水印。在设计健壮性的数字水印算法时,通常需要找到在某一种变换下的相对不变量,将水印嵌入在这些相对不变量中,这样,就可以在一定程度上抵抗相应的攻击或破坏。当然,在水印嵌入的强度上要折中考虑对载体信号的影响。

5.4.3 数字水印的分类

下面分别从水印的载体、外观、加载方法和检测方法等几个方面讨论数字水印的分类。

1. 从水印的载体上分类

加载数字水印的数字产品,可以是任何一种多媒体类型。根据载体类型的不同,可以把数字水印分为以下几种:

(1)静止图像水印:是目前讨论最多的一种水印,大多数的文献都是讨论静止图像水印。数字图像是在网络上广泛流传的一种多媒体数据,也是经常引起版权纠纷的一类载体。静止图像水印主要利用图像中的冗余信息和人的视觉特点来加载水印。当然,有些静止图像水印算法还可以适用于其他载体,这取决于水印算法所采用的技术。

(2)视频水印:为了保护视频产品和节目制作者的合法利益,可以采用视频水印技术。视频水印可以从两个方面来研究:一方面视频数据可以看成由许多帧静止图像组成,因此适用于静止图像的水印算法也可以用于视频水印;另一方面可以直接从视频数据入手,找出视频数据中对人眼视觉不敏感的部位进行水印嵌入。通常,后一种方法是比较有效的,因为视频的数据量非常大,通常采用压缩编码技术,因此在每一帧静止图像中隐藏的水印信息将大部分被压缩掉了。

(3)音频水印:加载在声音媒体上的水印可以保护声音数字产品,如 CD、广播电台的节目内容等。音频水印也主要利用音频文件的冗余信息和人类听觉系统的特点来加载水印。加载音频水印的方法主要有低比特位编码方法、相位编码方法、扩频嵌入方法和回声隐藏方法。

(4)软件水印:是近年来提出并开始研究的一种水印,它是镶嵌在软件中的一些模块或数据,通过这些模块或数据,可以证明该软件的版权所有者和合法使用者等信息。软件这种载体与前面几种载体有着明显的不同,图像、视频和音频信号这几种载体所包含的全部信息都在原始信息载体上,而软件这种载体表达的信息非常复杂,并且软件在不同操作系统、不同编程语言实现的情况下,表现也不相同。因此软件水印的研究不同于前面几种载体的水印研究。

软件水印根据水印的生成时机和存放的位置,可以分为静态水印和动态水印两类。静态水印不依赖于软件的运行状态,可以在软件编制时或编制完成后被直接加入。动态水印依赖于软件的运行状态,通常是在一类特殊的输入下才会产生,水印的验证也是在特定的时机下才能完成。

(5)文档水印:文档水印基本上是利用文档所独有的特点,水印信息通过轻微调整文档中的行间距、字间距、文字特性(如字体)等结构来完成编码。文档水印所用的算法一般仅适用于文档图像类。

2. 从外观上分类

从外观上水印可分为可见水印和不可见水印两大类,更准确地说是可察觉水印和不可察觉水印两大类。

(1)可见水印:最常见的例子是有线电视频道上所特有的半透明标识,其主要目的在于明确标识版权,防止非法的使用,虽然降低了资料的商业价值,却无损于所有者的使用。

(2)不可见水印:是将水印隐藏,视觉上不可见(严格说应是无法察觉),目的是为了将来起诉非法使用者,作为起诉的证据。不可见水印往往用在商业用的高质量图像上,而且往往配合数据解密技术一同使用。

3. 从水印的加载方法上分类

数字水印算法的性能(如安全性、不可感知性、可证明性和健壮性等)在相当程度上取决于所采用的水印加载方法。根据水印加载方法的不同,可以分为空间域水印和变换域水印两大类。

4. 从水印的检测方法上分类

(1)私有水印和公开水印:在检测水印时,如果需要参考未加水印的原始载体(图像、声音等),则这类水印方案被 Cox 等人称为私有水印方案;反之,如果检测中无需参考原始载体,则这类水印方案称为公开水印方案。

(2)私钥水印和公钥水印:类似于密码学中的私钥密码和公钥密码,水印算法中也可根据所采用的用户密钥不同,分为私钥水印和公钥水印方案。私钥水印方案在加载水印和检测水印过程中采用同一密钥,因此,只有水印嵌入者才能够检测水印,证明版权。公钥水印在水印的加载和检测过程中采用不同的密钥,由所有者用一个仅有其本人知道的密钥加载水印,加载了水印的载体可由任何知道公开密钥的人来进行检测,也就是说任何人都可以进行水印的提取或检测,但只有所有者可以插入或加载水印。

5. 从水印特性上分类

按水印的特性可以将数字水印分为健壮性数字水印和脆弱性数字水印两类。健壮性数字水印主要用于在数字作品中标识著作权信息,如作者、作品序号等,它要求嵌入的水印能够经受各种常用的信号处理操作,包括无意的或恶意的处理,如有损压缩、滤波、平滑、信号裁剪、图像增强、重采样、几何变形等。

脆弱性数字水印主要用于完整性保护,与健壮性水印的要求相反,脆弱性水印必须对信号的改动很敏感,人们根据脆弱水印的状态就可以判断数据是否被篡改过。它的特点是载体数据经过很微小的处理后,所加载的水印就会被改变或毁掉。脆弱性水印通常是用在证明图像的真实性、检测或确定图像内容的改动等方面,例如,如果图像中的水印被发现受到了破坏,则可证明图像遭到了篡改。

6. 从使用目的上分类

从使用目的上数字水印可以分为版权标识水印和数字指纹水印两种。版权标识水印又称为基于数据源的水印,水印信息标识作者、所有者、发行者、使用者等,并携带有版权保护信息和认证信息,用于发生版权纠纷时的版权认证,还可用于隐藏标识、防复制等。数字指纹水印又称为基于数据目的的水印,主要包含一些关于本件产品的版权信息或者购买者的个人信息,可以用于防止数字产品的非法复制和非法传播。

5.4.4　数字水印的应用

数字水印有着广阔的应用前景,数字水印的应用主要表现在版权保护、操作跟踪、内容认证、内容标识、复制控制、设备控制等方面。

(1) 版权保护:数字水印技术的出现,使得水印可以不被感知且和包含它们的内容密不可分,因而比文本等直接标示在作品中更适用于版权保护。如果作品的使用者拥有水印检测器,那么就可以确定带水印的作品的拥有者,即使是在使用了可消除文本版权标志的方法修改了作品后,也可将数字水印技术和密码学结合起来,如为了表明对数字产品内容的所有权,所有者 A 用私钥产生水印并将其嵌入原图像(以图像为例)中,然后即可公开加载过水印的图像,如果 B 声称对公开的有水印的图像有所有权,那么 A 可以用原图像和私钥证明在 B 声称的图像中有 A 的水印,由于 B 无法得到原图像,B 无法进行同样的证明。但在这样的应用中,水印必须有足够的健壮性,同时也必须能防止被伪造。

(2) 操作跟踪:为了避免数字产品被非法复制和散发,可在其每个产品复制中分别嵌入独一无二的数字标识序列(称为数字指纹)。如果发现了未经授权的复制,则通过检索指纹来追踪其来源,查明应由谁负责,以确定盗版者。在此类应用中,水印必须是不可见的,而且能抵抗恶意的擦除、伪造,以及合谋攻击等。

(3) 内容认证:通过使用那些很难被检测到的方法,使得篡改数字作品变得越来越容易,因此在许多应用中,需要验证数字内容未被修改或假冒。尽管数字产品的认证可通过传统的密码技术来完成,但利用数字水印来进行认证和完整性校验的优点在于,认证同内容是密不可分的,因此简化了处理过程。利用数字水印不仅可以检测是否被篡改,而且还可以判定被篡改的位置。

(4) 内容标识:在此类应用中,嵌入的水印信息只是构成对作品的一个注释,提供有关数字产品内容的进一步的信息。例如,在图像上标注拍摄的时间和地点,这可以由照相机中的微处理器自动完成。数字水印可用于隐藏标识和标签,可在医学、制图、多媒体索引和基于内容的检索等领域得到应用。

(5) 复制控制:在特定的应用系统中,多媒体内容需要特殊的硬件来复制和观看使用,嵌入水印来标识允许的复制数,每复制一份,进行复制的硬件会修改水印内容,将允许的复制数减1,以防止大规模的盗版。

(6) 设备控制:通过在数字媒体中嵌入水印,水印信息包括媒体在创建时的有关信息,如时间、所用设备、所有者等相关信息。媒体的播放设备,如 VCD 和 DVD 刻录机、扫描仪、打印机和影印机中也相应地加入了自动检测水印这一模块,而且这一模块无法绕过,当它们没有检测到相应的水印信息或发现水印信息是未经授权,设备将拒绝工作,这样将更有效地保护数字产品的版权,防止未经授权的复制和盗用。

对水印技术的要求随着应用的不同而不同,针对不同的应用,采用的技术也不一样。一个水印方案很难满足所有应用的所有要求,因此,数字水印算法往往是针对某类应用而设计的,需要对数字水印的算法进行不断的研究,以满足不断增长的对数字水印在各方面应用的需求。

5.5　信息隐藏的攻击

信息隐藏的研究分为隐藏技术和隐藏攻击技术两部分。隐藏技术主要研究向载体对象中嵌入秘密信息,而隐藏攻击技术则主要研究对隐藏信息的检测、破解秘密信息或通过对隐藏对象处理从而破坏隐藏的信息和阻止秘密通信。信息隐藏攻击者的主要目的有:检测隐藏信息的存在性;估计隐藏信息的长度和提取隐藏信息;在不对隐藏对象做大改动的前提下,删除或扰乱隐藏对象中的嵌入信息。一般称前两种为主动攻击,最后一种为被动攻击。对不同用途的信息隐藏系统,其攻击者的目的也不尽相同。信息隐藏技术始终是在隐藏和攻击的斗争中发展壮大的。

5.5.1　信息隐藏分析

自古以来,有矛就有盾,矛和盾的发展是相互促进的,有了更锋利的矛,就会研制更坚固的盾;有了坚固的盾,又促使人们研制更加锋利的矛。它们是一种相互促进、螺旋式上升的关系。而信息的安全保密也是这样一种矛和盾的关系。在古代,最初的密码只使用字母代换就可以保护信息,针对这种密码,人们通过研究字母出现的频率来分析其代换表,直至最终破译此类密码。现代密码技术也是如此,每一种密码算法都需要经受各种分析和攻击,分析其安全性,直到在现有计算技术的基础上认为无法破译时,才认为是安全的。

在现代的信息隐藏技术出现后,其对立面——信息隐藏分析也在同步发展着。一方面,为了确定信息隐藏的安全性,需要从攻击者(或窃听者)的角度来进行研究,信息隐藏的目的是要不引起攻击者(或窃听者)的怀疑,如果伪装对象引起了攻击者的怀疑,那么就达不到隐藏的目的。因此研究信息隐藏,必然要分析隐藏对载体产生的修改会不会引起攻击者的怀疑,或者隐藏的信息能不能抵抗攻击者对伪装对象的善意或者恶意的修改。另一方面,信息隐藏又是一把双刃剑,它既可以被正义一方使用,保护国家机密或个人隐私不被非法泄露;又可能被违法犯罪分子使用,如犯罪分子使用信息隐藏技术传递信息,逃避公安机关的监控。因此,为了保证信息隐藏技术能够被合法和正常的使用,也需要研究信息隐藏的对立面——信息隐藏的分析,使得在需要时,国家能够对信息的传递进行监控和管理。

尽管信息隐藏分析非常重要,但是由于利用多媒体的现代信息隐藏技术也只是在近十几年,特别是近几年才受到重视,得到较大发展的,因此信息隐藏分析的研究仍然处于起步阶段。尽管如此,信息隐藏和分析这一对矛和盾一直在相互促进地发展着。

5.5.2　隐藏分析的方法

隐藏分析需要在载体对象、伪装对象和可能的部分秘密消息之间进行比较。隐藏的信息可以加密也可以不加密,如果隐藏的信息是加密的,那么即使隐藏信息被提取出来了,还需要使用密码破译技术,才能得到秘密信息。在信息隐藏分析中,可以定义一些下面隐藏分析方法:

(1) 仅知伪装对象攻击:只能得到伪装对象进行分析。

(2) 已知载体攻击:可以得到原始载体和伪装对象进行分析。

(3) 已知消息攻击:攻击者可以获得隐藏的消息。即使这样,攻击同样是非常困难的,甚至可以认为难度等同与仅知伪装对象攻击。

(4) 选择伪装对象攻击:已知隐藏算法和伪装对象进行攻击。

(5) 选择消息攻击:攻击者可以用某个隐藏算法对一个选择的消息产生伪装对象,然后分析伪装对象中产生的模式特征。它可以用来指出在隐藏中具体使用的隐藏算法。

(6) 已知隐藏算法、载体和伪装对象攻击:已知隐藏算法和伪装对象,并且能得到原始载体情况下的攻击。

即使定义了信息隐藏的几类分析方法,并假定攻击者有最好的攻击条件,提取隐藏的信息仍然是非常困难的,对于一些健壮性非常强的隐藏算法,破坏隐藏信息也不是一件容易的事情。下面具体介绍发现隐藏信息、提取隐藏信息和破坏隐藏信息的方法。

1. 发现隐藏信息

在信息隐藏分析中,应该根据可能的信息隐藏的方法,分析载体中的变化,来试图判断是否隐藏了信息。

对于在时域(或空间域)的最低比特位隐藏信息的方法,主要是用秘密信息比特替换了载体的量化噪声和可能的信道噪声。在对这类方法的隐藏分析中,如果在仅知伪装对象的情况下,那么只能是从感观上感觉载体有没有降质,如看图像是不是出现明显的质量下降,对声音信号,听是不是有附带的噪声,对视频信号,要观察是不是有不正常的画面跳动或者噪声干扰等。如果还能够得到原始载体(已知载体攻击的情况下),可以对比伪装对象和原始载体之间的差别,这里应该注意,应区别正常的噪声和用秘密信息替换后的噪声。正常的量化噪声应该是高斯分布的白噪声,而用秘密信息替换后(或者秘密信息加密后再替换),它们的分布就可能不再满足高斯分布了,因此,可以通过分析伪装对象和原始载体之间的差别的统计特性,来判断是否存在信息隐藏。

在带调色板和颜色索引的图像中,调色板的颜色一般按照使用最多到使用最少进行排序,以减少查寻时间以及编码位数。颜色值之间可以逐渐改变,但很少以 1 位增量方式变化。灰度图像颜色索引是以 1 位增长的,但所有的 RGB 值是相同的。如果在调色板中出现图像中没有的颜色,那么图像一般是有问题的。如果发现调色板颜色的顺序不是按照常规的方式排序的,那么也应该怀疑图像中有问题。对于在调色板中隐藏信息的方法,一般是比较好判断的。即使无法判断是否有隐藏信息,对图像的调色板进行重新排序,按照常规的方法重新保存图像,也有可能破坏掉用调色板方法隐藏的信息,同时对传输的图像没有感观的破坏。

对于用变换域技术进行的信息隐藏,其分析方法就不是那么简单了。首先,从时域

（或空间域）的伪装对象与原始载体的差别中，无法判断是否有问题，因为变换域的隐藏技术，是将秘密信息嵌入在变换域系数中，也就是嵌入在载体能量最大的部分中，而转换到时域（或空间域）中后，嵌入信息的能量是分布在整个时间或空间范围中的，因此通过比较时域（或空间域）中的伪装对象与原始载体的差别，无法判断是否隐藏了信息。因此，要分析变换域信息隐藏，还需要针对具体的隐藏技术，分析其产生的特征。这一类属于已知隐藏算法、载体和伪装对象的攻击。

另外，对于以变形技术进行的信息隐藏，通过细心的观察就可能发现破绽。如在文本中，注意到一些不太规整的行间距和字间距，以及一些不应该出现的空格或其他字符等。

对于由载体生成技术产生的伪装载体，通过观察可以发现与正常文字的不同之处，比如，用模拟函数产生的文本，尽管它符合英文字母出现的统计特性，以及能够躲过计算机的自动监控，但是人眼一看就会发现根本不是一篇正常的文章。对于由英语文本自动生成技术产生的文本，尽管它产生的每一个句子都是符合英文语法的，但是通过阅读就会发现问题，比如，句与句之间内容不连贯，段落内容混乱，通篇文章没有主题，内容晦涩不通等，它与正常的文章有明显的不同。因此通过人的阅读就会发现问题，意识到有隐藏信息存在。

还有一些隐藏方法是在文件格式中隐藏信息的，如声音文件（＊.wav）、图像文件（＊.bmp）等，在这些文件中，先有一个文件头信息，主要说明了文件的格式、类型、大小等数据，然后是数据区，按照前面定义的数据的大小区域存放声音或图像数据。而文件格式的隐藏就是将要隐藏的信息粘贴在数据区之后，与载体文件一起发送。任何人都可以用正常的格式打开这样的文件，因为文件头没有变，而且读入的数据尺寸是根据文件头定义的数据区大小来读入的，因此打开的文件仍然是原始的声音或图像文件。这种隐藏方式的特点是隐藏信息的容量与载体的大小没有任何关系，而且隐藏信息对载体没有产生任何修改。它容易引起怀疑的地方就是，文件的大小与载体的大小不匹配，比如，一个几秒的声音文件以一个固定的采样率采样，它的大小应该是可以计算出来的，如果实际的声音文件比它大许多，就说明可能存在以文件格式方式隐藏的信息。

另外，在计算机磁盘上的未使用的区域也可以用于隐藏信息，可以通过使用一些磁盘分析工具来查找未使用区域中存在的信息。

2. 提取隐藏信息

如果察觉到载体中隐藏有信息，那么接下来的任务就是试图提取秘密信息。提取信息是更加困难的一步，首先，在不知道发送方使用什么方法隐藏信息的情况下，要想正确提取出秘密信息是非常困难的。即使知道发送方使用的隐藏算法，但是对伪装密钥、秘密信息嵌入位置等仍然是不知道的，其困难可以说是等同于前一种情况。再退一步，即使能够顺利地提取出嵌入的比特串，但是如果发送方在隐藏信息之前首先进行了加密，那么要想解出秘密信息，还需要完成对密码的破译工作。一般情况下，为了保证信息传递的安全，除了用伪装的手段掩盖机密信息传输的事实外，还同时采用了密码技术对信息本身进行保护，使用了双重安全保护。可见，要想从一个伪装对象中提取出隐藏的秘密信息是很困难的。

这里只介绍两种简单的隐藏信息提取方法：

（1）在空间域中的 LSB 隐藏信息提取方法。将伪装对象的最低比特位（或者最低几个比特位)的数据提取出来,以显示明文信息。这里应该考虑到,发送方在信息隐藏时为了平衡隐藏信息的健壮性和安全性而可能选择的比特位,如果嵌入在最低比特位,它很容易受到一般噪声的影响,健壮性比较差;而隐藏在较高比特位中,又可能对感观的影响较大。例如,在 8 位灰度图像中,一般改变后 4 位都不会影响人眼对图像的视觉效果。因此,在提取时,应该顺序检查最低的后 4 位,并检查是在哪一个位平面上的隐藏,或者是在哪几个位平面上的隐藏。在这里,如果发送方是以明文方式隐藏的,那么还比较好识别;如果信息是加密后再隐藏,那就很难确定究竟哪些是隐藏的信息了。同时要想提取出秘密信息,首先需要进行密码破译。

(2) 文件格式的隐藏信息提取方法。利用这种方法比较容易提取隐藏的信息,如果发现一个多媒体文件的大小比实际数据量大很多,则可以肯定是采用文件格式法隐藏了信息。根据文件的格式,找到粘贴额外数据的地方,就可以得到附带的秘密信息。如果秘密信息是加密的,则还需要破译密码。

3. 破坏隐藏信息

在信息监控时,如果发现有可疑的文件在传输,但是又无法提取出秘密信息,无法掌握确凿的证据证明其中确实有问题,这时可以采取的对策就是,让伪装对象在信道上通过,但是破坏掉其中有可能嵌入的信息,同时对伪装载体不产生感观上的破坏,使得接收方能够接收到正常的载体,但是无法正确提取出秘密信息。这样也能够达到破坏非法信息秘密传递的目的。

对于以变形技术在文本的行间距、字间距、空格和附加字符中隐藏的信息,可以通过使用字处理器打开后,将其格式重新调整后再保存,这样就可以去掉有可能隐藏的信息。在第二次世界大战中,检查者截获了一船手表,他们担心手表的指针位置隐含了信息,因此对每一个手表的指针都做了随机调整,这也是一个类似的破坏隐藏信息的方法。

对于时域(或空间域)中的 LSB 隐藏方法,可以采用叠加噪声的方法破坏隐藏信息,还可以通过一些有损压缩处理(如图像压缩、语音压缩等)对伪装对象进行处理,由于LSB 方法是隐藏在图像(或声音)的不重要部分,经过有损压缩后,这些不重要的部分很多被去掉了,因此可以达到破坏隐藏信息的目的。

而对于采用变换域的信息隐藏技术,要破坏其中的信息就困难一些。因为变换域方法是将秘密信息与载体的最重要部分"绑定"在一起,比如,在图像中的隐藏,是将秘密信息分散嵌入在图像的视觉重要部分,因此,只要图像没有被破坏到不可辨认的程度,隐藏信息都应该是存在的。对于用变换域技术进行的信息隐藏,采用叠加噪声和有损压缩的方法一般是不行的。可以采用的有效的方法,包括图像的轻微扭曲、裁剪、旋转、缩放、模糊化、数字到模拟和模拟到数字的转换(图像的打印和扫描,声音的播放和重新采样)等;还可以采用变换域技术再嵌入一些信息等。将这些技术结合起来使用,可以破坏大部分的变换域的信息隐藏。

5.5.3　隐藏分析的目的

信息隐藏分析的目的有三个层次:第一,要回答在一个载体中,是否隐藏有秘密信息;第二,如果藏有秘密信息,提取出秘密信息;第三,如果藏有秘密信息,不管是否能提取出秘密信息,都不想让秘密信息正确到达接收者手中。因此,第三步就是将秘密信息破坏,但是又不影响伪装载体的感观效果(视觉、听觉、文本格式等),也就是说使得接收者能够正确接收到伪装载体,但是又不能正确提取秘密信息,并且无法意识到秘密信息已经被攻击。

我们讨论破坏隐藏信息的方法,不是有意提倡非法破坏正常的信息隐藏,它主要有两个方面的作用:一方面,用于国家安全机关对违法犯罪分子的信息监控过程中,为了对付犯罪分子利用信息隐藏技术传递信息,可以采用破坏隐藏信息的手段;另一方面,是用于合法的信息隐藏技术的辅助手段,作为一个评估系统,来研究一个隐藏算法的健壮性。当我们研究信息隐藏算法时,为了证明其安全性,必须有一个有效的评估手段,检查其能否经受各种破坏,需要了解这一算法的优点何在、能够经受哪几类破坏、其弱点是什么、对哪些攻击是无效的,根据这些评估,才能确定一个信息隐藏算法适用的场合。因此,研究信息隐藏的破坏是研究安全的信息隐藏算法所必须的。

本 章 小 结

信息隐藏的目的是为了实现安全的、不被察觉的秘密信息的传递。本章给出了信息隐藏的定义、信息隐藏的分类和信息隐藏的应用。但是信息隐藏是一门新兴的学科,信息隐藏的理论基础还不是很完备,很多基础理论问题还没有解决,如信息隐藏的数学模型如何建立、感知系统度量、信息隐藏的容量极限计算等。随着网络技术的发展和信息化程度的深入,数字信息的版权保护问题、信息的真实性问题等将日益受到重视,数字水印技术是一种较为有效的解决方案。数字水印是信息隐藏的一个最重要的分支,也是目前学术界研究的一个前沿热门方向。它可为各种数字多媒体产品提供一种可行的版权保护措施。

信息隐藏算法在设计时会考虑不引起人的感观察觉,但是隐藏算法都会或多或少破坏原始载体的某些统计特性,信息隐藏的分析就是试图发现那些被改变了的特性,以此来发现那些藏有秘密信息的载体,破坏秘密信息的传递。同时,对信息隐藏分析研究也会更好地促进信息隐藏技术的发展。

思 考 题

1. 简述信息隐藏技术的主要应用。
2. 信息隐藏和数据加密的主要区别是什么?
3. 一个好的信息隐藏算法应具有哪些性能?
4. 信息隐藏的方法主要有哪些?
5. 举例说明数字水印技术的具体应用。
6. 为什么要研究信息隐藏分析?

第6章 访问控制与防火墙

访问控制是信息安全的一个重要组成部分。互联网络的蓬勃发展,为信息资源的共享提供了更加完善的手段,也给信息安全提供了更为丰富的研究材料。自20世纪70年代起,Denning、Bell、Lapadula和Biba等人对信息安全模型进行了大量的基础研究,系统安全模型得到了广泛的研究,并在各种系统中实现了多种安全模型。

防火墙是一种用来加强网络之间访问控制、防止外部网络用户以非法手段通过外部网络进入内部网络,访问内部网络资源,保护内部网络操作环境的特殊网络互连设备。它对两个或多个网络之间传输的数据包和链接方式按照一定的安全策略对其进行检查,来决定网络之间的通信是否被允许,并监视网络运行状态。

 ## 6.1　访 问 控 制

国际标准化组织(ISO)在网络安全标准ISO7498—2中定义了5种层次型安全服务,即身份认证服务、访问控制服务、数据保密服务、数据完整性服务和不可否认服务,因此,访问控制是信息安全的一个重要组成部分。

6.1.1　访问控制的模型

访问控制是指主体依据某些控制策略或权限对客体本身或其资源进行的不同授权访问。访问控制包括主体、客体和控制策略三个要素,其中主体(Subject)是指一个提出请求或要求的实体,是动作的发起者,但不一定是动作的执行者,简记为S;客体(Object)是接受其他实体访问的被动实体,简记为O;控制策略是主体对客体的操作行为集和约束条件集,简记为KS。

建立规范的访问控制模型,是实现严格访问控制策略所必须的。访问控制模型是一种从访问控制的角度出发,描述安全系统,建立安全模型的方法。访问控制安全模型一般包括主体、客体,以及为识别和验证这些实体的子系统和控制实体间访问的监视器,它们之间的行为关系如图6.1所示。

下面介绍几种著名的访问控制模型。

1. 自主访问控制模型

自主访问控制(Discretionary Access Control,DAC)模型是根据自主访问控制策略建立的一种模型,允许合法用户以用户或用户组的身份访问策略规定的客体,同时阻止非授权用户访问客体,某些用户还可以自主地把自己所拥有的客体的访问权限授予其他用户。自主访问控制又称为任意访问控制。Linux,UNIX、Windows NT或Server版本的操作系统都提供自主访问控制的功能。在实现上,首先要对用户的身份进行鉴别,然后就可以按照访问控制列表所赋予用户的权限,允许和限制用户使用客体的资源。主体控制权限的修

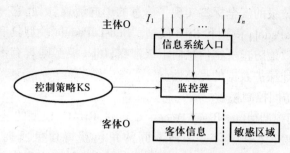

图 6.1　访问控制关系示意图

改通常由特权用户(管理员)或特权用户组实现。

任意访问控制对用户提供的这种灵活的数据访问方式,使得 DAC 模型广泛应用在商业和工业环境中。由于用户可以任意传递权限,那么没有访问某一文件权限的用户 A 就能够从有访问权限的用户 B 那里得到访问权限或直接获得该文件。因此,DAC 模型提供的安全防护还是相对比较低的,不能给系统提供充分的数据保护。

自主访问控制模型的特点是授权的实施主体(可以授权的主体、管理授权的客体、授权组)自主负责赋予和回收其他主体对客体资源的访问权限。DAC 模型一般采用访问控制矩阵和访问控制列表来存放不同主体的访问控制信息,从而达到对主体访问权限的限制目的。

2. 强制访问控制模型

强制访问控制(Mandatory Access Control,MAC)模型最初是为了实现比 DAC 模型更为严格的访问控制策略,美国政府和军方开发了各种各样的控制模型,这些方案或模型都有比较完善的和详尽的定义。随后,逐渐形成强制访问控制模型,并得到广泛的商业关注和应用。在 DAC 模型访问控制中,用户和客体资源都被赋予一定的安全级别,用户不能改变自身和客体的安全级别,只有管理员才能够确定用户和组的访问权限。和 DAC 模型不同的是,MAC 模型是一种多级访问控制策略,它的主要特点是系统对访问主体和受控对象实行强制访问控制,系统事先给访问主体和受控对象分配不同的安全级别属性,在实施访问控制时,系统先对访问主体和受控对象的安全级别属性进行比较,再决定访问主体能否访问该受控对象。MAC 模型对访问主体和受控对象标识两个安全标记:一个是具有偏序关系的安全等级标记;另一个是非等级分类标记。主体和客体在分属不同的安全类别时,用 SC 表示它们构成的一个偏序关系,比如,TS 表示绝密级,就比密级 S 要高,当主体 S 的安全类别为 TS,而客体 O 的安全类别为 S 时,用偏序关系可以表述为 $SC(S) \geqslant SC(O)$。根据偏序关系,主体对客体的访问主要有 4 种方式:

(1) 向下读(Read Down,RD):主体安全级别高于客体信息资源的安全级别时允许查阅的读操作。

(2) 向上读(Read Up,RU):主体安全级别低于客体信息资源的安全级别时允许的读操作。

(3) 向下写(Write Down,WD):主体安全级别高于客体信息资源的安全级别时允许执行的动作或写操作。

(4) 向上写(Write Up,WU):主体安全级别低于客体信息资源的安全级别时允许执行的动作或写操作。

由于 MAC 通过分级的安全标签实现了信息的单向流通,因此它一直被军方采用,其中最著名的是 Bell-LaPadula 模型和 Biba 模型。Bell-LaPadula 模型具有只允许向下读、向上写的特点,可以有效地防止机密信息向下级泄露;Biba 模型则具有不允许向下读、向上写的特点,可以有效地保护数据的完整性。

3. 基于角色的访问控制模型

基于角色的访问控制(Role-Based Access Control,RBAC)模型的基本思想是将访问许可权分配给一定的角色,用户通过饰演不同的角色获得角色所拥有的访问许可权。RBAC 模型从控制主体的角度出发,根据管理中相对稳定的职权和责任来划分角色,将访问权限与角色相联系,这点与传统的 MAC 模型和 DAC 模型将权限直接授予用户的方式不同;通过给用户分配合适的角色,让用户与访问权限相联系。角色成为访问控制中访问主体和受控对象之间的一座桥梁。

角色可以看作是一组操作的集合,不同的角色具有不同的操作集,这些操作集由系统管理员分配给角色,依据不同角色,每个主体只能执行自己所规定的访问功能。用户在一定的部门中具有一定的角色,其所执行的操作与其所扮演角色的职能相匹配,这正是基于角色的访问控制(RBAC 模型)的根本特征,即依据 RBAC 模型策略,系统定义了各种角色,每种角色可以完成一定的职能,不同的用户根据其职能和责任被赋予相应的角色,一旦某个用户成为某角色的成员,则此用户可以完成该角色所具有的职能。

RBAC 模型中引进了角色的概念,用角色表示访问主体具有的职权和责任,灵活地表达和实现了企业的安全策略,使系统权限管理在企业的组织视图这个较高的抽象集上进行,从而简化了权限设置的管理,从这个角度看,RBAC 模型很好地解决了企业管理信息系统中用户数量多、变动频繁的问题。

相比较而言,RBAC 模型是实施面向企业的安全策略的一种有效的访问控制方式,它具有灵活性、方便性和安全性的特点,目前在大型数据库系统的权限管理中得到普遍应用。角色由系统管理员定义,角色成员的增减也只能由系统管理员来执行,即只有系统管理员有权定义和分配角色。用户与客体无直接联系,他只有通过角色才享有该角色所对应的权限,从而访问相应的客体,因此用户不能自主地将访问权限授给别的用户,这是 RBAC 模型与 DAC 模型的根本区别所在。RBAC 模型与 MAC 模型的区别在于:MAC 模型是基于多级安全需求的,而 RBAC 模型则不是。

4. 基于任务的访问控制模型

基于任务的访问控制(Task-Based Access Control,TBAC)模型是从应用和企业层角度来解决安全问题,以面向任务的观点,从任务(活动)的角度来建立安全模型和实现安全机制,在任务处理的过程中提供动态实时的安全管理。

在 TBAC 模型中,对象的访问权限控制并不是静止不变的,而是随着执行任务的上下文环境发生变化。TBAC 模型首要考虑的是在工作流的环境中对信息的保护问题,即在工作流环境中,数据的处理与上一次的处理相关联,相应的访问控制也是如此,因而 TBAC 模型是一种上下文相关的访问控制模型;其次,TBAC 模型不仅能对不同工作流实行不同的访问控制策略,而且还能对同一工作流的不同任务实例实行不同的访问控制策略。从这个意义上说,TBAC 模型是基于任务的,这也表明,TBAC 模型是一种基于实例的访问控制模型。

TBAC 模型由工作流、授权结构体、受托人集、许可集组成。

任务是工作流程中的一个逻辑单元,是一个可区分的动作,与多个用户相关,也可能包括几个子任务。工作流是为完成某一目标而由多个相关的任务(活动)构成的业务流程。授权结构体是任务在计算机中进行控制的一个实例,一个任务对应于一个授权结构体,任务中的子任务对应于授权结构体中的授权步。

授权结构体是由一个或多个授权步组成的结构体,它们在逻辑上是联系在一起的,任何一个授权步失败都会导致整个结构体的失败。其中,授权步表示一个原始授权处理步,是访问控制所能控制的最小单元,是指在一个工作流程中对处理对象的一次处理过程,由受托人集和多个许可集组成。授权结构体之间以及授权步之间通过依赖关系联系在一起,依赖反映了基于任务的访问控制的原则。在 TBAC 模型中,一个授权步的处理可以决定后续授权步对处理对象的操作许可。

受托人集是可被授予执行授权步的用户的集合,许可集则是受托集的成员被授予授权步时拥有的访问许可。

TBAC 模型的访问政策及其内部组件关系一般由系统管理员直接配置。通过授权步的动态权限管理,TBAC 模型支持最小特权原则和最小泄露原则,在执行任务时只给用户分配所需的权限,未执行任务或任务终止后用户不再拥有所分配的权限;而且在执行任务过程中,当某一权限不再使用时,授权步自动将该权限回收;另外,对于敏感的任务需要不同的用户执行,这可通过授权步之间的分权依赖实现。

TBAC 模型从工作流中的任务角度建模,可以依据任务和任务状态的不同,对权限进行动态管理。因此,TBAC 模型非常适合分布式计算和多点访问控制的信息处理控制以及在工作流、分布式处理和事务管理系统中的决策制定。

5. 基于对象的访问控制模型

DAC 模型或 MAC 模型的主要任务都是对系统中的访问主体和受控对象进行一维的权限管理,当用户数量多、处理的信息数据量巨大时,用户权限的管理任务将变得十分繁重,并且用户权限难以维护,这就降低了系统的安全性和可靠性。对于海量的数据和差异较大的数据类型,需要用专门的系统和专门的人员加以处理,如果是采用 RBAC 模型,安全管理员除了维护用户和角色的关联关系外,还需要将庞大的信息资源访问权限赋予有限个角色。当信息资源的种类增加或减少时,安全管理员必须更新所有角色的访问权限设置,而且,如果受控对象的属性发生变化,同时需要将受控对象不同属性的数据分配给不同的访问主体处理时,安全管理员将不得不增加新的角色,并且还必须更新原来所有角色的访问权限设置以及访问主体的角色分配设置,这样的访问控制需求变化往往是不可预知的,造成访问控制管理的难度和工作量巨大。在这种情况下,有必要引入基于受控对象的访问控制(Object-Based Access Control,OBAC)模型。

控制策略和控制规则是 OBAC 模型访问控制系统的核心所在,在 OBAC 模型中,将访问控制列表与受控对象或受控对象的属性相关联,并将访问控制选项设计成为用户、组或角色及其对应权限的集合;同时,允许对策略和规则进行重用、继承和派生操作。这样,不仅可以对受控对象本身进行访问控制,受控对象的属性也可以进行访问控制,而且派生对象可以继承父对象的访问控制设置,这对于信息量巨大、信息内容更新变化频繁的管理信息系统非常有益,可以减轻由于信息资源的派生、演化和重组等带来的分配、设定角色权限等的工作量。

OBAC 模型从信息系统的数据差异变化和用户需求出发,有效地解决了信息数据量大、数据种类繁多、数据更新变化频繁的大型管理信息系统的安全管理。OBAC 模型从受控对象的角度出发,将访问主体的访问权限直接与受控对象相关联,一方面定义对象的访问控制列表,增加、删除、修改访问控制项易于操作;另一方面,当受控对象的属性发生改变,或者受控对象发生继承和派生行为时,无须更新访问主体的权限,只需要修改受控对象的相应访问控制项即可,从而减少了访问主体的权限管理,降低了授权数据管理的复杂性。

6. 信息流模型

从安全模型所控制的对象来看,一般有两种不同的方法来建立安全模型:一种是信息流模型;另一种是访问控制模型。

信息流模型主要着眼于对客体之间的信息传输过程的控制,通过对信息流向的分析可以发现系统中存在的隐蔽通道,并设法予以堵塞。信息流是信息根据某种因果关系的流动,信息流总是从旧状态的变量流向新状态的变量。信息流模型的出发点是彻底切断系统中信息流的隐蔽通道,防止对信息的窃取。隐蔽通道是指系统中非正常使用的、不受强制访问控制正规保护的通信方式,隐蔽通道的存在显然危及系统敏感信息的保护。信息流模型需要遵守的安全规则是:在系统状态转换时,信息流只能从访问级别低的状态流向访问级别高的状态。信息流模型实现的关键在于对系统的描述,即对模型进行彻底的信息流分析,找出所有的信息流,并根据信息流安全规则判断其是否为异常流,若是异常流,就反复修改系统的描述或模型,直到所有的信息流都不是异常流为止。信息流模型是一种基于事件或踪迹的模型,其焦点是系统用户可见的行为。现有的信息流模型无法直接指出哪种内部信息流是被允许的,哪种是不被允许的,因此在实际系统中的实现和验证中没有太多的帮助和指导。

6.1.2 访问控制策略

1. 安全策略建立的需要和目的

安全的领域非常广泛繁杂,构建一个可以抵御风险的安全框架涉及很多细节,即使最简单的安全需求,也可能会涉及密码学、代码重用等实际问题。做一个相当完备的安全分析不得不需要专业人员给出许多不同的专业细节和计算环境,这通常会使专业的框架师也望而生畏。如果能够提供一种恰当的、符合安全需求的整体思路,就会使这个问题容易得多,也更加有明确的前进方向,能够提供这种帮助的就是安全策略。一个恰当的安全策略总会把自己关注的核心集中到最高决策层认为必须值得注意的那些方面。概括地说,一种安全策略实质上表明:当设计所涉及的那个系统在进行操作时,必须明确在安全领域的范围内,什么操作是明确允许的,什么操作是一般默认允许的,什么操作是明确不允许的,什么操作是默认不允许的。不要求安全策略作出具体的措施规定以及确切说明通过何种方式能够达到预期的结果,但是应该向安全构架的实际搭造者们指出在当前的前提下什么因素和风险才是最重要的。就这个意义而言,建立安全策略是实现安全的首要工作,也是实现安全技术管理与规范的第一步。

2. 安全策略的具体含义和实现

安全策略的前提是具有一般性和普遍性,如何能使安全策略的这种普遍性和所要分析的实际问题的特殊性相结合是面临的最主要的问题。控制策略的制定是一个按照安全需求、依照实例不断精确细化的求解过程。安全策略的制订者总是试图在安全设计的每个设计阶段分别设计和考虑不同的安全需求与应用细节,这样可以将一个复杂的问题简单化,但是设计者要考虑到实际应用的前瞻性,有时候并不知道这些具体的需求与细节是什么。为了能够描述和了解这些细节,就需要在安全策略的指导下,对安全涉及的领域做细致的考查和研究。借助这些手段能够迫使人们增加对于将安全策略应用到实际中或是强加于实际应用而导致的问题的认知。总之,对上述问题认识得越充分,能够实现和解释的过程就更加精确细化,这一精确细化的过程有助于帮助建立和完善从实际应用中提炼抽象出来的、用确切语言表述的安全策略;反过来,这个重新表述的安全策略就能够更易于去完成安全框架中所设定的细节。

ISO 7498 标准是目前国际上普遍遵循的计算机信息系统互连标准,1989 年 12 月国际标准化组织(ISO)颁布了该标准的第二部分,即 ISO 7498 - 2,并首次确定了开放系统互连(OSI)参考模型的信息安全体系结构。我国将其作为 GB/T 9387 - 2 标准,并予以执行。按照 ISO 7498 - 2 中 OSI 安全体系结构中的定义,访问控制的安全策略有两种实现方式,即基于身份的安全策略和基于规则的安全策略。目前使用的两种安全策略建立的基础都是授权行为。就其形式而言,基于身份的安全策略等同于 DAC 模型安全策略,基于规则的安全策略等同于 MAC 模型安全策略。

3. 安全策略的实施原则

安全策略的制定实施也是围绕主体、客体和安全控制规则集三者之间的关系展开的。

(1) 最小特权原则:是指主体执行操作时,按照主体所需权力的最小化原则分配给主体权力。最小特权原则的优点是最大限度地限制了主体实施授权行为,可以避免来自突发事件、错误和未授权主体的危险。也就是说,为了达到一定目的,主体必须执行一定操作,但他只能做他所被允许做的,其他除外。

(2) 最小泄露原则:是指主体执行任务时,按照主体所需要知道的信息最小化的原则分配给主体权力。

(3) 多级安全策略:是指主体和客体间的数据流向及权限控制按照安全级别的绝密(TS)、秘密(S)、机密(C)、限制(RS)和无级别(U)5 级来划分。多级安全策略的优点是避免敏感信息的扩散。具有安全级别的信息资源,只有安全级别比他高的主体才能够访问。

6.1.3 安全级别与访问控制

访问控制的具体实现是与安全的级别联系在一起的,安全级别有两个含义:一个是主客体信息资源的安全类别,分为一种是有层次的安全级别和无层次的安全级别;另一个是访问控制系统实现的安全级别,这和计算机系统的安全级别是一样的,分为 D、C(C1、C2)、B(B1、B2、B3)和 A 四个级别,下面对计算机系统的安全级别进行介绍。

1. D 级别

D 级别是最低的安全级别,对系统提供最小的安全防护。系统的访问控制没有限制,无需登录系统就可以访问数据,这个级别的系统包括 DOS、Windows 98 等。

2. C 级别

C 级别有两个子系统,即 C1 级和 C2。

C1 级称为选择性保护级,可以实现自主安全防护,对用户和数据进行分离,保护或限制用户权限的传播。

C2 级具有访问控制环境的权力,比 C1 的访问控制划分的更为详细,能够实现受控安全保护、个人账户管理、审计和资源隔离。这个级别的系统包括 UNIX、Linux 和 Windows NT 系统。

C 级别属于自由选择性安全保护,在设计上有自我保护和审计功能,可对主体行为进行审计与约束。C 级别的安全策略主要是自主存取控制,可以实现:

(1) 保护数据确保非授权用户无法访问;

(2) 对存取权限的传播进行控制;

(3) 个人用户数据的安全管理。

C 级别的用户必须提供身份证明(如口令机制),才能够正常实现访问控制,因此用户的操作与审计自动关联。C 级别的审计能够针对实现访问控制的授权用户和非授权用户,建立、维护以及保护审计记录不被更改、破坏或受到非授权存取。这个级别的审计能够实现对所要审计的事件、事件发生的日期与时间、涉及的用户、事件类型、事件成功或失败等进行记录,同时能通过对个体的识别,有选择地审计任何一个或多个用户。C 级别的一个重要特点是有对于审计生命周期保证的验证,这样可以检查是否有明显的旁路可绕过或欺骗系统,检查是否存在明显的漏路(违背对资源的隔离,造成对审计或验证数据的非法操作)。

3. B 级别

B 级别包括 B1、B2 和 B3 共 3 个级别,B 级别能够提供强制性安全保护和多级安全。强制防护是指定义及保持标记的完整性,信息资源的拥有者不具有更改自身的权限,系统数据完全处于访问控制管理的监督下。

B1 级称为标志安全保护。B2 级称为结构保护级别,要求访问控制的所有对象都有安全标签以实现低级别的用户不能访问敏感信息,对于设备、端口等也应标注安全级别。B3 级别称为安全域保护级别,这个级别使用安装硬件的方式来加强域的安全,比如,用内存管理硬件来防止无授权访问。B3 级别可以实现:

(1) 引用监视器参与所有主体对客体的存取以保证不存在旁路。

(2) 审计跟踪能力强,可以提供系统恢复过程。

(3) 支持安全管理员角色。

(4) 用户终端必须通过可信通道才能实现对系统的访问。

(5) 防止篡改。

B 级安全级别可以实现自主存取控制和强制存取控制,通常的实现包括:

(1) 所有敏感标识控制下的主体和客体都有标识。

(2) 安全标识对普通用户是不可变更的。

(3) 可以审计:任何试图违反可读输出标记的行为;授权用户提供的无标识数据的安全级别和与之相关的动作;信道和 I/O 设备的安全级别的改变;用户身份和与相应的

操作。

（4）维护认证数据和授权信息。

（5）通过控制独立地址空间来维护进程的隔离。

B级安全级别应该保证：

（1）在设计阶段，应该提供设计文档、源代码以及目标代码，以供分析和测试。

（2）有明确的漏洞清除和补救缺陷的措施。

（3）无论是形式化的还是非形式化的模型，都能被证明该模型可以满足安全策略的需求，监控对象在不同安全环境下的移动过程（如两进程间的数据传递）。

4. A级别

A级别称为验证设计级，是目前最高的安全级别，在A级别中，安全的设计必须给出形式化设计说明和验证，需要有严格的数学推导过程，同时应该包含秘密信道和可信分布的分析，也就是说要保证系统的部件来源有安全保证，例如，对这些软件和硬件在生产、销售、运输中进行严密跟踪和严格的配置管理，以避免出现安全隐患。

6.1.4 访问控制与审计

审计是对访问控制的必要补充，是访问控制的一个重要内容。审计会对用户使用何种信息资源、使用的时间以及如何使用（执行何种操作）进行记录与监控。审计和监控是实现系统安全的最后一道防线，处于系统的最高层。审计与监控能够再现原有的进程和问题，这对于责任追查和数据恢复非常有必要。

审计跟踪是系统活动的流水记录，该记录按事件从始至终的途径，顺序检查、审查和检验每个事件的环境及活动。审计跟踪通过书面方式提供应负责任人员的活动证据以支持访问控制职能的实现（职能是指记录系统活动并可以跟踪到对这些活动应负责任人员的能力）。

审计跟踪记录系统活动和用户活动。系统活动包括操作系统和应用程序进程的活动；用户活动包括用户在操作系统中和应用程序中的活动。通过借助适当的工具和规程，审计跟踪可以发现违反安全策略的活动、影响运行效率的问题以及程序中的错误。

审计跟踪不但有助于帮助系统管理员确保系统及其资源免遭非法授权用户的侵害，同时还能提供对数据恢复的帮助。审计跟踪可以实现多种安全相关目标，包括个人职能、事件重建、入侵检测和故障分析。

（1）个人职能：审计跟踪是管理人员用来维护个人职能的技术手段。如果用户知道他们的行为活动被记录在审计日志中，相应的人员需要为自己的行为负责，他们就不太会违反安全策略和绕过安全控制措施。例如，审计跟踪可以记录改动前和改动后的记录，以确定是哪个操作者在什么时候做了哪些实际的改动，这可以帮助管理层确定错误到底是由用户、操作系统、应用软件，还是由其他因素造成的。允许用户访问特定资源意味着用户要通过访问控制和授权实现他们的访问，被授权的访问有可能会被滥用，导致敏感信息的扩散，当无法阻止用户通过其合法身份访问资源时，审计跟踪就能发挥作用。审计跟踪可以用于检查和检测他们的活动。

（2）事件重建：在发生故障后，审计跟踪可以用于重建事件和数据恢复。通过审查系统活动的审计跟踪可以比较容易地评估故障损失，确定故障发生的时间、原因和过程。通过对审计跟踪的分析就可以重建系统和协助恢复数据文件;同时,还有可能避免下次发生此类故障的情况。

(3) 入侵检测:审计跟踪记录可以用来协助入侵检测工作。如果将审计的每一笔记录都进行上下文分析,就可以实时发现或是过后预防入侵检测活动。实时入侵检测可以及时发现非法授权者对系统的非法访问,也可以探测到病毒扩散和网络攻击。

(4) 故障分析:审计跟踪可以用于实时审计或监控。

6.2　防火墙技术基础

防火墙对两个或多个网络之间传输的数据包和链接方式按照一定的安全策略对其进行检查,来决定网络之间的通信是否被允许,并监视网络运行状态。

6.2.1　防火墙技术概论

防火墙的技术主要有包过滤技术、代理技术、VPN 技术、状态检查技术、地址翻译技术以及其他技术,下面简单介绍这些技术。

1. 包过滤技术

包过滤型防火墙,即在网络中的适当的位置对数据包实施有选择的通过,选择依据即为系统内设置的过滤规则(通常称为访问控制列表),只有满足过滤规则的数据包才被转发到相应的网络接口,其余数据包则被丢弃。

包过滤包括按地址过滤和按服务过滤。按地址过滤,即包过滤路由器检查包头的信息,与过滤规则进行匹配,决定是否转发该数据包;按服务过滤,即根据安全策略决定是允许或者拒绝某一种服务,比如,禁止外部主机访问内部的 E – mail 服务器,端口 25。

2. 代理技术

代理技术又称为应用层网关技术。代理技术与包过滤技术完全不同,包过滤技术是在网络层拦截所有的信息流,代理技术是针对每一个特定应用都有一个程序。代理是企图在应用层实现防火墙的功能。代理能提供部分与传输有关的状态,能完全提供与应用相关的状态和部分传输方面的信息,代理也能处理和管理信息。

代理技术有如下特点:

(1) 网关理解应用协议,可以实施更细粒度的访问控制;

(2) 对每一类应用,都需要一个专门的代理;

(3) 灵活性不够。

3. VPN 技术

虚拟专用网(Virtual Private Network, VPN)指的是依靠互联网服务提供商(ISP)和其他网络服务提供商(NSP)在公用网络中建立专用的数据通信网络的技术。在虚拟专用网中,任意两个节点之间的连接并没有传统专网所需的端到端的物理链路,而是由某种公众网的资源动态组成的。

VPN 就是通过共享,即公用网络在两台机器或两个网络之间建立的专用连接。实际上,VPN 技术使组织可以安全地通过互联网将网络服务延伸至远程用户、分支机构和合作公司。换而言之,VPN 把互联网变成了模拟的专用 WAN。

为了把互联网用作专用广域网,VPN采用了隧道技术:数据包不是公开在网上传输,而是首先进行加密以确保安全,然后由VPN封装成IP包的形式,通过隧道在网上传输。

4. 状态检测技术

状态检测技术是防火墙近几年才应用的新技术。传统的包过滤防火墙只是通过检测IP包头的相关信息来决定数据流的通过还是拒绝,基于状态检测技术的防火墙不仅仅对数据包进行检测,还对控制通信的基本因素状态信息(包括通信信息、通信状态、应用状态和信息操作性)进行检测。通过状态检测虚拟机维护一个动态的状态表,记录所有的连接通信信息、通信状态,以完成对数据包的检测和过滤。

状态检查技术能获得所有层次和与应用有关的信息,防火墙必须能够访问、分析和利用通信信息、通信状态及来自应用的状态对信息进行处理。

状态检测技术采用的是一种基于连接的状态检测机制,将属于同一连接的所有包作为一个整体的数据流看待,构成连接状态表,通过规则表与状态表的共同配合,对表中的各个连接状态因素加以识别。因此,与传统包过滤防火墙的静态过滤规则表相比,它具有更好的灵活性和安全性。

5. 网络地址翻译技术

网络地址翻译(Network Address Translation,NAT)的最初设计目的是用来增加私有组织的可用地址空间和解决将现有的私有TCP/IP网络连接到互联网上的IP地址编号问题。私有IP地址只能作为内部网络号,不在互联网主干网上使用。NAT技术通过地址映射保证了使用私有IP地址的内部主机或网络能够连接到公用网络。NAT网关被安放在网络末端区域(内部网络和外部网络之间的边界点上),并且在把数据包发送到外部网络之前,将数据包的源地址转换为全球唯一的IP地址。

NAT技术并非为防火墙而设计,它在解决IP地址短缺的同时提供了如下功能:内部主机地址隐藏;网络负载均衡;网络地址交迭。正是网络地址翻译技术提供了内部主机地址隐藏的技术,使其成为防火墙实现中经常采用的核心技术之一。

6. 其他技术

其他防火墙技术主要有以下几类:

(1)内容检查技术:提供对高层服务协议数据的监控能力,确保用户的安全。对计算机病毒、恶意的Java Applet或ActiveX、恶意电子邮件及不健康网页内容进行过滤防护。

(2)加密技术:保证网络上传输信息的私有性、可认证性和完整性。在应用中包括加密算法的选择、信息确认算法的选择、产生和分配密钥的密钥管理协议这三个部分。

(3)身份认证技术:一般防火墙主要提供三种认证方法:用户认证(User Authentication,UA),防火墙设定可以访问内部网络自愿的用户访问权限;客户认证(Client Authentication,CA),防火墙提供特定用户端授权用户特定的服务权限;会话认证(Session Authentication,SA),防火墙提供通信双方每次通信时透明的会话授权机制。

(4)安全审计:对网络上发生的事情进行记载和分析,对某些被保护网络的敏感信息的访问保持不间断的记录,并通过各种不同类型的报表、警报等方式向系统管理人员进行报告。

(5)负载均衡:平衡服务器的负载,由多个服务器为外部网络用户提供相同的应用服务。当外部网络的一个服务请求到达防火墙时,防火墙可以用其制订的平衡算法确定请求是由哪些服务器来完成。但对用户来说,这些都是透明的。

6.2.2 防火墙的作用

防火墙能有效地控制内部网络与外部网络之间的访问及数据传送,从而达到保护内部网络的信息不受外部非授权用户的访问,并过滤不良信息的目的。安全、管理、速度是防火墙的三大要素。一个好的防火墙系统应具备以下三方面的条件:

(1) 内部和外部之间的所有网络数据流必须经过防火墙,否则就失去了防火墙的主要意义。

(2) 只有符合安全策略的数据流才能通过防火墙,这也是防火墙的主要功能——审计和过滤数据。

(3) 防火墙自身应对渗透免疫。如果防火墙自身都不安全,就更不可能保护内部网络的安全了。

确保一个单位内的网络与互联网的通信符合该单位的安全方针,为管理人员提供下列问题的答案:谁在使用网络;他们在网络上做什么;他们什么时间使用了网络;他们上网去了何处;谁要上网没有成功。

防火墙目的在于实现安全访问控制,因此按照 OSI/RM,防火墙可以在 OSI/RM 7 层中的 5 层设置。一般的防火墙模型如图 6.2 所示。

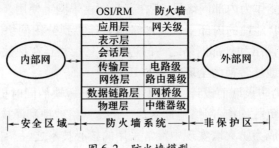

图 6.2　防火墙模型

一般来说,防火墙由四大要素组成:

(1) 安全策略是一个防火墙能否充分发挥其作用的关键。哪些数据不能通过防火墙、哪些数据可以通过防火墙,防火墙应该如何部署,应该采取哪些方式来处理紧急的安全事件,以及如何进行审计和取证的工作等,这些都属于安全策略的范畴。防火墙绝不仅仅是软件和硬件,而且包括安全策略,以及执行这些策略的管理员。

(2) 内部网:需要受保护的网。

(3) 外部网:需要防范的外部网络。

(4) 技术手段:具体的实施技术。

防火墙体系结构如图 6.3 所示。对于防火墙的设置有两大需求,即保证内部网的安全、保证内部网和外部网的连通。这两大需求也就是防火墙必须保证的两个要点。

(1) 保证内部网的安全。防火墙的基本作用就是对内、外网络的数据进行过滤和审核,以防止未经授权的访问进出计算机网络。为了保证内部网的安全,所有的通信都必须经过防火墙,而不能有绕过防火墙的情况,否则系统就有安全隐患;防火墙只放行经过授权的网络流量;防火墙能经受得起对其本身的攻击。

人　机　接　口			
访问控制策略	安全审计	安全管理	数据加密
网络互联设备			

图 6.3　防火墙体系结构图

（2）保证内部网和外部网的连通。在对内外网数据进行"缓冲"、保证内网的安全性的同时，防火墙还必须保证内外网的连通，同时防火墙不应对出入数据的速度造成太大的影响。

在内部网和外部网之间设置防火墙可以提高被保护网络的安全性。主要有以下几方面的优点：

（1）保护网络中脆弱的服务。防火墙通过过滤存在安全缺陷的网络服务来降低内部网遭受攻击的威胁，因为只有经过选择的网络服务才能通过防火墙。

（2）作为网络控制的"要塞点"。防火墙是网络的要塞点，是达到网络安全目的的有效手段。

（3）集中安全性。如果一个内部网络的所有或大部分需要改动的程序以及附加的安全程序都能集中地放在防火墙系统中，而不是分散到每个主机中，这样防火墙的保护范围就相对集中，安全成本也相对便宜了。

（4）增强保密性、强化私有权。使用防火墙系统，网络节点可以防止 finger 以及 DNS 域名服务。防火墙也能封锁这类服务，从而使得外部网络主机无法获取这些有利于攻击的信息。通过封锁这些信息，可以防止攻击者从中获得另一些有用信息。

（5）审计和告警。作为内、外网间通信的唯一通道，防火墙可以有效地记录各次访问的情况，记录内部网络和外部网络之间发生的一切。

（6）防火墙可以限制内部网的暴露程度。防火墙的存在限制了可能产生的网络安全问题，并保护了内部网络的结构不被外部网络攻击者发现，提高了内部网络的安全性。

（7）安全政策执行。最后，或许最重要的是，防火墙可提供实施和执行网络访问政策的工具。

虽然防火墙可以提高内部网的安全性，但是防火墙也有它存在的一些缺陷和不足。有些缺陷是目前根本无法解决的：

（1）为了提高安全性，限制或关闭了一些有用但存在安全缺陷的网络服务，但这些服务也许正是用户所需要的服务，给用户使用带来不便。这是防火墙在提高安全性的同时，所付出的代价。

（2）目前防火墙对于来自网络内部的攻击还无能为力。防火墙只对内、外网络之间的通信进行审计和"过滤"，但对于内部人员的恶意攻击，防火墙无能为力。

（3）防火墙不能防范不经过防火墙的攻击，如内部网用户通过 SLIP 或 PPP 直接进入互联网。这种绕过防火墙的攻击，防火墙无法抵御。

（4）防火墙对用户不完全透明，可能带来传输延迟、瓶颈及单点失效。

（5）防火墙也不能完全防止受病毒感染的文件或软件的传输，由于病毒的种类繁多，如果要在防火墙完成对所有病毒代码的检查，防火墙的效率就会降到不能忍受的程度。

（6）防火墙不能有效地防范数据驱动式攻击。防火墙不可能对所有主机上运行的文件进行监控，无法预计文件执行后所带来的结果。

（7）作为一种被动的防护手段，防火墙不能防范互联网上不断出现的新的威胁和攻击。

6.2.3 防火墙的分类

防火墙按照实现的技术分为：

（1）包过滤防火墙：包过滤技术通过分析 IP 包的内容，即在网络中的适当的位置对数据包实施有选择的通过，选择依据即为系统内设置的过滤规则（通常称为访问控制列表），只有满足过滤规则的数据包才被转发到相应的网络接口，其余数据包则被丢弃。

（2）代理防火墙：代理是企图在应用层实现防火墙的功能。代理能提供部分与传输有关的状态，能完全提供与应用相关的状态和部分传输方面的信息，代理也能处理和管理信息。

（3）状态检测防火墙：状态检查技术能获得所有层次和与应用有关的信息，防火墙必须能够访问、分析和利用通信信息、通信状态、来自应用的状态、对信息进行处理。

（4）混合型防火墙：综合采用各种技术来保证安全，取长补短。

按防火墙的体系结构从简单到复杂可分为：

（1）双宿/多宿主机防火墙：在一台堡垒主机上安装两块或多块网卡，隔离多个网段。

（2）屏蔽主机防火墙：专门在外部网络和堡垒主机之间设置了一个包过滤路由器，强迫所有的外部主机与一个堡垒主机相连接，而不是让它们直接与内部主机连接。屏蔽路由器是第一道防线。

（3）屏蔽子网防火墙：在内部网络与外部网络之间有一个"非军事区"（又称为周边网络），堡垒主机和应用层网关部署在这个"非军事区"中，在外部网络和"非军事区"之间设置了一个外部包过滤路由器，同时，在外部网络和"非军事区"之间设置了一个内部包过滤路由器。屏蔽子网防火墙是比较安全的一种防火墙体系结构。

（4）一些混合结构：综合各种结构的优势，形成了各种各样的混合型防火墙结构，如一个堡垒主机和一个非军事区结构、两个堡垒主机和两个非军事区结构、两个堡垒主机和一个非军事区结构。

6.3 防火墙的体系结构

在防火墙和网络的配置上，有双宿/多宿主机模式、屏蔽主机模式、屏蔽子网模式和一些混合结构模式四种典型结构。其中，堡垒主机是个很重要的概念。堡垒主机是指在极其关键的位置上用于安全防御的某个系统。对于此系统的安全不仅要给予额外关注，还要进行理性的审计和安全检查。如果攻击者要攻击你的网络，那么他们只能攻击到这台主机。堡垒主机起到一个"牺牲主机"的角色。它不是绝对安全的，它的存在是保护内部网络的需要，从网络安全上来看，堡垒主机是防火墙管理员认为最强壮的系统。通常情况下，堡垒主机可作为代理服务器的平台。

6.3.1　双宿/多宿主机模式

双宿/多宿主机防火墙又称为双宿/多宿网关防火墙,它是一种拥有两个或多个连接到不同网络上的网络接口的防火墙,通常用一台装有两块或多块网卡的堡垒主机作为防火墙,两块或多块网卡各自与受保护网络和外部网络相连。其体系结构图如图6.4所示,这种防火墙的特点是主机的路由功能是被禁止的,两个网络之间的通信通过应用层代理服务来完成的。如果一旦黑客侵入堡垒主机并使其具有路由功能,那么防火墙将变得没用。

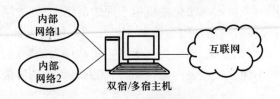

图6.4　双宿/多宿主机模型的示意图

6.3.2　屏蔽主机模式

这种防火墙强迫所有的外部主机与堡垒主机相连接,而不让它们与内部主机直接连接。为了这个目的,专门设置了一个过滤路由器,通过它把所有外部到内部的连接都路由到了堡垒主机。这种体系结构中,屏蔽路由器介于互联网和内部网,是防火墙的第一道防线,如图6.5所示。这个防火墙系统提供的安全等级比包过滤防火墙系统高,因为它实现了网络层安全(包过滤)和应用层安全(代理服务)。在这一方式下,过滤路由器是否配置正确是这种防火墙安全与否的关键,如果路由表遭到破坏,堡垒主机就可能被越过,使内部网络完全暴露。

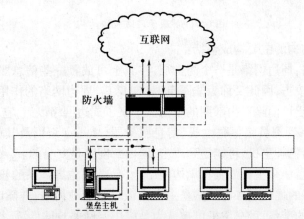

图6.5　屏蔽主机防火墙结构

屏蔽主机型的典型构成是包过滤路由器+堡垒主机。包过滤路由器配置在内部网和外部网之间,保证外部系统对内部网络的操作只能经过堡垒主机,是保护内部网络的第一道防线。堡垒主机配置在内部网络上,是外部网络主机连接到内部网络主机的桥梁,它需要拥有高等级的安全,如图6.6所示。

图 6.6　屏蔽主机型的典型构成

6.3.3　屏蔽子网模式

屏蔽子网体系结构在本质上与屏蔽主机体系结构一样,但添加了额外的一层保护体系——周边网络,如图 6.7 所示。堡垒主机位于周边网络上,周边网络和内部网络被内部路由器分开。增加一个周边网络是因为堡垒主机是用户网络上最容易受侵袭的计算机,通过在周边网络上隔离堡垒主机,能减少在堡垒主机被侵入的影响,并且万一堡垒主机被入侵者控制,入侵者仍不能直接侵袭内部网络,内部网络仍受到屏蔽路由器的保护。

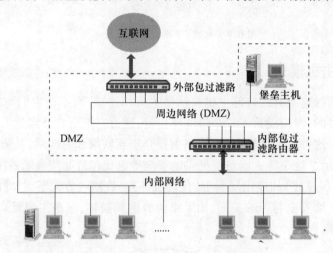

图 6.7　屏蔽子网防火墙结构

屏蔽子网型结构的主要构成包括:

(1)周边网络:周边网络是一个防护层,在其上可放置一些信息服务器,它们是牺牲主机,可能会受到攻击,因此又称为非军事区(DMZ)。周边网络的作用是:即使堡垒主机被入侵者控制,它仍可消除对内部网的攻击。定义了周边网络以后,它支持网络层和应用层安全功能。网络管理员将堡垒主机、信息服务器、Modem 组以及其他公用服务器放在周边网络内。作为牺牲主机,可能受到攻击,但内部网络是安全的。

(2)堡垒主机:堡垒主机放置在周边网络上,是整个防御体系的核心,在堡垒主机上可以允许各种各样的代理服务器。堡垒主机应该尽可能地简单,并随时做好堡垒主机受损、修复堡垒主机的准备,堡垒主机可被认为是应用层网关,可以运行各种代理服务程序。对于出站服务不一定要求所有的服务通过堡垒主机代理,但对于入站服务应要求所有服务都通过堡垒主机代理。

(3)内部路由器:内部路由器位于内部网络与周边网络之间,保护内部网络不受外部网络和周边网络的侵害,它执行大部分过滤工作。即使堡垒主机被攻占,也可以保护内部网络。实际应用中,应按"最小特权原则"设计堡垒主机与内部网的通信策略。

（4）外部路由器：外部路由器保护周边网络和内部网络不受外部网络的侵犯。它阻止从外部网络上伪造源地进来的任何数据包，这样的数据包自称来自内部的网部，但实际上来自外部网络。

6.3.4 混合模式

混合模式主要是以上一些模式结构的混合使用，主要有：

（1）将屏蔽子网结构中的内部路由器和外部路由器合并。只有用户拥有功能强大并且很灵活的路由器时，才能将一个网络的内部路由器和外部路由器合并。这时用户仍有周边网络连接在路由器的一个接口上，而内部网络连接在路由器的另一个接口上。

（2）合并屏蔽子网结构中堡垒主机与外部路由器。这种结构是由双宿堡垒主机来执行原来的外部路由器的功能。双宿主机进行路由会缺乏专用路由器的灵活性及性能，但是在网速不高的情况下，双宿主机可以胜任路由的工作，所以这种结构同屏蔽子网结构相比没有明显的新弱点。但是，堡垒主机完全暴露在互联网上，因此要更加小心的保护它。

（3）使用多台堡垒主机。出于对堡垒主机性能，冗余和分离数据或者分离服务考虑，用户可以用多台堡垒主机构筑防火墙，比如，可以让一台堡垒主机提供一些比较重要的服务（SMTP 服务、代理服务等），而让另一台堡垒主机出来由内部网络向外部网络提供的服务（如匿名 Ftp 服务）等。这样，外部网络用户对内部网络的操作就不会影响内部网络用户的操作。即使在不向外部网络提供服务的情况下，也可以使用多台堡垒主机以实现负载平衡，提高系统效能。

（4）使用多台外部路由器。连多个外部路由器到这样的外部网络上去不会带来明显的安全问题。外部路由器受损害的机会增加了，但在一个外部路由器受损害不会带来特别的威胁。

（5）使用多个周边网络。用户还可以使用多个周边网络来提供冗余，设置两个（或两个以上）的外部路由器、两个周边网络和两个内路由器，可以保证用户与互联网之间没有单点失效的情况，加强了网络的安全和可用性。

6.4 防火墙与VPN

目前，许多厂商都在防火墙产品中实现了 VPN，基于防火墙的 VPN 能是 VPN 最常见的一种实现方式。

虚拟专用网指的是依靠互联网服务提供商（ISP）和其他网络服务提供商（NSP），在公用网络中建立专用的数据通信网络的技术。在虚拟专用网中，任意两个节点之间的连接并没有传统专网所需的端到端的物理链路，而是利用某种公众网的资源动态组成的，如图6.8 所示。

IETF 草案理解基于 IP 的 VPN 为："使用 IP 机制仿真出一个私有的广域网"是通过私有的隧道技术在公共数据网络上仿真一条点到点的专线技术。所谓虚拟，是指用户不再需要拥有实际的长途数据线路，而是使用互联网公众数据网络的长途数据线路。所谓专用网络，是指用户可以为自己制定一个最符合自己需求的网络。

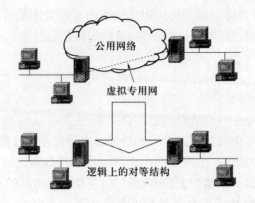

图 6.8　VPN 的含义

　　通过 VPN 的定义可知,VPN 就是通过共享,即公用网络在两台机器或两个网络之间建立的专用连接。实际上,VPN 技术使组织可以安全地通过互联网将网络服务延伸至远程用户、分支机构和合作公司。换而言之,VPN 把互联网变成了模拟的专用 WAN。

　　诱人之处在于,互联网的触角伸及全球,如今使用网络成了大多数用户和组织的标准惯例。因而,可以快速、经济而安全地建立通信链路。

　　把互联网用作专用广域网,要克服两个主要障碍:首先,网络经常使用多种协议,如IPX 和 NetBEUI 进行通信,但互联网只能处理 IP 流量。所以,VPN 就需要提供一种方法,将非 IP 协议从一个网络传送到另一个网络。其次,网上传输的数据包以明文格式传输。因而,只要看得到互联网流量,也能读取包内所含数据。如果公司希望利用互联网传输重要的商业机密信息,这显然是一个问题。

　　VPN 克服这些障碍的办法就是采用了隧道技术:数据包不是公开在网上传输,而是首先进行加密以确保安全,然后由 VPN 封装成 IP 包的形式,通过隧道在网上传输,如图6.9 所示。

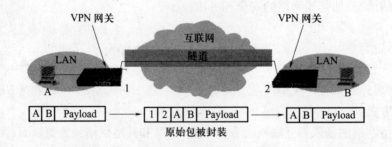

图 6.9　VPN 的隧道技术

　　为了阐述这一概念,不妨假设你在一个网络上运行 NetWare,而该网络上的客户机想连接至远程 NetWare 服务器。

　　传统 NetWare 使用的主要协议是 IPX,所以,如果使用普通第 2 层 VPN 模型,则发往远程网络的 IPX 包就先到达隧道发起设备。这设备可能是远程接入设备、路由器甚至是台式机(如果是远程客户机至服务器连接),它为包做好网上传输的准备。

源网络上的 VPN 隧道发起器与目标网络上的 VPN 隧道终结器进行通信。两者就加密方案达成一致,然后隧道发起器对包进行加密,确保安全(为了加强安全,应采用验证过程,以确保连接用户拥有进入目标网络的相应权限。大多数现有的 VPN 产品支持多种验证方式)。

最后,VPN 发起器将整个加密包封装成 IP 包。现在不管原先传输的是何种协议,它都能在纯 IP 互联网上传输。又因为包进行了加密,谁也无法读取原始数据。在目标网络这头,VPN 隧道终结器收到包后去掉 IP 信息,然后根据达成一致的加密方案对包进行解密,将随后获得的包发给远程接入服务器或本地路由器,它们再把隐藏的 IPX 包发到网络,最终发往相应目的地。

基于防火墙的 VPN 很可能是 VPN 最常见的一种实现方式,许多厂商都提供这种配置类型。这并不是暗示与别的 VPN 相比,基于防火墙的 VPN 是一个较好的选择,它只是在已有的基础上再发展。如今很难找到一个连向互联网而不使用防火墙的公司,因为这些公司已经连到了互联网上,所需要的只是增加加密软件。很可能,如果公司刚购买了一个防火墙,往往它就有实现 VPN 机密技术的能力。

本 章 小 结

访问控制是客体对主体提出的访问请求后,对这一申请、批准、允许、撤销的全过程进行的有效控制,从而确保只有符合控制策略的主体才能合法访问。访问控制涉及到主体、客体和访问策略,三者之间关系的实现构成了不同的访问模型,访问控制模型是探讨访问控制实现的基础。针对不同的访问控制模型会有不同的访问控制策略,访问控制策略的制定应该符合安全原则。实现访问控制的目的在于提供主体和客体一定的安全防护,确保不会有非法者使用合法或敏感信息,也确保合法者能够正确使用信息资源,从而实现安全的分级管理。

防火墙能有效地控制内部网络与外部网络之间的访问及数据传送,从而达到保护内部网络的信息不受外部非授权用户的访问,并过滤不良信息的目的。安全、管理、速度是防火墙的三大要素。防火墙对两个或多个网络之间传输的数据包和链接方式按照一定的安全策略对其进行检查,来决定网络之间的通信是否被允许,并监视网络运行状态。当一个公司、企业的内部员工在外地(如出差),某一个公司的外地分支机构,或者某公司、企业和商业伙伴想共享该公司、企业的内部网络时,就需要 VPN 技术,现在的防火墙一般都带有 VPN 功能。

思 考 题

1. 什么是访问控制? 访问控制包括哪几个要素?

2. 什么是自主访问控制? 什么是强制访问控制? 这两种访问控制有什么区别? 说明你会在什么情况下选择强制访问控制。

3. 什么是防火墙,它应具有的基本功能是什么?

4. 防火墙有哪几种体系结构,它们的优、缺点是什么,如何合理地选择防火墙体系结构?

5. 通过调查和网络搜索,列举一些防火墙的实际产品,以及它们的一些主要参数。

6. 简述 VPN 的工作原理,为什么要使用 VPN 技术?

第7章　入侵检测技术

入侵检测系统作为一种积极主动的安全防护手段,在保护计算机网络和信息安全方面发挥着重要的作用。入侵检测是监测计算机网络和系统以发现违反安全策略事件的过程。入侵检测系统(Intrusion Detection System,IDS)工作在计算机网络系统中的关键节点上,通过实时地收集和分析计算机网络或系统中的信息,来检查是否出现违反安全策略的行为和遭到袭击的迹象,进而达到防止攻击、预防攻击的目的。

7.1　入侵检测概述

入侵检测系统通过对网络中的数据包或主机的日志等信息进行提取、分析,发现入侵和攻击行为,并对入侵或攻击作出响应。入侵检测系统在识别入侵和攻击时具有一定的智能,这主要体现在入侵特征的提取和汇总、响应的合并与融合、在检测到入侵后能够主动采取响应措施等方面,所以说入侵检测系统是一种主动防御技术。

7.1.1　IDS 的产生

国际上在 20 世纪 70 年代就开始了对计算机和网络遭受攻击进行防范的研究,审计跟踪是当时的主要方法。1980 年 4 月,James P. Anderson 为美国空军做了一份题为 *Computer Security Threat Monitoring and Surveillance*(计算机安全威胁监控与监视)的技术报告,这份报告被公认为是入侵检测的开山之作,报告里第一次详细阐述了入侵检测的概念。他提出了一种对计算机系统风险和威胁的分类方法,并将威胁分为外部渗透、内部渗透和不法行为三种,还提出了利用审计跟踪数据,监视入侵活动的思想。

从 1984 年到 1986 年,Dorothy E. Denning 和 Peter Neumann 研究并发展了一个实时入侵检测系统模型,命名为入侵检测专家系统(IDES),它提出了反常活动和计算机不正当使用之间的相关性,反常被定义为统计意义上的"稀少和不寻常"。该模型由主体、对象、审计记录、轮廓特征、异常记录和活动规则六个部分组成,它独立于特定的系统平台、应用环境、系统弱点以及入侵类型,为构架入侵检测系统提供了一个通用的框架。1987 年,Denning 提出了一个经典的异常检测抽象模型,首次将入侵检测作为一种计算机系统安全的防御措施提出。

1988 年 Morris Internet 蠕虫事件导致了许多 IDS 的开发研制。在这一年,SRI International 公司的 Teresa Lunt 等人开发出了一个 IDES 原型系统,该系统包含了一个异常检测器和一个专家系统,异常检测器采用统计技术刻画异常行为,而专家系统采用的基于规则的方法来检测已知的攻击行为。同年,为了帮助安全官员发现美国空军 SBLC(Standard Base Level Computers)的内部人员的不正当使用,Tracor Applied Sciences 公司和 Haystack 合作开发了 Haystack 系统;同时,几乎出于相同的原因,美国国家计算机安全中心开发了入侵检测和报警系统(Multics Intrusion Detection and Alerting System,MIDAS);Los Alamos 美国国家实验室开发了网络审计执行官和入侵报告者(NADIR),它是 20 世纪 80 年代最成功和最持久的入侵检测系统之一。

1990 年是入侵检测系统发展史上的一个分水岭,这一年,加州大学戴维斯分校的 L. T. Heberlein 等人开发出了 NSM(Network Security Monitor),该系统第一次监视网络流量并直接将流量作为主要数据源,因而可以在不将审计数据转换成统一格式的情况下监控异种主机。到现在为止,NSM 的总体结构仍然可以在很多商业入侵检测产品中见到。NSM 是入侵检测研究史上一个非常重要的里程碑,从此之后,入侵检测系统发展史翻开了新的一页,基于网络的 IDS 和基于主机的 IDS 这两大阵营正式形成。

1991 年,美国空军等多部门进行联合,开展对分布式入侵检测系统(DIDS)的研究,将基于主机和基于网络的检测方法集成到一起。DIDS 是分布式入侵检测系统历史上的一个里程碑式的产品,它的检测模型采用了分层结构。

1994 年,Mark Crosbie 和 Gene Spafford 建议使用自治代理以便提高 IDS 的可伸缩性、可维护性、效率和容错性,该理念非常符合正在进行的计算机科学其他领域(如软件代理)的研究。

1995 年开发了 IDES 完善后的版本——NIDES(Next-Generation Intrusion Detection System)可以检测多个主机上的入侵。

7.1.2 IDS 的功能与模型

入侵检测就是监测计算机网络和系统以发现违反安全策略事件的过程。它通过在计算机网络或计算机系统中的若干关键点收集信息并对收集到的信息进行分析,从而判断网络或系统中是否有违反安全策略的行为和被攻击的迹象。完成入侵检测功能的软件、硬件组合便是入侵检测系统。简单来说,IDS 包括以下 3 个部分:

(1) 提供事件记录流的信息源,即对信息的收集和预处理;

(2) 入侵分析引擎;

(3) 基于分析引擎的结果产生反应的响应部件。

因此,信息源是入侵检测的首要素,它可以看作是一个事件产生器。事件来源于审计记录、网络数据包、应用程序数据或者防火墙、认证服务器等应用子系统。IDS 可以有多种不同类型的引擎,用于判断信息源,检查数据有没有被攻击,有没有违反安全策略。当分析过程产生一个可反映的结果时,响应部件就做出反应,包括将分析结果记录到日志文件,对入侵者采取行动。根据入侵的严重程度,反应行动可以不一样,一种方法是通过预定义严重级别来激发警报,对于级别低的,仅仅在控制台显示一条信息,而对于级别高的,可直接给管理员发送含有警报标志的 E - mail,或者立即采取行动阻止入侵。

一般来说,IDS 能够完成下列活动:

(1) 监控、分析用户和系统的活动;

(2) 发现入侵企图或异常现象;

(3) 审计系统的配置和弱点;

(4) 评估关键系统和数据文件的完整性;

(5) 对异常活动的统计分析;

（6）识别攻击的活动模式；

（7）实时报警和主动响应。

IDS 在结构上可划分为数据收集和数据分析两部分。早期入侵检测系统采用了单一的体系结构，在一台主机上收集数据和进行分析，或在邻近收集的节点上进行分析。最早的入侵检测模型由 Dorothy E. Denning 给出，是一个经典的检测模型，如图 7.1 所示，它采用了主机上的审计记录作为数据源，根据它们生成有关系统的若干轮廓，并监测系统轮廓的变化更新规则，通过规则匹配来发现系统的入侵。

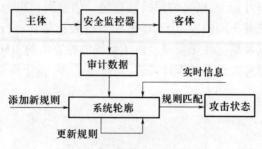

图 7.1　IDES 入侵检测模型

为了提高 IDS 产品、组件及与其他安全产品之间的互操作性，美国国防高级研究计划署（DARPA）和互联网工程任务组（IETF）的入侵检测工作组（IDWG）发起制定了一系列建议草案，DARPA 提出的建议是通用入侵检测框架（Common Intrusion Detection Framework，CIDF），如图 7.2 所示。CIDF 根据 IDS 的通用需求以及现有的 IDS 结构，将入侵检测系统分为 4 个基本组件：事件产生器、事件分析器、响应单元和事件数据库。这种划分体现了入侵检测系统所必须具有的体系结构：数据获取、数据分析、行为响应和数据管理，因此具有通用性。

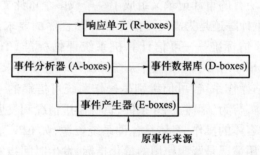

图 7.2　通用入侵检测模型

（1）事件产生器：是入侵检测系统中负责原始数据采集的部分，它对数据流、日志文件等进行追踪，然后将搜集到的原始数据转换为事件，并向系统的其他部分提供此事件。

（2）事件分析器：接收事件信息，然后对它们进行分析，判断是否是入侵行为或异常现象，最后将判断的结果转变为警告信息。

（3）事件数据库：是存放各种中间和最终数据的地方。它从事件产生器或事件分析器接收数据，一般会将数据进行较长时间的保存。它可以是复杂的数据库，也可以是简单的文本文件。

（4）响应单元：根据警告信息做出反应，它可以做出切断连接、改变文件属性等强烈反应,也可以只是简单的报警,它是入侵检测系统中的主动武器。

随着网络规模的发展,分布式入侵检测结构应用越来越广,分布式结构采用分级组织模型、网状组织模型或这两者的混和模型。

7.2　IDS 的基本原理

IDS 是一个数据驱动的系统,输入数据来源于各种各样的信息源,包括主机的系统日志、应用程序日志和审计记录、网络的原始数据包。信息源可以分为应用、操作系统和网络服务 3 层,它们对应着不同的攻击。IDS 收集到的数据是它进行检测和决策的基础,数据的准确性、可靠性以及实时性很重要。由于系统监控方法的不同,所关心的数据源也不同,基于主机的数据源有操作系统审计踪迹、系统日志等,基于网络的数据源主要就是网络数据包。

7.2.1　信息源

入侵检测的第一要素是数据源。数据源可以以多种方式进行分类,以数据存在的位置来对数据源进行分类,数据源主要分为来自主机的数据和来自网络的数据两类。

1. 基于主机的信息源

基于主机的信息源主要包括操作系统审计踪迹、系统日志文件和其他应用程序的日志文件。

1) 操作系统审计踪迹

第一个被认为具有安全意义的基于主机的信息源是操作系统审计踪迹。这些审计踪迹是按时间顺序存放的系统活动信息的集合,描述了一个个可审计的系统事件,每个事件对应着一个审计记录,所有的审计记录又组成了一个或多个审计文件。

很多操作系统的审计踪迹是为满足可信产品评估程序的要求而设计开发的,美国政府在 1985 年提出的评估标准——可信计算机系统评估标准(Trusted Computer System Evaluation Criteria,TCSEC)列出了商业操作系统和应用软件所要求的特点和保证,评估过程根据可信级别去评估操作系统,可信级别是操作系统可信赖的一种度量(Metric)。C2级的审计记录包括主体、行为、客体、例外条件、资源使用情况和发生时间。主体为用户或者进程,行为是主体对客体的操作,客体是各种系统资源,如 CPU、内存等,例外条件是返回的错误代码,资源使用情况是资源使用的量化指标,发生时间指发生行为动作的时间。

审计踪迹由一个特殊审计子系统产生,这个子系统是操作系统软件的一部分,在核心级和用户级记录事件。因此它详细地揭示了系统事件,包括主体、目标信息和用户 ID 等,这些信息允许 IDS 检测出细小的误用操作,但同时负面的影响也很大,审计数据的复杂性和数量等大大增加,会占用大量使用系统资源,使系统性能下降;同时对入侵者来说,巨大的审计数据也利用它们隐藏踪迹。

例如,Sun 的基本安全模块(Basic Security Model,BSM)是一个审计子系统,安装在 Solaris 操作系统上,使得 Solaris 满足 TCSEC C2 可信任系统分级。BSM 由审计日志、审计文件、审计记录和审计令牌组成,如图 7.3 所示。审计日志由多个审计文件组成,审计文件中包含多条审计记录,多个审计令牌组成一个审计记录,每一个审计令牌描述了一个系统属性。

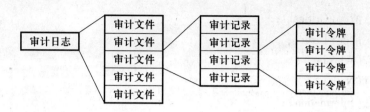

图 7.3 BSM 审计数据结构

微软的 Windows NT/2000/XP 操作系统以事件日志的方式提供了信息源,并提供了很多审计策略,审计策略规定了事件日志的类型,可以根据动作、用户和目标具体化。Windows 事件日志收集了三种类型的事件:应用程序、安全性和系统。应用程序日志记录了应用程序产生的事件,事件类型可以由应用程序开发者自己定义,例如,一个杀毒软件的杀毒引擎成功启动后,会向应用程序日志发送消息。安全日志由定义安全相关的事件组成。操作系统日志由系统部件产生的事件组成,包括驱动程序失败、进程崩溃、COM 组件异常等。

Windows 的事件日志由一系列事件记录组成,一个事件记录分为三个部分:记录头、描述和可选的附近数据,如图 7.4 所示。

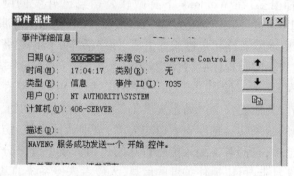

图 7.4 Windows 事件属性

2)系统日志和应用日志

日志是消息的集合,包括操作系统产生的和应用程序的,存放在多个文件中,记录了系统进程或用户执行过的操作。日志通常没有审计踪迹可靠,因为日志的内容多数是由应用程序决定的,而且日志保存在文本文件中,容易被更改和破坏。但是日志有很大的灵活性,根据应用的不同,记录差别很大,可以用到很多审计踪迹无法产生的地方,对 IDS 来说,也是一种重要的数据来源。

在 Linux 操作系统下,通过 Syslog 后台程序提供日志服务,它管理着系统的日志操作。日志文件通常存放在 tail/var/log 目录下,守护进程(daemon)由于不能输出信息到控制台,运行时产生的警告信息、错误信息一般都写到日志中。Syslog 根据应用程序类型的不同可以输出日志到不同的文件,如使用 tail /var/log/message 命令就可以最近的系统日志记录。根据消息的重要性,每个日志记录可以有不同的等级,下面列出了这些等级,重要性从上到下依次递减。

(1)紧急情况,系统不可用(Emergency);

(2)警报,必须立刻采取措施(Alert);

（3）危急情况（Critical）；

（4）错误情况（Error）；

（5）警告（Warning）；

（6）注意（Notice）；

（7）信息（Information）；

（8）调试（Debug）。

Windows 操作系统的日志包括应用程序日志、安全日志和系统日志，它们对检测入侵也有着重要的意义。

2. 基于网络的信息源

当前的大部分商用 IDS 都用网络数据包作为信息源，主要是因为：现有的攻击大多数是针对网络的攻击；网络数据很容易读取；网络上的监控器不影响网络上其他系统的性能；对用户来说它是透明的，攻击者也不知道它的真实位置。

互联网主要采用了 TCP/IP 协议，因此在网络层传输的大部分是 IP 包，通过将网络接口设置为混杂模式，就可以捕获共享网络上的所有数据包。对 IDS 来说，从链路层到应用层，所有的报文数据都可以层层解码获得，最后能还原最上层的会话数据。

包俘获的工具有很多，在 Windows 下有微软公司自己开发的网络监视器 Windows Packet Capture。UNIX 下的俘获工具更丰富，最著名的有伯克利包过滤器（Berkeley Packet Filter, BPF），它主要由网络活拴和包过滤器组成，网络活拴从网络设备驱动程序获取数据并送给监听程序，包到达监听程序后，过滤器获取数据，进行过滤操作。另外，具有多平台可移植性的包俘获库 Libpcap 使用很广泛，一些 NIDS 就采用它俘获底层包，如 Snort。

除了包探测器外，其他的安全产品也提供了各种检测信息。执行入侵检测时，考虑的事件信息越多，检测的结果就会越准确。像防火墙、鉴别认证系统、访问控制系统和其他安全设备都有日志记录，它们对检测入侵有特殊的价值。集中起来分析系统的安全基础设施其他部分的事件日志，可以抓住关键的信息，入侵者入侵系统的基本步骤是定位和查点，然后使系统保护无效，因此其他安全产品记录的信息是极有价值的。

3. 信息源的对比

基于主机的信息源和基于网络的信息源各有优劣，但是信息来源的可靠性很重要，对攻击者来说，它最终的攻击目标多数是一个目标点、服务器或主机。针对网络本身的攻击大多是大量的无用数据，造成拒绝服务攻击，而掩盖了真实的攻击意图。因此，从信息来源的可靠性来说，主机上的审计踪迹更可靠和有效，它记录了最终的入侵行径，特别是对于加密的数据，监控网络数据包是无能为力的。正如前面所述，针对网络的像 TCP SYN 洪流攻击，主机上是无法检测到的，因此将两者结合起来，效果会更好。主机上收集的审计踪迹是直接的，监控网络数据包收集的数据是间接的，必须综合分析多个数据包来发现攻击特征。它们之间有下列区别：

（1）基于主机收集到的数据能准确反映主机上发生的情况，从网络上收集到的数据包只能去分析推断发生了什么事情。

（2）在高速的网络中，网络监视器会漏掉大量的流量，而且攻击者可以采用很多 IDS 规避技术使 IDS 的分析无效，主机监视器却可以报告每台主机上发生的所有事件。

（3）基于网络的数据收集机制对加密、插入攻击和"中间人"攻击很难进行分析，基于主机的数据收集能够处理主机收到的所有数据。

（4）数据的产生和被检测之间有一个时间间隔，基于网络的数据收集可以更快地分析数据，实时性更好，主机上的数据收集为了降低对系统资源的占用，会采用事后分析的离线方式。

一些 IDS 在数据收集时分为外部探测器和内部探测器，使用外部探测器时，监控组件与被监控程序分离，而内部探测器作为 IDS 整个系统的一个子模块实现。它们用于直接数据收集时也各有利弊，内部探测器独立性不好，容易引入错误，而外部探测器与所监控的程序是相互分离的，更容易维护。内部探测器可以访问所监视程序中的任何信息，而外部探测器只能访问外部可获的数据。内部探测器访问的数据更完全，而外部探测器只能根据可获得的数据作出猜测，所以前者产生的结果也比后者更正确。

7.2.2　IDS 的类型

随着入侵检测技术的发展，到目前为止出现了很多入侵检测系统，不同的入侵检测系统具有不同的特征。根据不同的分类标准，入侵检测系统可分为不同的类别。按照信息源划分入侵检测系统是目前最通用的划分方法。入侵检测系统主要分为两类，即基于网络的 IDS 和基于主机的 IDS，下面主要对这两种 IDS 进行分析。

1. 基于网络的 IDS

基于网络的入侵监测系统使用原始的网络数据包作为数据源，主要用于实时监控网络关键路径的信息，它侦听网络上的所有分组来采集数据，分析可疑现象。基于网络的入侵检测系统使用原始网络包作为数据源，通常将主机的网卡设成混杂模式，实时监视并分析通过网络的所有通信业务，也可能采用其他特殊硬件获得原始网络包。它的攻击识别模块通常使用四种常用技术来识别攻击标志：

（1）模式、表达式或字节匹配；

（2）频率或穿越阈值；

（3）次要事件的相关性；

（4）统计学意义上的非常规现象检测。

一旦检测到攻击行为，入侵检测系统的响应模块就会对攻击采取相应的反应。基于网络的 IDS 有许多仅靠基于主机的入侵检测法无法提供的功能。实际上，许多客户在最初使用 IDS 时，都配置了基于网络的入侵检测。基于网络的检测有以下优点：

（1）实施成本低。一个网段上只需要安装一个或几个基于网络的入侵检测系统便可以监测整个网段的情况，而且由于往往由单独的计算机做这种应用，所以不会给运行关键业务的主机带来负载上的增加。

（2）隐蔽性好。一个网络上的监测器不像一个主机那样显眼和易被存取，因而也不那么容易遭受攻击。

（3）监测速度快。基于网络的监测器通常能在微秒级或秒级发现问题，可以配置在专门的机器上，不会占用被保护的设备上的任何资源。

（4）视野更宽。可以检测一些主机检测不到的攻击，如泪滴攻击、基于网络的 SYN 攻击等；还可以检测不成功的攻击和恶意企图。

（5）操作系统无关性。基于网络的 IDS 作为安全监测资源，与主机的操作系统无关。

（6）攻击者不易转移证据。基于网络的 IDS 使用正在发生的网络通信进行实时攻击的检测，所以攻击者无法转移证据。

基于网络的入侵检测系统的主要缺点是：只能监视本网段的活动，精确度不高；在交换网络环境下无能为力；对加密数据无能为力；防入侵欺骗的能力也比较差；难以定位入侵者。

2. 基于主机的 IDS

基于主机的入侵检测系统通过监视与分析主机的审计记录和日志文件来检测入侵。日志中包含发生在系统上的不寻常和不期望活动的证据，这些证据可以指出有人正在入侵或已成功入侵了系统。通过查看日志文件，能够发现成功的入侵或入侵企图，并很快地启动相应的应急响应程序，也可以通过其他手段从所在的主机收集信息进行分析。基于主机的入侵检测系统主要用于保护运行关键应用的服务器。

基于主机的 IDS 可监测系统、事件和 Window NT 下的安全记录以及 UNIX 环境下的系统记录，从中发现可疑行为。当有文件发生变化时，IDS 将新的记录条目与攻击标记相比较，看它们是否匹配。如果匹配，系统就会向管理员报警并向其他目标报告，以采取措施。关键系统文件和可执行文件入侵检测的常用方法，是通过定期检查校验和来进行的，以便发现意外的变化。此外，许多 IDS 还监听主机端口的活动，并在特定端口被访问时向管理员报警。

基于主机的 IDS 分析信息来自于单个的计算机系统，这使得它能够相对可靠、精确地分析入侵活动，能精确地决定哪一个进程和用户参与了对操作系统的一次攻击。尽管基于主机的入侵检测系统不如基于网络的入侵检测系统快捷，但它确实具有基于网络的入侵检测系统无法比拟的优点。这些优点包括：

（1）能够检测到基于网络的系统检测不到的攻击。基于主机的入侵检测系统可以监视关键的系统文件和执行文件的更改，它能够检测到那些欲重写关键系统文件，安装特洛伊木马、后门的尝试等，并将它们中断；而基于网络的入侵检测系统有时会检测不到这些行为。

（2）安装、配置灵活。交换设备可将大型网络分成许多小型网段加以管理。基于主机的入侵检测系统可安装在所需的重要主机上，用户可根据自己的实际情况对其进行配置。

（3）监控粒度更细。基于主机的 IDS，监控的目标明确，可以检测到通常只有管理员才能实施的非正常行为。它可以很容易地监控系统的一些活动，如对敏感文件、目录、程序或端口的存取，例如，基于主机的 IDS 可以监督所有用户登录及退出登录的情况，以及每位用户在连接到网络以后的行为。

（4）监视特定的系统活动。基于主机的入侵检测系统监视用户和文件的访问活动，包括文件的访问、改变文件的权限、试图建立新的可执行文件、试图访问特许服务。

（5）适用于交换及加密环境。加密和交换设备加大了基于网络 IDS 收集信息的难度，但由于基于主机的 IDS 安装在要监控的主机上，因而不会受这些因素的影响。

（6）不要求额外的硬件。基于主机的入侵检测系统存在于现有的网络结构中，包括文件服务器、Web 服务器及其他共享资源，不需要在网络上另外安装登记、维护及管理额外的硬件设备。

基于主机的入侵检测系统的主要缺点是:它会占用主机的资源,在服务器上产生额外的负载;缺乏平台支持,可移植性差,应用范围受到严重限制,例如,在网络环境中,某些活动对于单个主机来说可能构不成入侵,但是对于整个网络是入侵活动。例如,"旋转门柄"攻击,入侵者企图登录到网络主机,对每台主机只试用一次用户 ID 和口令,并不进行暴力口令猜测,如果不成功,便转向其他主机。对于这种攻击方式,各主机上的入侵检测系统显然无法检测到,这就需要建立面向网络的入侵检测系统。

7.2.3 IDS 的基本技术

1. 误用检测

误用检测最适用于已知使用模式的可靠检测,这种方法的前提是入侵行为能按照某种方式进行特征编码。如果入侵者攻击方式恰好匹配上检测系统中的模式库,则入侵者即被检测到,如图 7.5 所示。入侵特征描述了安全事件或其他误用事件的特征、条件、排列和关系。由于特征构造方式有多种,所以误用检测方法也多种多样,主要包括以下一些方法:

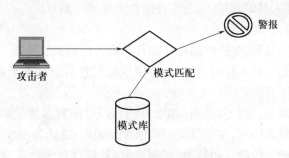

图 7.5 误用入侵检测模型

1) 专家系统

专家系统是指根据一套有专家事先定义的规则推理的系统。入侵行为用专家系统的一组规则描述,事件产生器采集到的可疑事件按一定的格式表示成专家系统的事实,推理机用这些规则和事实进行推理,以判断目标系统是否受到攻击或有受攻击的漏洞等。专家系统的建立依赖于知识库(规则)的完备性,规则的形式是 IF – THEN 结构。IF 部分为入侵特征,THEN 部分为规则触发时采取的动作。

早期的误用检测都采用专家系统,如 IDES、DIDS 等。使用专家系统的优点在于可以把系统的控制推理从问题解决的描述中分离出去,这样就允许用户以特定规则的形式输入攻击信息和动作,而不需要用户理解专家系统的内部功能。但是它也存在一些不足:如不适用于处理大批量数据,特别是规则数量的增加使系统性能下降很快;无法利用连续有序数据之间的关联性;无法处理不确定性。

2) 状态转移分析

状态转移分析主要使用状态转移表来表示和检测入侵,不同状态刻画了系统某一时刻的特征。初始状态对应于入侵开始前的系统状态,危害状态对应于已成功入侵时刻的系统状态。初始状态与危害状态之间的迁移可能有一个或多个中间状态。每次转移都是由一个断言确定的状态经某个事件触发转移到下一个状态,该方法类似于有限状态机。攻击者执行一系列操作,使系统的状态发生迁移,因此通过检查系统的状态就可以发现入侵行为。

3）基于条件概率的误用检测

基于条件概率的误用检测，是指将入侵方式对应一个事件序列，然后观测事件发生序列，应用贝叶斯定理进行推理，推测入侵行为。设 ES 表示事件序列，先验概率为 $P(\text{Intrusion})$，后验概率为 $P(\text{ES}|\text{Intrusion})$，事件出现概率为 $P(\text{ES})$，则

$$P(\text{Intrusion} \mid \text{ES}) = P(\text{ES} \mid \text{Intrusion}) \frac{P(\text{Intrusion})}{P(\text{ES})}$$

通常网络管理员可以根据自己的经验给出先验概率 $P(\text{Intrusion})$，对入侵报告数据统计计算后得出 $P(\text{ES}|\text{Intrusion})$ 和 $P(\text{ES}|-\text{Intrusion})$，于是可以计算出

$$P(\text{ES}) = \left[P(\text{ES} \mid \text{Intrusion}) - P(\text{ES} \mid -\text{Intrusion})\right] \cdot$$
$$P(\text{Intrusion}) + P(\text{ES} \mid -\text{Intrusion})$$

因此，可以通过事件序列的观测推算出 $P(\text{Intrusion}|\text{ES})$。基于条件概率的误用检测方法，是基于概率论的一种通用方法，是对贝叶斯方法的改进；其缺点是：先验概率难以给出，过多地依靠管理人员的水平，而且事件的独立性难以满足。

4）基于规则的误用检测

基于规则的误用检测方法，是指将攻击行为或入侵模式表示成一种规则，只要匹配相应的规则就认定它是一种入侵行为，它和专家系统有些类似。基于规则的误用检测按规则组成方式分为以下两类：

（1）向前推理规则：将已知攻击（如木马、病毒等）的数据特征都对应到规则中，检测时直接和规则进行模式匹配，如果发现有相匹配的规则，就认为有攻击行为。这种方法的优点是能够比较准确地检测入侵行为，误报率低；其缺点是无法检测未知的入侵行为，而且规则对攻击描述的准确性直接影响到 IDS 的检测能力。

（2）向后推理规则：由结果推测可能发生的原因，然后再根据收集到的信息判断真正发生的原因，它具有异常统计的特征，比如，在很短时间内，一台主机接收到了从多个地址（可能是虚假地址）发来的 ping 包，则可以认为这台主机遭受到了拒绝服务攻击。这种方法的优点是可以发现异常，可能就是未知的入侵行为，缺点是误报率高。

2. 异常检测

异常检测的前提是异常行为包括入侵行为。最理想情况下，异常行为集合等同于入侵行为集合，但事实上，入侵行为集合不可能等同于异常行为集合，如图 7.6 所示，有 4 种行为：行为是入侵行为，但不表现异常；行为是入侵行为，且表现异常；行为不是入侵行为，却表现异常；行为既不是入侵行为，也不表现异常。

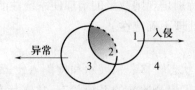

图 7.6　入侵和异常的集合

异常检测的基本思路是构造异常行为集合，将正常用户行为特征轮廓和实际用户行为进行比较，并标识出正常和非正常的偏离，从中发现入侵行为。异常检测依赖于异常模

型的建立,它假定用户表现为可预测的、一致的系统使用模式,同时随着事件的迁移适应用户行为方面的变化。不同模型构成不同的检测方法,如何获得这些入侵先验概率就成为异常检测方法是否成功的关键问题。下面介绍不同的异常检测方法。

1) 量化分析

量化分析是异常检测中最常用的方法,它将检测规则和属性以数值形式表示,这些结果是误用检测和异常检测统计模型的基础。量化分析通常包括阈值检测、启发式阈值检测、基于目标的集成检查和数据精简。

2) 统计度量

统计分析方法首先给系统对象(如用户、文件、目录和设备等)创建一个统计描述,统计正常使用时的一些测量属性(如访问次数、操作失败次数和延时等)。测量属性的平均值将被用来与网络、系统的行为进行比较,任何观察值在正常值范围之外时,就认为有入侵发生。其优点是可检测到未知的入侵和更为复杂的入侵;缺点是误报、漏报率高且不适应用户正常行为的突然改变。

3) 非参数统计度量

早期的统计方法都使用参数方法描述用户和其他系统实体的行为模式,这些方法都假定了被分析数据的基本分布。如果一旦假定与实际偏差较大,那么无疑会导致很高的错误率。Lankewica 和 Mark Benard 提出了一种克服这个问题的方法,即使用非参数技术执行异常检测。该方法只需要很少的已知使用模式,并允许分析器处理不容易由参数方案确定的系统度量。非参数统计和统计度量相比,在速度和准确性上确实有很大提高,但是如果涉及超出资源使用的扩展特性将会降低分析的效率和准确性。

4) 神经网络

神经网络使用自适应学习技术来描述异常行为,属于非参数分析技术。神经网络由许多称为单元的简单处理元素组成,这些单元通过使用加权的连接相互作用,它具有自适应、自组织、自学习的能力,可以处理一些环境信息复杂、背景知识不清楚的问题。将来自审计日志或正常的网络访问行为的信息,经过处理后产生输入向量,神经网络对输入向量进行处理,从中提取用户正常行为的模式特征,并以此创建用户的行为特征轮廓。这要求系统需要事先对大量实例进行训练,具有每一个用户行为模式特征的知识,从而找出偏离这些轮廓的用户行为。在使用神经网络进行入侵检测时,主要不足是神经网络不能为它们提供任何信服的解释,这使它不能满足安全管理需要。

3. 混合型检测

最近出现的一些入侵检测方法不单纯属于误用检测或异常检测范围,它们可以应用于上述两类检测。主要包括下列方法:

1) 基于代理检测

基于代理的入侵检测是在一个主机上执行某种安全监控功能的软件实体。这些代理自动运行在主机上,并且可以和其他相似结构的代理进行交流和协作。一个代理可以很简单(例如,记录在一个特定时间间隔内特定命令触发的次数),也可以很复杂(在一定环境内捕获并分析数据)。基于代理的检测方法是非常有力的,它允许基于代理的入侵检测系统提供异常检测和误用检测的混合能力。具有代表性的基于代理的入侵检测系统原型有 AAFID(Autonomous Agents for Intrusion Detection)。AAFID 是一个分布式的监视和入侵检测系统,它使用独立的小的代理程序在网络的每个主机上执行监控功能。为了检测到可疑的活动,AAFID采用继承式结构来收集每个代理、主机、主机集合产生的信息。

2)数据挖掘

数据挖掘是数据库中的一项技术,其作用是从大型数据集中抽取知识。对于入侵检测系统来说,也需要从大量的数据中提取出入侵的特征。因此,将数据挖掘技术引入到了入侵检测系统中,通过数据挖掘程序处理搜集到的审计数据,为各种入侵行为和正常操作建立精确的行为模式,这是一个自动的过程。对挖掘审计数据通常有分类、连接和顺序分析3种方法。数据挖掘方法的关键点在于算法的选取和建立一个正确的体系结构。数据挖掘的优点在于处理大量数据的能力与进行数据关联分析的能力。因此,基于数据挖掘的检测算法将会在入侵预警方面发挥优势。

3)免疫系统方法

免疫系统方法是由Forrest和Hofmeyr等人提出的,他们注意到了生理免疫系统和系统保护机制之间有着显著的相似性。通过模仿生物有机体的免疫系统工作机制,可以使受保护的系统能够将"非自我"的攻击行为与"自我"的合法行为区分开来。两者的关键是有决定执行"自我/非自我"的能力,即一个免疫系统能决定哪些东西是无害实体,哪些是有害因素。该方法综合了异常检测和误用检测两种方法。

4)遗传算法

遗传算法是一类称为进化算法的一个实例。进化算法吸收达尔文自然选择法则(适者生存)来优化问题解决。这些算法在多维优化问题处理方面的能力已经得到认可,并且遗传算法对异常检测的实验结果也是令人鼓舞的,在检测准确率和速度上有较大的优势,但主要不足是不能在审计跟踪中精确地定位攻击。

入侵检测系统是一种主动防御技术。由于现在针对系统和网络的入侵行为越来越多,因此入侵检测系统的应用也越来越广泛。入侵检测作为传统计算机安全机制的补充,它的开发应用增大了网络与系统安全的保护纵深,成为目前动态安全工具的主要研究和开发方向。随着系统漏洞不断被发现,攻击不断发生,入侵检测系统在整个安全系统中的地位不断提高,所发挥的作用也越来越大。

本 章 小 结

入侵检测系统作为一种积极主动的安全防护手段,在保护计算机网络和信息安全方面发挥着重要的作用。入侵检测是监测计算机网络和系统以发现违反安全策略事件的过程,通过在计算机网络或计算机系统中的若干关键点收集信息并对收集到的信息进行分析,从而判断网络或系统中是否有违反安全策略的行为和被攻击的迹象,完成入侵检测功能的软件、硬件组合便是入侵检测系统(IDS)。入侵检测系统通过对网络和系统中的数据包或主机的日志等信息进行提取、分析,发现入侵和攻击行为,并对入侵或攻击作出响应。IDS是一个数据驱动的系统,输入数据来源于各种各样的信息源,包括主机的系统日志、应用程序日志和审计记录、网络的原始数据包。由于系统监控方法的不同,所关心的数据源也不同,基于主机的数据源有操作系统审计踪迹、系统日志等,基于网络的数据源主要就是网络数据包。

本章简单介绍了 IDS 的产生、IDS 的功能和两种入侵检测模型,重点分析了主机的信息源、基于网络的信息源,以及基于网络的 IDS 和基于主机的 IDS 这两类入侵检测系统,详细描述了误用检测、异常检测和混合型检测这三种入侵检测方法。

　　入侵检测技术是作为防火墙的补充技术,和防火墙一道构建一个安全网络体系,这两种技术具有较强的互补性。防火墙有很强的阻断功能,但其策略都是事先设置好的,无法动态设置策略,通常情况下,入侵检测系统总是位于防火墙的后面,首先由防火墙做最基本的过滤,再由 IDS 对数据包做深度检测,根据入侵检测的结果对防火墙的安全策略做动态的调整。

思 考 题

1. 什么是入侵检测,它是否可以作为一种安全策略单独使用?
2. 简述入侵检测系统的功能。
3. 入侵检测有哪些方法?
4. 基于网络的 IDS 是如何工作的? 并分析其优、缺点。
5. 基于主机的 IDS 是如何工作的? 并分析其优、缺点。

第8章　防病毒技术

计算机病毒对计算机系统所产生的破坏效应,使人们清醒地认识到其所带来的危害性。现在,每年的新病毒数量都是以指数级在增长,而且由于近几年传输媒质的改变和互联网的大面积普及,导致计算机病毒感染的对象开始由工作站(终端)向网络部件(代理、防护和服务器设置等)转变,病毒类型也由文件型向网络蠕虫型改变。现今,世界上很多国家的科研机构都在深入地对病毒的实现和防护进行研究。

8.1　计算机病毒概述

病毒是一段具有自我复制能力的代理程序,它将自己的代码写入宿主程序的代码中,以感染宿主程序,每当运行受感染的宿主程序时病毒就自我复制,然后其副本感染其他程序,如此周而复始。它一般隐藏在其他宿主程序中,具有潜伏能力、自我繁殖能力、被激活产生破坏能力。

计算机病毒不是天然存在的,而是某些人利用计算机软/硬件所固有的脆弱性,编制的具有特殊功能的程序。自从 Fred Cohen 博士于 1983 年 11 月成功研制了第一种计算机病毒(Computer Virus)以来,计算机病毒技术正以惊人速度发展,不断有新的病毒出现。从广义上定义,凡能够引起计算机故障、破坏计算机数据的程序统称为计算机病毒。依据此定义,诸如逻辑炸弹、蠕虫等均可称为计算机病毒。

那么病毒究竟是如何产生的呢? 其过程可分为:程序设计—传播—潜伏—触发—运行—实行攻击。究其产生的原因不外乎以下几种:

(1) 开个玩笑,一个恶作剧。某些爱好计算机并对计算机技术精通的人士为了炫耀自己的高超技术和智慧,凭借对软/硬件的深入了解,编制这些特殊程序,这些程序通过载体传播出去后,在一定条件下被触发。如显示一些动画,播放一段音乐,或提一些智力问答题目等,其目的无非是自我表现一下。这类病毒一般都是良性的,不会有破坏操作。

(2) 产生于个别人的报复心理。每个人都处于社会环境中,但总有人对社会不满或受到不公正的待遇,如果这种情况发生在一个编程高手身上,那么他有可能会编制一些危险的程序。在国外有这样的事例:某公司职员在职期间编制了一段代码隐藏在其公司的系统中,一旦检测到他的名字在工资报表中删除,该程序立即发作,破坏整个系统。类似案例在国内也出现过。

(3) 用于版权保护。计算机发展初期,由于在法律上对于软件版权保护还没有像今天这样完善,很多商业软件被非法复制,有些开发商为了保护自己的利益制作了一些特殊程序,附在产品中。例如,巴基斯坦病毒,其制作者是为了追踪那些非法复制他们产品的用户。用于这种目的的病毒目前已不多见。

(4) 用于特殊目的。某组织或个人为达到特殊目的,对政府机构、单位的特殊系统进

144

行宣传或破坏;或者用于军事目的。

8.1.1　计算机病毒的特征

一般来说,病毒这种特殊程序有以下几种特征:

(1) 传染性是病毒的基本特征。在生物界,病毒通过其传染性从一个生物体扩散到另一个生物体,在适当的条件下,它可得到大量繁殖,并使被感染的生物体表现出病症甚至死亡。同样,计算机病毒也会通过各种渠道从已被感染的计算机扩散到未被感染的计算机,在某些情况下造成被感染的计算机工作失常甚至瘫痪。与生物病毒不同的是,计算机病毒是一段人为编制的计算机程序代码,这段程序代码一旦进入计算机并得以执行,它会搜寻其他符合其传染条件的程序或存储介质,确定目标后再将自身代码插入其中,达到自我繁殖的目的。只要一台计算机染毒,如不及时处理,那么病毒会在这台计算机上迅速扩散,其中的大量文件(一般是可执行文件)会被感染。而被感染的文件又成了新的传染源,再与其他机器进行数据交换或通过网络接触,病毒会继续进行传染。正常的计算机程序一般是不会将自身的代码强行连接到其他程序之上的,而病毒却能使自身的代码强行传染到一切符合其传染条件的未受到传染的程序之上。计算机病毒可通过各种可能的渠道,如软盘、计算机网络去传染其他的计算机。

(2) 未经授权而执行。一般正常的程序是由用户调用,再由系统分配资源,完成用户交给的任务,其目的对用户是可见的、透明的。而病毒具有正常程序的一切特性,它隐藏在正常程序中,当用户调用正常程序时窃取到系统的控制权,先于正常程序执行,病毒的动作、目的对用户时未知的,是未经用户允许的。

(3) 隐蔽性。病毒一般是具有很高编程技巧、短小精悍的程序,通常附在正常程序中或磁盘较隐蔽的地方,也有个别的以隐含文件形式出现,目的是不让用户发现它的存在。如果不经过代码分析,病毒程序与正常程序是不容易区别开来的。一般在没有防护措施的情况下,计算机病毒程序取得系统控制权后,可以在很短的时间里传染大量程序,而且受到传染后,计算机系统通常仍能正常运行,使用户不会感到任何异常。正是由于隐蔽性,计算机病毒得以在用户没有察觉的情况下扩散到上百万台计算机中。大部分的病毒的代码之所以设计得非常短小,也是为了隐藏。病毒一般只有几百字节或 1KB,而 PC 对DOS 文件的存取速度可达每秒几百千字节以上,所以病毒转瞬之间便可将这短短的几百字节附着到正常程序之中,而很难被人察觉。

(4) 潜伏性。大部分的病毒感染系统之后一般不会马上发作,它可长期隐藏在系统中,只有在满足其特定条件时才启动其表现(破坏)模块,只有这样它才可进行广泛地传播。例如,"PETER - 2"在每年 2 月 27 日会提三个问题,答错后会将硬盘加密;著名的"黑色星期五"在每逢 13 号的星期五发作;当然,最令人难忘的便是 26 日发作的 CIH。这些病毒在平时会隐藏得很好,只有在发作日才会露出本来面目。

(5) 破坏性。任何病毒只要侵入系统,都会对系统及应用程序产生程度不同的影响,轻者会降低计算机工作效率,占用系统资源,重者可导致系统崩溃,由此特性可将病毒分为良性病毒与恶性病毒。良性病毒可能只显示些画面或出点音乐、无聊的语句,或者根本没有任何破坏动作,但会占用系统资源,这类病毒较多,如 GENP、小球、W - BOOT 等。恶性病毒则有明确得目的,或破坏数据、删除文件或加密磁盘、格式化磁盘,有的对数据造成不可挽回的破坏,这也反映出病毒编制者的险恶用心。

从对病毒的检测方面来看,病毒还有不可预见性。不同种类的病毒,它们的代码千差万别,但有些操作是共有的(如驻内存、改中断),有些人利用病毒的这种共性制作了声称可查所有病毒的程序。这种程序的确可查出一些新病毒,但由于目前的软件种类极其丰富,且某些正常程序也使用了类似病毒的操作甚至借鉴了某些病毒的技术,使用这种方法对病毒进行检测势必会造成较多的误报情况,而且病毒的制作技术也在不断地提高,病毒对反病毒软件永远是超前的。

8.1.2 计算机病毒的分类

根据感染对象、感染系统和感染方式的不同,可以把计算机病毒分为以下3类:

1. 按感染对象分类

根据感染对象的不同,病毒可分为引导型病毒、文件型病毒和混合型病毒3类。

引导型病毒的感染对象是计算机存储介质的引导区。病毒将自身的全部或部分逻辑取代正常的引导记录,而将正常的引导记录隐藏在介质的其他存储空间。由于引导区是计算机系统正常启动的先决条件,所以此类病毒可在计算机运行前获得控制权,其传染性较强,如 Bupt、Monkey、CMOS dethroner 等。

文件型病毒感染对象是计算机系统中独立存在的文件。病毒将在文件运行或被调用时驻留内存、传染、破坏,如 Dir II、Honking、宏病毒 CIH 等。

混合型病毒感染对象是引导区或文件,该病毒具有复杂的算法,采用非常规办法侵入系统,同时使用加密和变形算法,如 One half、V3787 等。

2. 按感染系统分类

根据针对的系统不同,病毒分为 DOS 病毒、宏病毒和 Windows 病毒3类。

DOS 病毒侵入 DOS 系统环境,针对 DOS 内核而编制的病毒,如 Stone、"大麻"、Dir II、"黑色星期五"、"米开朗基罗"等。

宏病毒可跨越 DOS、Win 3.X、Win 95/98/Me/NT/2000/XP 和 Mactosh 多种系统环境,感染 Office 文件,如 Tw No.1、Setm、Cap 等。

Windows 病毒侵入 Win 95/98/Me 系统环境,感染 PE 格式文件,如 CIH 病毒。

3. 按感染方式分类

根据病毒的感染方式不同,可以分为源码型病毒、入侵型病毒、操作系统型病毒和外壳型病毒。

源码型病毒因非常难以编写,所以比较少见。它主要攻击由高级语言编写的源程序,在源程序编译之前插入其中,并随源程序一起编译、连接成可执行文件,因此刚生成的可执行文件编译文件已经带毒了。

入侵型病毒是用自身代替正常程序中的部分模块或堆栈区,因此这类病毒只攻击某些特定的程序,针对性比较强。一般情况下难以被发现,清除起来也比较困难。

操作系统型病毒可把其自身部分加入或替代操作系统的部分功能,因其直接感染操作系统,所以此类病毒危害较大。

外壳病毒将自身负载正常程序的开头或结尾,相当于给正常程序加了一个外壳。大部分的文件型病毒都属此类。

此外,还可以按照病毒恶意操作的类型对计算机病毒进行分类。按照病毒恶意操作的类型,可以把病毒分为分区表(Partition Sector)病毒、引导区(Boot sector)病毒、文件感染(File Infecting)病毒、变形(Polymorphic)病毒、复合型(Multi - Partite)病毒、特洛伊木马(Trojan)病毒、蠕虫(Worm)病毒和宏(Macro)病毒。

8.1.3 计算机病毒的工作原理

文件型的病毒将自身附着到一个文件当中,通常是附着在可执行的应用程序上(如一个字处理程序或 DOS 程序)。通常,文件型的病毒是不会感染数据文件的,然而数据文件可以包含有嵌入的可执行的代码,例如,宏,它可以被病毒使用或被特洛伊木马的作者使用。最新版本的 Microsoft Word 尤其易受到宏病毒的威胁。文本文件,如批处理文件、postscript 语言文件和那些可被其他程序编译或解释的含有命令的文件,都是 malware(怀有恶意的软件)潜在的攻击目标。

引导扇区病毒改变每一个用 DOS 格式来格式化的磁盘的第一个扇区里的程序。通常引导扇区病毒先执行自身的代码,然后再继续 PC 的启动进程。大多数情况,在这台染有引导型病毒的计算机对可读写的软盘进行读写操作,那么这块软盘也就会被感染。

混合型病毒有上面所述的两类病毒的某些特性,具有代表性的是:当执行一个被感染的文件,它将感染硬盘的引导扇区或分区扇区,并且感染在机器上使用过的软盘,或感染在带毒系统上进行格式化操作的软盘。

宏病毒主要感染一般的设置文件,例如,WORD 模版,导致以后所编辑的文档都会带有可感染的宏病毒。

欺骗病毒能够以某种长度存在,从而将自己从可能被注意的程序中隐蔽起来。

多形性病毒通过在可能被感染的文件中搜索简单的、专门的字节序列是不能检测到这种病毒的,因为这种病毒随着每次复制而发生变化。

伙伴病毒通过一个文件传播,首先该文件将代替用户本希望运行的文件被执行,之后再运行原始的文件,例如,MYAPP. EXE 文件可能通过创建名为 MYAPP. COM 的文件被感染。因为根据 DOS 的工作方式,当用户在 C > 提示符下敲入 MYAPP 时,MYAPP. COM 将代替 MYAPP. EXE 文件而运行。MYAPP. COM 首先运行它带有感染性的程序,然后再默默地执行 MYAPP. EXE 文件。

8.1.4 计算机病毒的传播途径及危害

目前,计算机病毒的传播途径主要有:
(1)通过软盘、ROM、磁盘等介质传播;
(2)通过计算机网络通信引起的病毒传播;
(3)通过点对点通信系统和无线信道传播。

即使在网络隔离的情况下还可能出现病毒,目前来说,虽然在病毒的传播中光盘、磁盘占的比重很小,但现在有一个新的技术趋势,就是利用 U 盘进行病毒的传播,也就是当 U 盘插入系统以后,所带的病毒程序就会自动激活感染计算机系统,或者从计算机系统里窃取到一些敏感文件,通过 U 盘就可以带走。在很多公共网络和内部网络里,往往采用移动的设备进行数据交换,这个过程就可能把公共网络上的病毒带到内部网络上。因此,今后仅仅纯粹地物理隔离不是完全解决方案,还要对各种介质加强严重的管理和控制,这样才能保证内部网络的相对安全。

计算机病毒的危害主要有:

(1) 降低计算机或网络系统正常的工作效率,计算机病毒一旦侵入了系统或网络,往往掌握了一部分系统操作的控制权,导致了系统正常工作效率的严重降低。

(2) 破坏计算机系统与用户的数据删改及破坏计算机的系统文件和参数、用户的主要数据和文件,造成大量的数据丢失,致使计算机系统无法正常运行。

(3) 窃取重要信息,计算机病毒程序在网络上传播的同时可以寻找它所感兴趣的信息,如用户的口令、重要的数据、敏感文件或硬盘的所有文件。

8.2　蠕虫和木马

蠕虫也是一段独立的可执行程序,它可以通过计算机网络把自身的复制品传给其他的计算机。蠕虫像细菌一样,它可以修改删除其他程序,也可以通过疯狂的自我复制来占尽网络资源,从而使网络资源瘫痪。木马(Trojan Horse)又称特洛伊木马,是一种通过各种方法直接或者间接与远程计算机之间建立起连接,使远程计算机能够通过网络控制本地计算机的程序。

从 2000 年开始,计算机病毒与木马技术相结合成为病毒新时尚,使病毒的危害更大,防范的难度也更大。

8.2.1　蠕虫的发展与现状

蠕虫具有病毒和入侵者双重特点,像病毒那样,它可以进行自我复制,并可能被当作假指令去执行,像入侵者那样,它以穿透网络系统为目标。蠕虫利用网络系统中的缺陷或系统管理中的不当之处进行复制,将其自身通过网络复制传播到其他计算机上,造成网络的瘫痪。蠕虫是最近几年才流行起来的一种计算机病毒,由于它与以前出现的计算机病毒在机理上有很大的不同(与网络结合),一般把非蠕虫病毒叫做传统病毒;把蠕虫病毒简称为蠕虫。

出现最早的网络蠕虫作者是美国的小莫里斯,他编写的蠕虫是在美国军方的局域网内活动,但是必须事先获取局域网的权限和口令。世界性的第一个大规模在互联网上传播的网络蠕虫病毒是 1998 年底的 Happy99 网络蠕虫病毒,当在网络上向外发出信件时,HAPPY99 网络蠕虫病毒会顶替信件或随信件从网络上跑到发信的目标中,到了每年 1 月 1 日,收件人一执行,便会在屏幕上不断暴发出绚丽多彩的礼花,机器就不再干什么了。1999 年 3 月欧美暴发了“美丽杀”网络蠕虫宏病毒,欧美最大的一些网站频频遭受堵塞,造成了巨大的经济损失。2000 年至今,是网络蠕虫开始“大闹”互联网的发展期。最初的蠕虫病毒尽管蔓延速度快,严重威胁着计算机系统的安全,但由于其结构简单,功能单一,在技术上也比较初等。传统的病毒防治手段仍然能够对其起到根治的作用,但是病毒在发展,网络在发展,网络又促进了病毒的发展,已经出现了并且还将出现利用各种复杂技术编制的网络蠕虫病毒。有人预言未来的蠕虫病毒有可能在 15min 内控制整个互联网,虽然这一说法不见得完全正确,但足以看出蠕虫病毒对网络的危害性。互联网蠕虫虽然早在 1988 年就显示出它巨大破坏力和危害性,但当时互联网没有普及,因而也没有引起人们更多的注意。

从 1990 年开始,对抗恶意软件破坏的主要内容锁定在个人计算机的防病毒上,且这种状况一直延续到现在。科研人员的主要精力放在如何预防、检测和消除攻击个人计算机文件系统的病毒。虽然邮件病毒的出现,使人们认识到互联网已经使病毒的性质发生了一些变化,需要调整研究方法和目标,但对于蠕虫的研究和防御到目前为止还比较少。近年来,新蠕虫层出不穷,危害越来越大,其造成的危害程度远远超过传统的病毒,由于对蠕虫研究的滞后,使人们在蠕虫面前手忙脚乱。通过对蠕虫的研究,可以扩大反病毒技术涵盖的范围,推进反病毒技术的发展。对蠕虫的实体特征、功能结构模型的研究,可以直接的转化应用到安全产品和反病毒产品中去,为减少恶意软件造成的经济损失提供相应的手段。2001 年 Code Red 蠕虫爆发后,针对蠕虫的研究逐渐成为热点。比较突出的有 Nicholas Weaver,并预言了可以在 30min 之内感染整个互联网的蠕虫将要出现,Starnme 的出现证实了他的预言,但值得注意的是 Stamme 没有采用任何一种他提到的快速传播策略,而依然使用的是最原始的随机选择策略。Clif Changchun Zou 以 CodeRed 蠕虫为例,讨论了基于微分方程描述的蠕虫传播模型,考虑了人为因素对蠕虫传播的影响,他的工作可以看作是 SIR 传播模型的一种扩展。David Moore 提出了衡量防治蠕虫的技术有效性的三个参数:响应时间、防治策略、布置策略,他认为目前的防治技术在这三个参数上都远远达不到对蠕虫防治的要求。Dug Song 等人对蠕虫引起的网络流量统计特征做了研究,这些工作中,一个比较突出的问题是,缺少对蠕虫整体特征的系统性分析,基本上都是针对特定的蠕虫(如 CodeRed 蠕虫)进行研究讨论和建模。

另外,在防治策略上,目前的方案大多停留在感性认识的基础上,或者仅提出功能性需求 CodeRed 蠕虫用到了很多相当高级的编程技术,它是通过微软公司 HS 服务的 ida 漏洞(IndexingService 中的漏洞)进行传播。2001 年 9 月 18 日,Nimda 蠕虫被发现,与以前的蠕虫不同的是 Nimda 开始结合病毒技术,它的定性引起了广泛的争议,著名的网络安全公司 NAI 把它归类为病毒,CERT 把它归类为蠕虫,国际安全组织 Incidents. Org 同时把它归入病毒和蠕虫两类。Nimda 蠕虫只攻击微软公司的 WinX 系列操作系统,它通过电子邮件、网络邻近共享文件、IE 浏览器的内嵌 MIAE 类型自动执行(Automatic Execution of Embedded MIMETypes)漏洞、its 服务器文件目录遍历(Directory Traversal)的漏洞、CodeRed I1 和 Sadmind/IIS 蠕虫留下的后门共 5 种方式进行传播,其中前 3 种方式是病毒传播的方式。

"冲击波"(Worm. Blaster)蠕虫病毒会持续利用 IP 扫描技术寻找网络上系统为 Win2000 或 XP 的计算机,找到后就利用 DOOM RPC 缓冲区漏洞攻击该系统,并向具有漏洞的系统的 135 端口发送数据,然后攻击有 RPC 漏洞的计算机,一旦攻击成功,病毒体将会被传送到对方计算机中进行感染,值得注意的是,该病毒还会对微软的升级网站进行拒绝服务攻击,导致该网站堵塞,使用户无法通过该网站升级系统,这样就使更多的系统漏洞无法打补丁。蠕虫在网络中持续扫描,寻找容易受到攻击的系统,它就会从已经被感染的计算机上下载能够进行自我复制的代码 MSBLAST. EXE,蠕虫驻留系统后在注册表中创建键值,以达到随系统启动而自动运行的目的,使系统操作异常、不停重启甚至导致系统崩溃。

8.2.2 几个典型蠕虫

1. W32. Worm. Sasser

2004 年 5 月 1 日起互联网上出现了一个新的高威胁病毒——Worm. Sasser,该病毒会对被感染的机器(Win NT/2000/XP/2003 操作系统)造成巨大的危害。

W32. Worm. Sasser 蠕虫即"震荡波"蠕虫。Worm. Sasser 病毒利用 Windows 平台的 Lsass 漏洞进行传播,可能会导致被感染的计算机无法正常使用,直至系统崩溃。如果计算机感染了病毒,那么很有可能系统无法正常使用,可能的现象如下:被该病毒攻击的计算机,如果病毒攻击失败,则计算机会出现 LSA Shell 服务异常框,接着出现 1min 后重启计算机的"系统关机"框。病毒如果攻击成功,则会占用大量系统资源,使 CPU 占用率达到 100%,出现计算机运行异常缓慢的现象。比如,上网后(拨号连接或者宽带连接),速度突然变慢或断线,点击网页链接无响应;桌面或系统图标双击无法打开,点击时提示系统配额不足;开始菜单中的项目会有丢失的情况,并且点击开始菜单项的程序无响应等。自 2004 年 5 月 1 日"震荡波"蠕虫爆发后,又陆续出现 W32. Kibuv. Worm("大选杀手")蠕虫和 W32. Korgo. Worm("考格")蠕虫,这些蠕虫都是利用了微软 ms04 – 011 安全公告中的 Lsass 漏洞。

2. Worm. Blaster

2003 年 8 月流行的"冲击波"病毒给网络所带来的带宽消耗和财务损失绝对不亚于"红色代码"病毒,"冲击波"病毒是利用微软公司在 7 月 21 日公布的 RPC 漏洞进行传播的。只要是计算机上有 RPC 服务并且没有打安全补丁的计算机都存在有 RPC 漏洞,具体涉及的操作系统是 Win 2000/XP/Server 2003。该病毒感染系统后,会使计算机产生下列现象:系统资源被大量占用,有时会弹出 RPC 服务终止的对话框,并且系统反复重启,不能收/发邮件、不能正常复制文件、无法正常浏览网页,复制粘贴等操作受到严重影响,DNS 和 IIS 服务遭到非法拒绝等。

3. CodeRed

CodeRed("红色代码")蠕虫是一个 IIS(Microsoft Internet Infomation Server)蠕虫,只对安装了 IIS 系统的机器有威胁。它直接通过网络和微软一个名为"Unchecked Buffer in Index Server ISAPI Extension"的漏洞进入计算机内存造成 IIS 溢出并传染攻击其他装有微软 IIS、Index Service 服务器的计算机,CodeRed 又称为 IIS – Worm. Bady。

4. Myparty

W32/Myparty 病毒能够引起 CPU、网络和邮件服务器的拥塞,并可能造成拒绝服务器。在许多系统中,包括蠕虫和病毒在内的恶意代码能够严重地影响业务系统运行的连续性,至少它们能够干扰用户手头上的工作,最坏的情况是它们能够对系统造成严重的破坏。虽然 Myparty 不是一个会对系统造成严重破坏的病毒,但它有可能引起业务的中断。

Myparty 是一种电子邮件蠕虫,像其他蠕虫病毒一样,它使用用户的机器发送大量的电子邮件。其电子邮件主题是"New photos from my party!",邮件内容为:

Myparty…It was absolutely amazing!

I have attached my Web page with new photos!

If you can please make color prints of my photos. Thanks!

附件是一个标题为 www. myparty. yahoo. com 的文件。www. myparty. yahoo. com 附件有两个已知的变种,尽管它们执行相同的过程,但其实质是不同的。一个是在用户的 star-tup 文件夹中创建名为 mtask. exe 的文件;另一个是在操作系统为 Win9X 的计算机上,在 C:\Recycle 目录下创建名为 regetrl. exe 的文件。虽然 Myparty 病毒的附件指向互联网的顶级域名,实际上它是一个扩展名为 com 的文件,因此能够执行上述操作。一旦在计算机上成功创建这些文件并执行,病毒就扫描计算机上的地址簿,并将自身作为邮件的附件向所有所获得的邮件地址发送带病毒的邮件。

5. BadTrans

Win32/BadTrans 蠕虫能够执行任意代码,并截获用户的按键信息。该病毒通过电子邮件传播,附件中的文件名是可变的。附件中的文件有两个扩展名:一个是真正的扩展名;另一个用于在 Windows 操作系统中隐藏该文件的真实类型,这使附件文件看起来是一种不同文件类型的文件。

运行着微软 Win95/98/Me/NT/2000 系统在接收和打开邮件时都有可能感染该病毒,病毒发作时,将自身复制到 \window 目录下,文件名为 kernel32. exe。如果文件 ker-nel32. exe 以系统服务的形式运行,那么在系统的任务列表中无法发现该病毒。当执行 kernel32. exe 文件时,它在 windows\system 目录下建立两个文件,一个是 kdll. dll,另一个是 cp_25389. nls,文件 kdll. dll 用于将按键信息记录在文件 cp_25389. nls 中。为了保证在系统重新启动时启动病毒,该病毒还将修改注册表。

6. Nimda

Nimda 蠕虫感染运行 Win 95/98/98se/Me/NT/2000/2000servers 系统的计算机,能够对系统造成彻底的破坏。该病毒使用多种方式传播,包括电子邮件、感染本地文件和网络中的共享文件,以及通过使用目录遍历弱点和扫描诸如 Sadmind 或"红色代码"II 等特洛伊木马程序所开的系统后门感染有漏洞 IIS Web。如果 IIS Web 服务器受到感染,那么浏览该网站的用户的计算机也将受到感染。

Nimda 病毒使用能够识别出"看上去像"邮件地址字符串的模式匹配机制,利用 . htm 文件和 MAPI 服务获得电子邮件地址,Nimda 病毒随后利用 MIME 编码的附件向这些地址发送自身,这个过程每 10 天重复 1 次。MIME 编码的电子邮件由两部分构成:不包含任何文本信息的 MIME 的 text/html 类型和一个看起来是 audio/x – wav 的附件,实际上是名为 readme. exe 的可执行程序。当运行该附件时,激活 Nimda 蠕虫。

Nimda 病毒还能够通过修改应用程序的副本建立特洛伊木马程序。当调用相应的应用程序时,运行包含有木马程序的应用程序的复制,造成在执行这些应用程序之前首先执行病毒程序。下面是一些修改应用程序的例子:

(1)Nimda 病毒能够在服务器上建立 guest 账号,把该账号加入到 administrator 组,并以 C $ 的名字共享 C 盘。

(2)在感染病毒的服务器上,Nimda 病毒用扩展名为 . eml 或 . nws 的文件创建自身的复制。如果服务器的目录中包括扩展名为 . hml 或 . asp 的文件,那么每个文件中均被加入如下代码:

```
< script language = "JavaScript" >
Window. open("readme. eml", null, "resiaable = no, top = 6000, left = 6000")
```

</script >

一旦病毒修改了文件,那么病毒就能够传播到访问该站点的客户的有漏洞的计算机上。

(3) 被病毒感染的计算机寻找其他有弱点的 IIS 系统,如果找到,"尼姆达"病毒使用 TFTP(UDP 端口 69)设法将病毒传播到有弱点的 IIS 系统。

8.2.3　网络蠕虫的扫描策略

蠕虫利用系统漏洞进行传播首先要进行主机探测,ICMP Ping 包和 TCPS YN、F TNRST及 ACK 包均可用来进行探测。良好的扫描策略能够加速蠕虫传播,理想化的扫描策略能够使蠕虫在最短时间内找到互联网上全部可以感染的主机。按照蠕虫对目标地址空间的选择方式进行分类,扫描策略包括选择性随机扫描、顺序扫描、基于目标列表的扫描、基于路由的扫描、基于 DNS 扫描等。

1. 选择性随机扫描

随机扫描会对整个地址空间的 IP 随机抽取进行扫描,而选择性随机扫描将最有可能存在漏洞主机的地址集作为扫描的地址空间,也是随机扫描策略的一种所选的目标地址按照一定的算法随机生成,互联网地址空间中未分配的或者保留的地址块不在扫描之列。例如,Bogon 列表中包含近 32 个地址块,这些地址块对公共网络中不可能出现的一些地址进行了标识。选择性随机扫描具有算法简单、易实现的特点,若与本地优先原则结合,则能达到更好的传播效果,但选择性随机扫描容易引起网络阻塞,使得网络蠕虫在爆发之前易被发现,隐蔽性差。CodeRed、Slappe 的传播采用了选择性随机扫描策略。

2. 顺序扫描

顺序扫描是指被感染主机上蠕虫会随机选择一个 C 类网络地址进行传播。根据本地优先原则,蠕虫一般会选择它所在网络内的 IP 地址。若蠕虫扫描的目标地址 IP 为 A,则扫描的下一个地址 IP 为 $A+1$ 或者 $A-1$。一旦扫描到具有很多漏洞主机的网络时就会达到很好的传播效果。该策略的不足是对同一台主机可能重复扫描,引起网络拥塞。W32. Bl aster 是典型的顺序扫描蠕虫。

3. 基于目标列表的扫描

基于目标列表的扫描是指网络蠕虫在寻找受感染的目标之前预先生成一份可能易传染的目标列表,然后对该列表进行攻击尝试和传播。目标列表生成方法有两种:一种是通过小规模的扫描或者互联网的共享信息产生目标列表;另一种是通过分布式扫描可以生成全面的列表的数据库。理想化蠕虫"Fatsh"就是一种基于 IPv4 地址空间列表的快速扫描蠕虫。

4. 基于路由的扫描

基于路由的扫描是指网络蠕虫根据网络中的路由信息,对 IP 地址空间进行选择性扫描的一种方法。采用随机扫描的网络蠕虫会对未分配的地址空间进行探测,而这些地址大部分在互联网上是无法路由的,因此会影响到蠕虫的传播速度。如果网络蠕虫能够知道哪些 IP 地址是可路由的,它就能够更快、更有效地进行传播,并能逃避一些对抗工具的检测。网络蠕虫的设计者通常利用 BGP 路由表公开的信息 DO 获取互联网路由的 IP 地址前缀,然后来验证 BGP 数据库的可用性。基于路由的扫描极大地提高了蠕虫的传播速度,以 CodeRed 为例,路由扫描蠕虫的感染率是采用随机扫描蠕虫感染率的 3.5 倍。基于路由的扫描不足是网络蠕虫传播时必须携带一个路由 IP 地址库,蠕虫代码量大。

5. 基于 DNS 扫描

基于 DNS 扫描是指网络蠕虫从 DNS 服务器获取 IP 地址来建立目标地址库,该扫描策略的优点在于所获得的 TP 地址块具有针对性和可用性强的特点。基于 DNS 扫描的不足是:

(1) 难以得到有 DNS 记录的地址完整列表;

(2) 蠕虫代码需要携带非常大的地址库,传播速度慢;

(3) 目标地址列表中地址数受公共域名主机的限制。例如,CodcRed 所感染的主机中几乎一半没有 DNS 记录。

6. 分治扫描

分治扫描是网络蠕虫之间相互协作、快速搜索易感染主机的一种策略。网络蠕虫发送地址库的一部分给每台被感染的主机,然后每台主机再去扫描它所获得的地址。主机 A 感染了主机 B 以后,主机 A 将它自身携带的地址分出一部分给主机 B,然后主机 B 开始扫描这一部分地址。分治扫描策略的不足是存在"坏点"问题,在蠕虫传播的过程中,如果一台主机死机或崩溃,那么所有传给它的地址库就会丢失。这个问题发生得越早,影响就越大,有 3 种方法能够解决这个问题:

(1) 在蠕虫传递地址库之前产生目标列表;

(2) 通过计数器来控制蠕虫的传播情况,蠕虫每感染一个节点,计数器加 1,然后根据计数器的值来分配任务;

(3) 蠕虫传播时随机决定是否重传数据库。

7. 被动式扫描

被动式传播蠕虫不需要主动扫描就能够传播,它们等待潜在的攻击对象来主动接触它们或者依赖用户的活动去发现新的攻击目标。由于它们需要用户触发,所以传播速度很慢,但这类蠕虫在发现目标的过程中并不会引起通信异常,这使得它们自身有更强的安全性。Contagion 是一个被动式蠕虫,它通过正常的通信来发现新的攻击对象。CRClean 等待 Code Red 的探测活动,当它探测到一个感染企图时,就发起一个反攻来回应该感染企图,如果反攻成功,它就删除 Code Red,并将自己安装到相应计算机上。

8. 扫描策略评价

网络蠕虫传播速度的关键影响因素有 4 个:目标地址空间选择;是否采用多线程搜索易感染主机,是否有易感染主机列表;传播途径的多样化。各种扫描策略的差异主要在于目标地址空间的选择。网络蠕虫感染一台主机的时间取决于蠕虫搜索到易感染主机所需要的时间,因此网络蠕虫快速传播的关键在于设计良好的扫描策略。一般情况下,采用 DNS 扫描传播的蠕虫速度最慢,选择性扫描和路由扫描比随机扫描的速度要快;对于主机列表扫描,当列表超过 1MB 时,蠕虫传播的速度就会比路由扫描蠕虫慢;当列表大于 6MB 时,蠕虫传播速度比随机扫描还慢。分治扫描目前还没有找到易于实现且有效的算法。目前,网络蠕虫首先采用路由扫描,利用随机扫描进行传播是最佳选择。

8.2.4　木马的结构和原理

通常,木马并不被当成病毒,因为它们一般不包括感染程序,因而并不自我复制,只是靠欺骗获得传播。现在,随着网络的普及,木马程序的危害变得十分强大,如今它常被用作在远程计算机之间建立连接,像间谍一样潜入用户的计算机,使远程计算机通过网络控制本地计算机。

木马程序一般由服务器端和客户端两部分组成。服务器端程序指的是被控制的计算机内被种植并且被执行的木马程序,该程序为.exe 后缀的可执行文件,该文件无论以何种方式到达被控制方的计算机,其最终目的都是要让其被执行。服务器端程序安装在被控制计算机上。客户端(控制端)程序是指实行操纵和监视的计算机内执行的木马程序,该程序负责连接、监视、操纵和破坏工作。客户端程序安装在控制端,客户端通过某些方法能够达到对服务器端的控制。

对于木马来说,被控制端是一台服务器,控制端则是一台客户机。黑客经常引诱目标对象运行服务器端程序,这一般需要使用欺骗性手段。黑客一旦成功地侵入了用户计算机后就会在计算机系统中隐藏一个会在 Windows 启动时悄悄运行的程序,采用服务器/客户机的运行方式,从而达到在用户上网时控制用户计算机的目的。黑客可以利用它窃取用户的口令、浏览用户的驱动器、修改文件、登录注册表等。

木马程序从本质上讲是一种基于远程控制的工具,类似于远端管理软件;从表面看是正常程序,可以执行明显的正常功能,但也会执行受害者没有预料到的或不期望的动作。与一般远程管理软件的区别是,木马具有隐蔽性和非授权性的特点。隐蔽性是指木马的设计者为防止木马被发现会采用多种手段隐藏木马。非授权性是指控制端与服务端建立连接后,控制端将窃取用户密码,并获取大部分操作权限,如修改文件、修改注册表、重启或关闭服务端操作系统、断开网络连接、控制服务端的鼠标及键盘、监视服务器端桌面操作、查看服务器端的进程等,这些权限并不是用户赋予的,而是通过木马程序窃取的。

通过"木马",黑客可以从远程"窥视"到用户计算机中所有的文件、查看系统信息、盗取计算机中的各种口令、偷走所有他认为有价值的文件、删除所有文件,甚至将整个硬盘格式化,还可以将其他的计算机病毒传染到计算机上来,可以远程控制计算机鼠标、键盘并查看到用户的一举一动。黑客通过远程控制植入了"木马"的计算机,就像使用自己的计算机一样,这对于网络计算机用户来说是极其可怕的。

在 Windows 系统中,木马一般作为一个网络服务程序在中了木马的计算机后台运行,监听本机一些特定端口,这个端口号多数比较大(5000 以上,但也有少数是 5000 以下的)。当该木马相应的客户端程序在此端口上请求连接时,它会与客户程序建立 TCP 连接,从而被客户端远程控制。

服务器端的程序获得本地计算机的最高操作权限,当本地计算机连入网络后,客户端程序可以与服务器端程序直接或者间接建立连接,并可以通过某些手段向服务器端程序发送各种基本的操作请求,由服务器端程序完成请求的操作,从而达到对本地计算机控制的目的。一般情况下,系统软件和应用软件中的木马是在文件传播过程中被人放置的,但是,也有一种情况是系统或软件的设计者故意在其中放置具有特定目的的木马。计算机系统的设计制造者在计算机系统中可能会有意埋设与计算机正常工作无关的特洛伊木马

（或称"睡眠因子"），它们受控于计算机制造者，在预定因素的控制下以各种方式对计算机的安全构成严重威胁。

木马并不是合法的网络服务程序，为了不容易让别人看出破绽，它必须想尽一切办法隐藏自己。对于程序设计人来说，必须隐藏自己所设计的窗口程序，主要途径有：在任务栏中将窗口隐藏，这是最基本的了，在 VB 中，只要把 form 的 Visible 属性设为 False，Show-InTaskBar 设为 False，程序就不会出现在任务栏中了。如果要在任务管理器中隐身，只要将程序调整为系统服务程序就可以了。

在对木马的运行有了大体了解之后，就可以从其运行原理着手来看看它藏在哪里。既然要作为后台的网络服务器运行，那么它就要趁计算机刚开机的时候得到运行，进而常驻内存中。

木马一般采用了 Windows 系统启动时自动加载应用程序的方法，包括有 win. ini、system. ini 和注册表等。

在 win. ini 文件中，[WINDOWS]项下面，"run = "和"load = "行是 Windows 启动时要自动加载运行的程序项目，木马可能会在这里现出原形，必须要仔细观察它们。一般情况下，它们等号后面什么都没有，如果发现后面跟有路径与文件名不是熟悉的或以前没有见过的启动文件项目，那么计算机就可能中了木马，但也得看清楚，因为好多木马会通过容易混淆的文件名来愚弄用户。如 AOL Trojan，它把自身伪装成 command. exe 文件，如果不注意就不会发现它，而误认为它是正常的系统启动文件项。

在 system. ini 文件中，[BOOT]项下面有"shell = Explorer. exe"项。如果等号后面不仅仅是 explorer. exe，而是"shell = Explorer. exe 程序名"，那么后面跟着的那个程序就是木马程序。

现在，有些木马与 explorer. exe 文件进行绑定，成为一个文件，使人无法发现其破绽。隐蔽性强的木马都在注册表中做文章，因为注册表本身就非常庞大，众多的启动项目极易掩人耳目。

木马驻留计算机以后，还得有客户端程序来控制才可以进行相应的"黑箱"操作。客户端要与木马服务器端进行通信就必须建立连接，目前一般采用 TCP 连接。

8.2.5　木马与病毒的融合攻击机制

网络欺诈主要采用的技术方法有：第一，通过垃圾邮件和大量的所谓社会工程，即用欺骗的方式吸引你上钩；第二，利用病毒木马技术；第三，利用黑客攻击手段。对目标进行攻击，直接侵入到这些银行等一些重要系统的网络里。在过去的很长一段时间内，计算机用户所担心的病毒问题大多通过可执行文件进行感染，而随着互联网的发展，在 20 世纪80 年代末期开始出现了蠕虫病毒，蠕虫病毒无需寄生在其他文件上，并且具有自我复制和传播能力。90 年代末期，蠕虫的破坏性开始在全球引起关注，蠕虫赫然成为最新一轮计算机病毒浪潮的主宰者。

然而，蠕虫病毒的地位在 2005 年受到了严峻挑战，这个挑战来自于旧有病毒机制的混合体，即间谍软件。间谍软件结合了蠕虫的传播能力以及特洛伊木马的潜伏性特征，在计算机用户毫不知情的情况下开展着自己的破坏行动。间谍程序的最可怕之处就在于其隐秘而安静，事实上大部分间谍软件并不对系统造成可察觉的影响，除非用户具有专门的技能或使用相关的工具,否则很难发现计算机系统中的间谍软件。据一些调查研究结果显示,全球有超过50%的计算机中都感染了具有间谍特征的恶意软件。也许你认为你的计算机非常安全,但是很可能间谍软件正驻扎在你的系统中静静地聆听你的各种账号密码并将其发送到恶意用户的手中。事实上自从21世纪开始,计算机病毒的形态就已经呈现出多元化和组合化的特征。21世纪出现的具有较大影响力的病毒通常都结合了多种机制,这说明在目前的应用环境下单一机制已经难以保证病毒大面积的传播。2005年新增的病毒数量已经远远超过了2004年,其中带有特洛伊木马和后门性质的恶意软件占到3/4以上。

就各种恶意程序的特性而言,传统病毒具备其他恶意程序所没有的感染力,蠕虫病毒则提供无人能敌的主动散播能力,至于远程摇控能力最强的当推特洛伊木马,而混合式攻击就是截长补短地整合病毒、蠕虫、木马、间谍程序或网络钓鱼的特性,以及网络漏洞、系统弱点扫描的新一代恶意程序技术。它可能一方面透过垃圾邮件传播,一方面在网上扫描并寄生在有弱点的主机上,另一方面在网络上伪装成目前流行的MP3、游戏或实用软件等引诱人们下载,或是搜寻感染网络芳邻上的分享目录夹,抑或提高来宾账户的权限等级等。

病毒在网络条件下有很多共性,但由于不同地区应用不同,病毒也是有差异的。在近期网络安全事件中,英国曾经破坏了通过网络盗取银行资金的案件。以色列也报道了,通过木马技术,盗取其他公司的资料。国内也有人通过“僵尸”网络控制了国内外6万台～10万台计算机,在网络上对网络目标进行攻击和破坏。这类事件在国际上越来越多,大量蠕虫病毒和恶意代码,现在都具备了“僵尸”网络的功能,它在感染计算机的同时,计算机就会变成网络上被黑客指挥、操纵的计算机,进而攻击网络上的其他用户。

任何事情都有其两面性,就像其他的事情一样,不仅要反病毒和木马,而且要学会利用它们,也许在未来的电子信息战中,病毒和木马可以帮我们的大忙。在这样一个背景下,如何能够防住病毒和木马,把它们带给人们的损害降到最低点,就成为了网络安全中一个非常重要的问题;如何高效地对付现有的病毒和木马,以及如何编制能够针对其特性的杀毒引擎,使其比现有的杀毒引擎更有效就成为了重中之重。

8.3　反病毒技术

只要感染病毒,就有可能遭到破坏。遭到破坏的类型有以下两种:一种是系统瘫掉了;另一种是部分数据被窃取。随着网络的发展,网络是病毒传播的重要途径,这个网络不仅包括公共网络,同时包括现在很多专业网络,甚至政府建立的一些政务网络,可能都出现过病毒问题。在网络环境下,如何来防病毒?这个问题不是说跟互联网隔绝以后就能够完全解决的。因为新的反病毒技术还不成熟,在查杀病毒的准确率上,还与传统的反病毒技术有差距,所以目前反病毒的主流技术还是以传统的“特征码技术”为主,以新的反病毒技术为辅。“特征码技术”是传统的反病毒技术,但是“特征码技术”只能查杀已知病毒,对未知病毒则毫无办法,所以很多时候都是计算机已经感染了病毒并且对计算机或数据造成很大破坏后才去杀毒。基于这些原因,在反病毒技术上,最重要的就是“防杀结合,防范为主”。

8.3.1 计算机病毒的检测方法

根据计算机病毒的特点,人们找到了许多检测计算机病毒的方法,但是由于计算机病毒与反病毒是互相对抗发展的,所以任何一种检测方法都不可能是万能的,综合运用这些检测方法并且在此基础上根据病毒的最新特点不断改进或发现新的方法才能更准确地发现病毒。检测计算机病毒的基本方法有:

1. 外观检测法

外观检测法是病毒防治过程中起着重要辅助作用的一个环节。病毒侵入计算机系统后,会使计算机系统的某些部分发生变化,引起一些异常现象,如屏幕显示的异常现象、系统运行速度的异常、打印机并行端口的异常、通信串行口的异常等。可以根据这些异常现象来判断病毒的存在,尽早地发现病毒,并做适当处理。

2. 特征代码法

将各种已知病毒的特征代码串组成病毒特征代码数据库,这样,可通过各种工具软件检查、搜索可疑计算机系统(可能是文件、磁盘、内存等)时,用特征代码数据库中的病毒特征代码逐一比较,就可确定被检计算机系统感染了何种病毒。

特征代码法被广泛应用到很多著名的病毒检测工具中,国外专家认为特征代码法是检测已知病毒的最简单、开销最小的方法。

一种病毒可能感染很多文件或计算机系统的多个地方,而且在每个被感染的文件中,病毒程序所在的位置也不尽相同,但是计算机病毒程序一般都具有明显的特征代码,这些特征代码可能是病毒的感染标记特征代码,不一定是连续的;也可以用一些"通配符"或"模糊"代码来表示任意代码。只要是同一种病毒,在任何一个被该病毒感染的文件或计算机中,总能找到这些特征代码。

3. 虚拟机技术

多态性病毒或多型性病毒即俗称的变形病毒。多态性病毒每次感染后都改变其病毒密码,这类病毒的代表是"幽灵"病毒。变形病毒的出现使传统的特征值查毒技术无能为力,之所以造成这种局面,是因为特征值查毒技术是对于静态文件进行查杀的,而多态和变形病毒只有开始运行后才能够显露原型。

一般而言,多态性病毒采用以下几种操作来不断变换自己:采用等价代码对原有代码进行替换;改变与执行次序无关的指令的次序;增加许多垃圾指令;对原有病毒代码进行压缩或加密。但是,无论病毒如何变化、每一个多态病毒在其自身执行时都要对自身进行还原。为了检测多态性病毒,反病毒专家研制了一种新的检测方法——虚拟机技术。虚拟机技术又称为软件模拟法,它是一种软件分析器,在机器的虚拟内存中用软件方法来模拟和分析不明程序的运行,而且程序的运行不会对系统各部分起实际的作用(仅是"模拟"),因而不会对系统造成危害,在执行过程中,从虚拟机环境内截获文件数据,如果含有可疑病毒代码,则杀毒后将其还原到原文件中,从而实现对各类可执行文件内病毒的查杀。它的运行机制是:一般检测工具纳入软件模拟法,这些工具开始运行时,使用特征代码法检测病毒,如果发现隐蔽式病毒或多态性病毒嫌疑,则启动软件模拟模块,监视病毒的运行,待病毒自身的密码译码以后,再运用特征代码法来识别病毒的种类。

4. 启发式扫描技术

病毒和正常程序的区别可以体现在许多方面,比较常见的如:通常一个应用程序在最初的指令是检查命令行输入有无参数项;清屏和保存原来屏幕显示等。而病毒程序则从来不会这样做,它最初的指令是直接写盘操作、解码指令,或搜索某路径下的可执行程序等相关操作指令序列。这些显著的不同之处,对于有病毒调试经验的专业人士来说,在调试状态下只需一瞥便可一目了然。启发式代码扫描技术实际上就是把这种经验和知识移植到一个查病毒软件中的具体程序体现,因此,在这里,启发式指的是"自我发现的能力"或"运用某种方式或方法去判定事物的知识和技能"。一个运用启发式扫描技术的病毒检测软件,实际上就是以特定方式实现的动态高度器或反编译器,通过对有关指令序列的反编译逐步理解和确定其蕴藏的真正动机。

在具体实现上,启发式扫描技术是相当复杂的。通常,这类病毒检测软件要能够识别并探测许多可疑的程序代码指令序列,例如,格式化磁盘类操作,搜索和定位各种可执行程序的操作,实现驻留内存的操作,发现非常的或未公开的系统功能调用的操作等,所有上述功能操作将按照安全和可疑的等级排序,根据病毒可能使用和具备的特点而授以不同的加权值。例如,格式化磁盘的功能操作几乎从不出现在正常的应用程序中,而病毒程序中则出现的概率极大,于是这类操作指令序列可获得较高的加权值,而驻留内存的功能不仅病毒要使用,很多应用程序也要使用,于是应当给予较低的加权值。如果对于一个程序的加权值的总和超过一个事先定义的阈值,那么病毒检测程序就可以声称"发现病毒!"。仅仅一项可疑的功能操作远不足以触发"病毒报警"的装置,为减少谎报,最好把多种可疑功能操作同时并发的情况定为发现病毒的报警标准。

另外,目标代码的前后逻辑关系也是启发式扫描需要注意的问题。举个简单的例子,某人从一座桥上通过,第一次他在桥上放了几桶汽油,过了不久,他将一个火把扔了过去。应该说,如果将这两个事件分开来看,此人的行为并没有多大不妥,但是前后结合在一起后,其产生的后果是非常严重的。在黑客对目标进行攻击时,采用这种方法可以有效地逃避检测。在程序中同样存在这种问题,并且程序代码中无处不存在这种逻辑关系。对人来说,正确把握这种逻辑关系并不困难,而要让反病毒软件来做这个工作,这就与人工智能技术的发展有很大关系了。从某种程度上说,人工智能技术的发展状况直接影响到启发式扫描技术的水平,应该说,目前人工智能的技术水平还是远远达不到要求的。

8.3.2　蠕虫的防范

对于蠕虫来说,蠕虫的传播技术是其的本质。一个蠕虫可以以文件的形式独立存在,对于这样的蠕虫清除比较简单,只需要删除其可执行文件就可以了。当然,蠕虫也可以感染文件,但那是与传统病毒技术相结合的产物。清除技术并不只是删除蠕虫可执行文件那么简单,要把蠕虫对系统所做的修改尽量恢复回来。对于已知病毒,人们可以通过对其详细剖析才得知蠕虫所做的修改行为,再把系统恢复过来,但这仅限于已知蠕虫,对于未知蠕虫,各种关键技术还不成熟。要对系统进行恢复,就要知道蠕虫究竟对系统做了些什么。以前都是通过人的方法,由反病毒工程师完成这项工作,现在如果改由程序自动实现,其难度可想而知,其中涉及多项前沿技术,而这些技术大多还处在研究阶段。

对蠕虫进行防治是一项艰巨的工作,由于网络蠕虫具有相当的复杂性和行为不确定性,网络蠕虫的防范需要多种技术综合应用,单凭一两个扫毒引擎是很难完全完成这项工作的。可以采用网络蠕虫监测与预警、网络蠕虫传播抑制、网络蠕虫漏洞自动修复、网络蠕虫阻断等,采取有效措施阻止网络蠕虫的大规模探测、渗透和自我复制,要借助于一切现有的软/硬件条件和技术才能在最大程度下对蠕虫进行防治。

由于网络蠕虫的种类繁多,形态千变万化,不能准确地预见新产生的网络蠕虫,因此网络蠕虫的检测与防御是一个长期的过程,所以,就要掌握当前网络蠕虫的实现机理,由于蠕虫病毒主要利用 Windows 系统漏洞进行攻击,因此,首先是提高安全意识,勤打补丁,定时升级杀毒软件和防火墙,保持系统和应用软件的安全性,保持各种操作系统和应用软件的及时更新。建立病毒检测系统,能够在第一时间检测到网络异常和病毒攻击。由于蠕虫病毒爆发的突然性,可能在被发现时已蔓延到了整个网络,因此有必要建立一个应急响应系统,以便能够在病毒爆发的第一时间提供解决方案。

8.3.3　木马的防治

木马程序具有不需要服务端用户的允许即可获得系统的使用权、体积小、易在网络上传播的特征,运行隐蔽,用户不易察觉,但是计算机中了木马后还会出现一些现象的,一般有:

（1）电脑的反应速度明显降低;

（2）硬盘在不停地读写;

（3）鼠标和键盘使用不灵;

（4）窗口关闭或打开;

（5）网络传输指示灯一直闪烁。

防止特洛伊木马的主要方法有:

（1）安装反病毒软件。时刻打开杀毒软件,大多数反病毒工具软件几乎都可检测到所有的特洛伊木马,但值得注意的是应及时更新反病毒软件。

（2）安装特洛伊木马删除软件。反病毒软件虽然能查出木马,但却不能将它从计算机上删除,为此必须安装诸如 TROJIAREMOVER 之类的软件。

（3）建立个人防火墙。当木马试图进入计算机时,防火墙可以进行有效保护。

（4）不要执行来历不明的软件和程序。因为木马的服务端程序只有在被执行后才会生效,对通过网络下载的文件、通过 QQ 或 MSN 传输的文件、通过从别人那复制来的文件、对电子邮件附件在没有十足把握的情况下,千万不要将它打开,最好是在运行它之前,先用反病毒软件对它进行检查。

（5）经常升级系统。给系统打补丁,减少因系统漏洞带来的安全隐患。

（6）将"我的电脑"设置为始终显示文件扩展名状态。依次展开"我的电脑"→"工具"→"文件夹选项"→"查看"标签,去掉"显示已知文件类型的扩展名"前面的勾,将文件真正的扩展名显示出来。

8.3.4　邮件病毒及其防范

1. 邮件病毒特点

随着互联网上使用 E－mail 的日益增多,各种各样的电子邮件病毒也不断出现。一些通过网络和 E-mail 方式传播的病毒有各种表现形式,其中许多还带有欺骗性的主题,网络病毒通过 E-mail 传播的特点有:

(1) 感染速度快。在单机环境下,病毒只能通过软盘从一台计算机带到另一台计算机,而在网络中则可以通过网络通信机制进行迅速扩散。只要有一台工作站有病毒,就可能在几十分钟内将网上的数百台计算机全部感染。

(2) 扩散面广。由于病毒在网络中扩散非常快,扩散范围很大,不但能迅速传染局域网内所有计算机,还能通过远程工作站将病毒在一瞬间传播到千里之外。

(3) 传播的形式复杂多样。计算机病毒在网络上一般是通过"工作站→服务器→工作站"的途径进行传播的,但传播的形式复杂多样。

(4) 难于彻底清除。单机上的计算机病毒有时可通过删除带毒文件、低级格式化硬盘等措施清除,而网络中只要有一台工作站未能清除干净病毒就可使整个网络重新被病毒感染,甚至刚刚完成清除工作的一台工作站就有可能被网上另一台带毒工作站所感染。因此,仅对工作站进行病毒杀除,并不能解决病毒对网络的危害。

(5) 破坏性大。网络上病毒将直接影响网络的工作,轻则降低速度,影响工作效率,重则使网络崩溃,破坏服务器信息,使多年工作毁于一旦。

2. 邮件病毒防范

一般邮件病毒的传播是通过附件进行的,如 Happy99、Mellissa("美丽杀手")等。当收到的邮件中看到带病毒的附件,如名为 happy99.exe 的文件时,不要运行它,直接删掉就可以了。有些是潜伏在 Word 文件中的宏病毒,因此对 Word 文件形式的附件,也应当小心。

另一种病毒是利用 ActiveX 来传播。由于一些 E-mail 软件如 Outlook 等可以发送 HTML 格式的邮件,而 HTML 文件可包含 ActiveX 控件,而 ActiveX 在某些情况下又可以拥有对计算机硬盘的读写权,因此带有病毒的 HTML 格式的邮件,可以在浏览邮件内容时被激活,但这种情况仅限于 HTML 格式的邮件。在一些邮箱配置中,选择"使用嵌入式 IE 浏览器查看 HTML 邮件"时,如果选择了"使用",那么系统将调用 IE 的功能来显示 HTML 邮件,病毒有机会被激活;如果没有选择此开关,则以文本方式显示邮件内容,这种状况下不用担心潜伏在 HTML 中的病毒。

3. 电子邮件炸弹

电子邮件炸弹指的是发件者以不明来历的电子邮件地址,不断重复将电子邮件寄于同一个收件人,称为 E-mail Bomber。另外一个与邮件有关的名词是 Spaming,它指的是发件者在同一时间内将同一电子邮件寄出给千万个不同的用户(或寄到新闻组),例如,一些公司用来宣传其产品的广告方式。Spaming 不会对收件人造成太大的伤害,而电子邮件炸弹则会干扰到你的电子邮件,是杀伤力强大的网络武器。

电子邮件炸弹之所以可怕,是因为它可以大量消耗网络资源。一般网络用户的户头容量都有限,而这有限的容量除了让你处理电子邮件,还得用来卸载一些软件,浏览或设计网页。如果你在短时间内收到上千个电子邮件,而每个电子邮件又占据了一定的容量,一个电子邮件炸弹的总容量很容易就超过你的网络户头所能够承受的负荷。在这样的情况下,你的电子邮件库不仅不能够再接收其他人寄给你的电子邮件,也随时会因为"超载",导致整个计算机瘫痪。

如果想用电子邮件中的 Reply 和 Forward 的功能"回礼",将整个炸弹"反丢"回给发件人,有可能让自己的计算机进一步瘫痪。因为对方可能将电子邮件中的 Form 和 To 的两个栏目都改换成你的电子邮件地址,你的回发行动不仅不能够成功,还会置自己和你的网络接入服务提供者于死地。当你的电子邮件库爆满,不能容许任何电子邮件进入时,你所寄出的电子邮件就会永无止境地"反弹"回给你自己,因为这个时候,你的"发件人"和"收件人"已被改为你自己。

另一方面,如果情况严重(或这个炸弹有病毒),你的网络接入服务提供者在忙着处理你大量的电子邮件的来往交通时,会导致其他用户的电子邮件交通缓慢了下来,延迟了整个过程,网络接入服务提供者可能承受不了这些服务,而整个网络也随时都会瘫痪。

比较有效的防御方式有:可以在电子邮件中安装一个过滤器(如 E－mail notify),在接收任何电子邮件之前预先检查发件人的资料,如果觉得有可疑之处,可以将之删除,不让它进入你的电子邮件库。

本 章 小 结

计算机病毒不是天然存在的,而是某些人利用计算机软/硬件所固有的脆弱性,编制的具有特殊功能的程序。随着传输媒质的改变和互联网的大面积普及,计算机病毒感染的对象开始由工作站(终端)向网络部件(代理、防护和服务器设置等)转变,病毒类型也由文件型向网络蠕虫型改变。本章简单介绍了计算机病毒的特征、分类、工作原理、传播途径以及邮件病毒的特点,重点分析了几种典型的蠕虫病毒、蠕虫病毒的扫描策略、木马的原理和结构以及木马与病毒的融合攻击机制,详细阐述了一些反病毒技术。

根据计算机病毒的特点,人们找到了许多检测计算机病毒的方法,但是由于计算机病毒与反病毒是互相对抗发展的,所以任何一种检测方法都不可能是万能的,只有综合运用这些检测方法并且在此基础上根据病毒的最新特点不断改进或发现新的方法才能更准确地发现病毒。本章介绍的计算机病毒的检测方法有外观检测法、特征代码法、虚拟机技术、启发式扫描技术。

在网络环境下,防病毒这个问题不是说跟互联网隔绝以后就能够完全解决。因为新的反病毒技术还不成熟,在查杀病毒的准确率上,还与传统的反病毒技术有一段差距,所以目前反病毒的主流技术还是以传统的特征码技术为主,以新的反病毒技术为辅。然而,特征码技术只能查杀已知病毒,对未知病毒则毫无办法,因此,在反病毒技术上,我们应该做到"防杀结合,防范为主"。

思 考 题

1. 简述计算机病毒的特点、传播途径以及可能造成的危害。
2. 影响网络蠕虫传播速度的因素有哪些? 简述蠕虫的扫描策略。

3. 检测计算机病毒的方法主要有哪些?

4. 计算机中了木马后会出现哪些现象?有哪些方法可以防范木马入侵计算机?

5. 简述邮件病毒的特点、传播方式及其防范方法。

第9章　安全扫描技术

安全扫描技术是为使系统管理员能够及时了解系统中存在的安全漏洞,并采取相应防范措施,从而降低系统的安全风险而发展起来的一种安全技术。利用扫描技术,可以对局域网络、Web 站点、主机操作系统、系统服务以及防火墙系统的安全漏洞进行扫描,系统管理员可以了解在运行的网络系统中存在的不安全的网络服务,在操作系统上存在的可能导致攻击的安全漏洞。扫描技术是采用积极的、非破坏性的办法来检验系统是否有可能被攻击崩溃。它利用了一系列的脚本模拟对系统进行攻击的行为,并对结果进行分析。扫描技术与防火墙、安全监控系统互相配合就能够为网络提供很高的安全性。

 ## 9.1　安全扫描技术概述

安全扫描技术也称为脆弱性评估,其基本原理是采用模拟黑客攻击的方式对目标可能存在的已知安全漏洞进行逐项检测,可以对工作站、服务器、交换机、数据库等各种对象进行安全漏洞检测。发现漏洞,有两个不同的出发点:一个是,从攻击者的角度,他们会不断地去发现目标系统的安全漏洞,从而通过漏洞入侵系统;另一个是,从系统安全防护的角度来看,要尽可能发现可能存在的漏洞,在被攻击者发现、利用之前就将其修补好。这促使了安全扫描技术的进一步发展。

9.1.1　安全扫描技术的发展历史

扫描技术是随着网络的普及和黑客手段的逐步发展而发展起来的,扫描技术的发展史也就是一部网络普及史和黑客技术发展史。随着网络规模的逐渐扩大和计算机系统的日益复杂化,更多的系统漏洞和应用程序的漏洞也不可避免地伴随而来,当然,漏洞的存在本身并不能对系统安全造成什么损害,关键问题在于攻击者可以利用这些漏洞引发安全事件。漏洞对系统造成的危害,在于它可能会被攻击者利用,继而破坏系统的安全特性,而它本身不会直接对系统造成危害。漏洞的发现者主要是程序员、系统管理员、安全服务商组织、黑客以及普通用户。其中,程序员、系统管理员和安全服务商组织主要是通过测试不同应用系统和操作系统的安全性来发现漏洞,而黑客主要是想发现并利用漏洞来进行攻击活动的。普通用户偶尔也会在不经意中发现漏洞,但概率比较小。

早在 20 世纪 80 年代,当时网络还没有普及开来,上网的好奇心驱使很多的年轻人通过 Modem 拨号进入到 UNIX 系统中。这时候的攻击手段需要大量的手工操作,由于需要进行大量的手工编程、编译和运行测试,然后通过分析所取得的数据了解系统提供了哪些服务、开放了哪些端口以及系统其他的配置信息,因此,这种纯粹的手工劳动不仅费时费力,而且对操作者的编程能力和经验提出了很高的要求。在这种情况下出现了第一个扫描器—War Dialer,它采用几种已知的扫描技术实现了自动扫描,并且以统一的格式记录下扫描的结果。

1992 年,Chris Klaus 在做互联网安全试验时编写了一个扫描工具 ISS(Internet Security Scanner),ISS 是互联网上用来进行远程安全评估扫描的最早的工具之一,它能识别出几十种常见的安全漏洞,并将这些漏洞做上标记以便日后解决。虽然有些人担心该工具的强大功能可能会被用于非法目的,但多数管理员对这个工具却很欢迎。

1995 年 4 月,Dan Farmer(写过网络安全检查工具 COPS)和 Wietse Venema(TCP_Wrapper 的作者)发布了 SATAN(Security Administrator Tool for Analyzing Networks),引起了轰动。SATAN 本质上与 ISS 相同,但更加成熟。SATAN 基于 Web 的界面,并能进行分类检查。当时许多人甚至担心 SATAN 的发布会给互联网带来混乱。从那时起,安全评估技术就得到了不断的发展并日趋成熟。今天,业界已经出现了十几种扫描器,每种都有其优点,也有其弱点,但自从 ISS 和 SATAN 问世以来,相关的基本理论和基本概念没有改变多少。

安全扫描技术在保障网络安全方面起到越来越重要的作用。借助于扫描技术,人们可以发现网络和主机存在的对外开放的端口、提供的服务、某些系统信息、错误的配置、已知的安全漏洞等。系统管理员利用安全扫描技术,借助安全扫描器,就可以发现网络和主机中可能会被黑客利用的薄弱点,从而想方设法对这些薄弱点进行修复以加强网络和主机的安全性。同时,黑客也可以利用安全扫描技术,目的是探查网络和主机系统的入侵点。但是黑客的行为同样有利于加强网络和主机的安全性,因为漏洞是客观存在的,只是未被发现而已,而只要一个漏洞被黑客所发现并加以利用,那么人们最终也会发现该漏洞。

9.1.2 安全扫描技术的功能

安全扫描技术能够有效地检测网络和主机中存在的薄弱点,提醒用户打上相应的补丁,有效防止攻击者利用已知的漏洞实施入侵,但是无法防御攻击者利用脚本漏洞和未知漏洞入侵。安全扫描技术也存在一定的错误报告率,比如,检测远程过程调用(RPC)服务溢出漏洞的时候,往往只能做到检测 RPC 服务是否存在,并告知用户该 RPC 服务可能有漏洞,而不能确定该 RPC 服务是否就是有漏洞的版本。

扫描技术主要体现在对安全扫描器的使用方面。安全扫描器是一个对扫描技术进行软件化、自动化实现的工具,更确切地说,是一种通过收集系统的信息来自动检测远程或者本地主机安全性脆弱点的程序。安全扫描器采用模拟攻击的形式对目标可能存在的已知安全漏洞进行逐项检查。通过使用安全扫描器可以了解被检测端的大量信息,如开放端口、提供的服务、操作系统版本、软件版本等。安全扫描器会根据扫描结果向系统管理员提供周密可靠的安全性分析报告。

一般来说,安全扫描器具备下面的功能:

(1)信息收集。信息收集是安全扫描器的主要作用,也是安全扫描器的价值所在。信息收集包括远程操作系统识别、网络结构分析、端口开放情况以及其他敏感信息收集等。

(2)漏洞检测。漏洞检测是漏洞安全扫描器的核心功能,包括已知安全漏洞的检测、错误的配置检测、弱口令检测。

在网络安全体系的建设中,安全扫描工具具有花费低、效果好、见效快、使用方便等优点。一个优秀的安全扫描器能对检测到的数据进行分析,查找目标主机的安全漏洞并给出相应的建议。

9.1.3 安全扫描技术的分类

到目前为止,安全扫描技术已经发展到很成熟的地步。安全扫描技术主要分为基于主机的安全扫描技术和基于网络的安全扫描技术两类。

1. 基于主机的安全扫描技术。一般情况下,主机型扫描技术是以系统管理员的权限为基础的,采用被动的、非破坏性的办法对系统进行检测。通常它涉及系统的内核、文件的属性、操作系统的补丁、口令的解密以及漏洞情况等问题。所用的检测方法有:

(1)利用注册表信息。这一方法对于 Windows 操作系统尤为重要。注册表是一个管理配置系统运行参数的核心数据库,在这个数据库里整合集成了全部系统和应用程序的初始化信息,其中包含了硬件设备的说明、相互关联的应用程序与文档文件、操作系统和各应用软件的版本、窗口显示方式、网络连接参数以及网络设置等。

(2)系统配置文件的检测。对于 Linux 这样的操作系统,其系统信息一般可以通过检查系统配置文件来获取。

(3)漏洞特征匹配方法。可以用 root 身份按照需要检测的范围对系统内的系统属性、系统匹配以及应用软件可能存在的缺陷等进行扫描,然后与漏洞特征库进行比较,如与之匹配则说明相应的漏洞存在。

2. 基于网络的安全扫描技术

(1)网络技术。由于基于网络的安全扫描技术是要通过网络途径向目标主机进行检测的,因此与网络特征和网络协议等密切相关。安全扫描涉及的网络相关问题有:如何构建指定的数据包;如何与制定的目标建立连接;如何接收目标返回的数据包以及如何控制连接的过程等。因此,对 TCP/IP 和 ICMP 协议的数据报文特征需要有深入地理解和掌握,对 TCP 协议中的"3 次握手"需要灵活应用,对数据报文的信息分析技术需要熟练掌握。

(2)端口扫描技术和操作系统特征分析技术。端口扫描技术和操作系统特征分析技术是基于网络的安全扫描技术的核心和关键,因为如果没有开放端口和操作系统类型的识别,许多检测都无法进行。

(3)漏洞特征匹配技术。基于网络的漏洞特征匹配技术与基于主机的漏洞特征匹配技术有很大的不同,因为前者是通过远程方式发送特殊数据包对目标进行检测的,因此其实现难度比后者更加困难。通过分析目标返回的数据包的响应信息,然后与漏洞特征库进行比较,如与之匹配者则说明相应的漏洞存在。

此外,还可以根据扫描过程的不同方面来对安全扫描技术进行分类。安全扫描是一个比较综合的过程,包括以下几个方面:找到网络地址范围和关键的目标计算机 IP 地址,发现互联网上的一个网络或者一台主机;找到开放端口和入口点,发现其上所运行的服务类型;能进行操作系统辨别、应用系统识别;通过对这些服务的测试,可以发现存在的已知漏洞,并给出修补建议。按照上面的扫描过程的不同方面,安全扫描技术又可分为 ping 扫描技术、端口扫描技术、操作系统探测扫描技术、已知漏洞的扫描技术 4 大类。

在上面的 4 种安全扫描技术中,端口扫描技术和漏洞扫描技术是网络安全扫描技术中的两种核心技术,目前许多安全扫描器都集成了端口和漏洞扫描的功能。

 ## 9.2　安全扫描器的原理

安全扫描器发展到现在,已经从初期的功能单一、结构简单的系统,发展到目前功能众多、结构良好的综合系统。虽然不同的扫描器功能和结构差别比较大,但是其核心原理是相同的。

1. 主机型安全扫描器的原理

主机型安全扫描器用于扫描本地主机,查找安全漏洞,查杀病毒、木马、蠕虫等危害系统安全的恶意程序,主要是针对操作系统的扫描检测,通常涉及系统的内核、文件的属性、操作系统的补丁等问题,还包括口令解密等。主机型安全扫描器通过扫描引擎以 root 身份登录目标主机(也就是本扫描引擎所在的主机),记录系统配置的各项主要参数,在获得目标主机配置信息的情况下,一方面可以知道目标主机开放的端口以及主机名等信息;另一方面将获得的漏洞信息与漏洞特征库进行比较,如果能够匹配,则说明存在相应的漏洞。

2. 网络型安全扫描器的原理

网络型安全扫描器通过网络来测试主机安全性,它检测主机当前可用的服务及其开放端口,查找可能被远程试图恶意访问者攻击的大量众所周知的漏洞、隐患及安全脆弱点。主控台可以对网络中的服务器、路由器以及交换机等网络设备进行安全扫描,对检测的数据进行处理后,主控台以报表形式呈现扫描结果。网络型安全扫描器利用 TCP/IP、UDP 以及 ICMP 协议的原理和缺点,扫描引擎首先向远端目标发送特殊的数据包,记录返回的响应信息,然后与已知漏洞的特征库进行比较,如果能够匹配,则说明存在相应的开放端口或者漏洞。此外,还可以通过模拟黑客的攻击手法,对目标主机系统发送攻击性的数据包。

9.2.1　端口扫描技术及原理

一个端口就是一个潜在的通信通道,也就是一个入侵通道。端口扫描技术是一项自动探测本地和远程系统端口开放情况的策略及方法。端口扫描技术的原理是端口扫描向目标主机的 TCP/IP 服务端口发送探测数据包,并记录目标主机的响应,通过分析响应来判断服务端口是打开还是关闭,就可以得知端口提供的服务或信息。端口扫描也可以通过捕获本地主机或服务器的流入或流出 IP 数据包来监视本地主机的运行情况,它通过对接收到的数据进行分析,帮助人们发现目标主机的某些内在的弱点。

端口扫描技术可以分为许多类型,按照按端口连接的情况主要可分为全连接扫描、半连接扫描、秘密扫描和其他扫描。

(1)全连接扫描是 TCP 端口扫描的基础,现有的全连接扫描有 TCP connect 扫描和 TCP 反向 ident 扫描等。

(2)半连接扫描指端口扫描没有完成一个完整的 TCP 连接,在扫描主机和目标主机的一指定端口建立连接时候只完成了前两次握手,在第三步时,扫描主机中断了本次连接,使连接没有完全建立起来,这样的端口扫描称为半连接扫描,也称为间接扫描。现有的半连接扫描有 TCP SYN 扫描和 IP ID 头 dumb 扫描等。

(3) 秘密扫描指端口扫描容易被在端口处所监听的服务日志记录,这些服务看到一个没有任何数据的连接进端口,就记录一个日志错误。秘密扫描是一种不被审计工具所检测的扫描技术,现有的秘密扫描有 TCP FIN 扫描、TCP ACK 扫描、NULL 扫描、XMAS 扫描、TCP 分段扫描和 SYN/ACK 扫描等。

(4) 其他扫描主要指对 FTP 反弹攻击和 UDP ICMP 端口不可到达扫描。FTP 反弹攻击指利用 FTP 协议支持代理 FTP 连接的特点,可以通过一个代理的 FTP 服务器来扫描 TCP 端口,即能在防火墙后连接一个 FTP 服务器,然后扫描端口。若 FTP 服务器允许从一个目录读/写数据,则能发送任意的数据到开放的端口。FTP 反弹攻击是扫描主机通过使用 PORT 命令,探测到 USER-DTP(用户端数据传输进程)正在目标主机上的某个端口监听的一种扫描技术。UDP ICMP 端口不可到达扫描指扫描使用的是 UDP 协议。扫描主机发送 UDP 数据包给目标主机的 UDP 端口,等待目标端口的端口不可到达的 ICMP 信息。若这个 ICMP 信息及时接收到,则表明目标端口处于关闭状态;若超时,也未能接收到端口不可到达 ICMP 信息,则表明目标端口可能处于监听状态。

端口扫描技术包含的全连接扫描、半连接扫描、秘密扫描和其他扫描都是基于端口扫描技术的基本原理,但由于在和目标端口采用的连接方式的不同,表现为各种技术在扫描时各有优/缺点:全连接扫描的优点是扫描迅速、准确而且不需要任何权限;缺点是易被目标主机发觉而被过滤掉。半连接扫描优点是一般不会被目标主机记录连接,有利于不被扫描方发现;缺点是在大部分操作系统下,扫描主机需要构造适用于这种扫描的 IP 包,而通常情况下,构造自己的 SYN 数据包必须要有 root 权限。秘密扫描优点是能躲避 IDS、防火墙、包过滤器和日志审计,从而获取目标端口的开放或关闭的信息,由于它不包含 TCP3 次握手协议的任何部分,所以无法被记录下来,比半连接扫描要更为隐蔽;缺点是扫描结果的不可靠性增加,而且扫描主机也需要自己构造 IP 包。在其他扫描中,FTP 反弹攻击的优点是能穿透防火墙,难以跟踪;缺点是速度慢且易被代理服务器发现并关闭代理功能。UDP ICMP 端口不可到达扫描的优点是可以扫描非 TCP 端口,避免了 TCP 的 IDS;缺点是因基于简单的 UDP 协议,扫描相对困难,速度很慢而且需要 root 权限。

9.2.2　漏洞扫描技术及原理

漏洞扫描技术是建立在端口扫描技术基础之上的,从对黑客攻击行为的分析和收集的漏洞来看,绝大多数都是针对某一个网络服务,也就是针对某一个特定的端口的,因此,漏洞扫描技术也是以与端口扫描技术同样的思路来开展扫描的。漏洞扫描技术的原理是主要通过以下两种方法来检查目标主机是否存在漏洞:

(1) 在端口扫描后得知目标主机开启的端口以及端口上的网络服务,将这些相关信息与网络漏洞扫描系统提供的漏洞库进行匹配,查看是否有满足匹配条件的漏洞存在。

(2) 通过模拟黑客的攻击手法,对目标主机系统进行攻击性的安全漏洞扫描,如测试弱势口令等,若模拟攻击成功,则表明目标主机系统存在安全漏洞。

基于网络系统漏洞库的漏洞扫描包括 CGI 漏洞扫描、POP3 漏洞扫描、FTP 漏洞扫描、SSH 漏洞扫描、HTTP 漏洞扫描等,这些漏洞扫描是基于漏洞库,将扫描结果与漏洞库相关数据匹配比较得到漏洞信息。漏洞扫描还包括没有相应漏洞库的各种扫描,如 Unicode 遍历目录漏洞探测、FTP 弱势密码探测、OPENreply 邮件转发漏洞探测等,这些扫描通过使用插件(功能模块技术)进行模拟攻击,测试出目标主机的漏洞信息。

基于网络系统漏洞库的漏洞扫描的关键部分就是它所使用的漏洞库。通过采用基于规则的匹配技术,即根据安全专家对网络系统安全漏洞、黑客攻击案例的分析和系统管理员对网络系统安全配置的实际经验,可以形成一套标准的网络系统漏洞库,然后再在此基础之上构成相应的匹配规则,由扫描程序自动地进行漏洞扫描工作。

插件是由脚本语言编写的子程序,扫描程序可以通过调用它来执行漏洞扫描,检测出系统中存在的一个或多个漏洞。添加新的插件就可以使漏洞扫描软件增加新的功能,扫描出更多的漏洞。插件编写规范化后,甚至用户自己都可以用 Perl、C 语言或自行设计的脚本语言编写的插件来扩充漏洞扫描软件的功能。这种技术使漏洞扫描软件的升级维护变得相对简单,而专用脚本语言的使用也简化了编写新插件的编程工作,使漏洞扫描软件具有强的扩展性。

现有的安全隐患扫描系统基本上是采用上述的两种方法来完成对漏洞的扫描,但是这两种方法在不同程度上也各有不足之处:

(1) 关于系统配置规则库问题。网络系统漏洞库是基于漏洞库的漏洞扫描的核心所在,但是,如果规则库设计得不准确,那么预报的准确度就无从谈起。规则库是根据已知的安全漏洞进行安排和策划的,而对网络系统的很多威胁却是来自未知的漏洞,这样,如果规则库不及时更新,那么预报准确度也会逐渐降低。受漏洞库覆盖范围的限制,部分系统漏洞也可能不会触发任何一个规则,从而检测不到。系统配置规则库应能不断地被扩充和修正,这也是对系统漏洞库的扩充和修正。

(2) 关于漏洞库信息的要求。漏洞库信息是基于网络系统漏洞库的漏洞扫描的主要判断依据。如果漏洞库信息不全面或得不到即时更新,不但不能发挥漏洞扫描的作用,还会给系统管理员以错误的引导,从而对系统的安全隐患不能采取有效措施并及时消除。因此,漏洞库信息不但应具备完整性和有效性,也应具有简易性的特点,这样用户自己也易于对漏洞库进行添加配置,从而实现对漏洞库的及时更新,有利于以后对漏洞库的更新升级。

9.2.3 安全扫描器的结构

目前,许多安全扫描器都集成了端口和漏洞扫描的功能,下面首先从体系结构上介绍主机型安全扫描器和网络型安全扫描器两类安全扫描器的结构特点。

1. 主机型安全扫描器的结构

主机型安全扫描器主要由管理端和代理端两部分组成。其中,管理端管理各个代理端,具备向各个代理端发送扫描任务指令和处理扫描结果的功能;代理端是采用主机扫描技术对所在的被扫描目标进行检测,收集可能存在的安全状况。

主机型安全扫描器一般采用 Client/Server 的构架,其扫描过程是:首先在需要扫描的目标主机上安装代理端;其次由管理端发送扫描开始命令给各代理端,各代理端接收到命令后执行扫描操作;然后把扫描结果传回给管理端分析;最后管理端把分析结果以报表方式给出安全漏洞报表。

2. 网络型安全扫描器的结构

网络型安全扫描器主要由扫描服务端和管理端两部分组成。其中,服务端是整个扫描器的核心,所有的检测和分析操作都是它发起的;管理端的功能是提供管理的作用以及方便用户查看扫描结果。

网络型安全扫描器一般也采用 Client/Server 的架构,首先在管理端设置需要的参数以及制定扫描目标;然后把这些信息发送给扫描器服务端,扫描服务端接收到管理端的扫描开始命令后即对目标进行扫描;此后,服务端一边发送检测数据包到被扫描目标,一边分析目标返回的响应信息,同时服务端还把分析的结果发送给管理端。

从逻辑结构上来说,不管是主机型安全扫描器还是网络型安全扫描器,都可以看成是由策略分析、获取检测工具、获取数据、事实分析和报告分析这样 5 个主要组成部分,其中策略分析部分用于决定检测哪些主机并进行哪些检测。对于给定的目标系统,获取检测工具部分就可以根据策略分析部分得出的测试级别类,确定需要应用的检测工具。对于给定的检测工具,获取数据部分运行对应的检测过程,收集数据信息并产生新的事实记录。对于给定的事实记录,事实分析部分能产生出新的目标系统、新的检测工具和新的事实记录。新生成的目标系统作为获取检测工具部分的输入,新生成的检测工具又作为获取数据部分的输入,新的事实记录再作为事实分析部分的输入,如此循环直至不再产生新的事实记录为止。报告分析部分则将有用的信息进行整理,便于用户查看扫描结果。

9.2.4 安全扫描器的开发

安全扫描器的开发一般要经过以下几个阶段:

1. 系统规划阶段

系统规划阶段的主要任务是明确要解决问题。

2. 系统分析阶段

系统分析阶段是进入系统开发的实质阶段,要完成系统的分析及概要设计,理解要解决问题。系统分析主要是分析安全扫描器的需求,包括系统业务需求、用户需求和功能需求(也包括非功能需求)3 个不同的层次。其中,系统业务需求反映了组织机构或客户对系统、产品高层次的目标要求;用户需求文档描述了用户使用产品必须要完成的任务;功能需求定义了开发人员必须实现的软件功能,使得用户能完成他们的任务,从而满足业务需求;非功能需求描述了系统展现给用户的行为和执行的操作等,它包括产品必须遵从的标准、规范和合约,外部界面的具体细节,性能要求,设计或实现的约束条件及质量属性等。不同的功能需求将选择不同的扫描技术。

安全扫描系统的需求主要由功能要求、使用对象、使用环境以及其他特殊要求等 4 部分组成。其中,功能要求是最重要的部分,不同的功能要求将决定设计安全扫描器的策略以及选择的扫描技术;使用对象和使用环境会对安全扫描器的体系结构起决定作用,不同的使用对象和使用环境的要求是决定设计成主机型安全扫描器还是网络型安全扫描器的关键性因素。

3. 系统设计阶段

系统设计是将需求最终转化为软件系统的最重要的环节,系统设计的优劣从根本上决定了软件系统的质量。系统设计包括体系结构设计、模块设计、数据结构与算法设计以及用户界面设计 4 个方面的内容。

1）体系结构设计

主机型安全扫描器的设计采用 manage/agent 结构，整个体系由管理端、代理端和数据库端 3 部分组成。

网络型安全扫描器的设计采用 client/server 结构，整个系统分为服务器端、客户端以及数据库端。

2）模块设计

主机型安全扫描器模块设计分为 5 个模块，即扫描引擎模块、通信模块、任务安排模块、数据库借口模块以及结果处理模块。扫描引擎模块位于代理端，负责收集目标主机的信息。通信模块负责代理端与管理端的通信，即负责把管理端的扫描命令发送给代理端，并且把代理端的扫描信息发送给管理端。任务安排模块的功能是指定需要扫描的目标主机，并且可以根据需要设置某些参数，起到管理一个扫描任务的作用。数据库接口模块负责数据库的读取和保存操作等。结果处理模块负责把扫描引擎模块传送过来的扫描信息进行处理，并根据需要生成最后的扫描结果报告等。

网络型安全扫描器模块被设计为 6 大模块，即扫描引擎模块、数据库接口模块、进程和线程处理模块、通信模块、任务安排模块以及结果处理模块。扫描引擎模块和主机型安全扫描器的扫描引擎模块相比功能更加全面，不但需要获得目标的相关信息，还需要对获得的信息进行分析，从而过滤掉无用的信息，获取有用的信息。进程和线程处理模块提供多进程和多线程处理功能。由于扫描引擎可能会同时对多个目标进行扫描，所以需要多进程的处理，同时为了提高扫描的效率，需要多线程的处理。通信模块负责服务器端与客户端之间的数据传送。

3）数据结构与算法设计

高效率的程序应该是基于良好的数据结构与算法，而不是基于编程小技巧，因此，在设计扫描器的程序时，要充分使用各种数据结构和算法，避免重复设计工作，提高效率。

在设计主机型安全扫描器的数据结构与算法时，需要考虑主机型安全扫描器的特殊性，采用更大的时间开销来换取空间收益的原则来进行。

与设计主机型安全扫描器相类似，网络型安全扫描器的设计也要考虑自身的特殊性。由于服务器端相对固定且一般情况下一个服务器端可以连接多个客户端，因此对服务器端而言，可以采用更大的空间开销来换取时间收益的原则来进行。

4）用户界面设计

由于主机型安全扫描器的用户界面是在管理端，代理端并没有涉及用户界面的问题，所以设计主机型安全扫描器时就必须注意管理端使用的方便性这一要求。

由于网络型安全扫描器的用户界面是在客户端，服务器端对用户界面要求不高或者不需要，因此设计网络型安全扫描器时就必须保证客户端具备使用方便性的特点以满足人机交互要求。

4. 系统实施阶段

在完成系统设计后，进入系统实施阶段实现系统设计，包括系统实施计划、实施步骤、系统软件/硬件、网络的获取、系统安装/调试/测试、系统试运行和验收。

5. 系统运行、维护和改进阶段

系统运行、维护和改进阶段的任务是系统运行及维护,并根据评价结果进行改进。

9.3 安全扫描技术的应用

安全扫描技术的应用主要体现在安全扫描器的使用上,下面对一些安全扫描产品作一简单介绍,并对购买安全扫描器应该考虑的因素及安全扫描技术的发展趋势进行分析。

9.3.1 安全扫描器产品

1. SATAN(Security Administrator Tool For Analyzing Networks)

SATAN 于 1995 年 4 月发布到互联网上,是一个分析网络的安全管理和测试、报告工具,用来搜集网络上主机的许多信息,并可以识别且自动报告与网络相关的安全问题。对所发现的每种问题类型,SATAN 都提供对这个问题的解释以及它可能对系统和网络安全造成影响的程度,而且还通过所附的资料解释如何处理这些问题。SATAN 是为 UNIX 操作系统设计的一个软件包,主要是用 C 和 Perl 语言编写,为了用户界面的友好性,还用了一些 HTML 技术。它具有 HTML 接口,能通过当前系统中的浏览器进行浏览和操作;能以各种方式选择目标;可以以表格方式显示结果;当发现漏洞时,会出现一些上下文敏感的指导显示。SATAN 是一个功能非常强大的工具,它可以自动扫描一段子网。

2. Nmap(Network mapper)

Nmap 是由 Fyodor 制作的扫描工具,除了提供基本的 UDP 和 TCP 端口扫描功能外,还综合集成了众多扫描技术,现在的端口扫描类型很大程度上根据 Nmap 的功能设置来划分的。Nmap 是在免费软件基金会的 GNU General Public License 下发布的,目前有支持 UNIX 平台的版本,也有支持 Windows 平台的版本,但提供下载的是源程序包,需要自行编译。

3. SSS(Shadow Security Scanner)

SSS 在安全扫描市场中享有速度最快、功效最好的盛名,其功能远远超过了其他众多的扫描分析工具。SSS 可以对很大范围内的系统漏洞进行安全、高效、可靠的安全检测,对系统全部扫描之后,SSS 可以对收集的信息进行分析,发现系统设置中容易被攻击的地方和可能的错误,得出对发现问题的可能的解决方法。SSS 使用了完整的系统安全分析算法 intellectual core。SSS 不仅可以扫描 Windows 系列平台,如 Win95/98/Me/NT/2000/XP/.NET,而且还可以应用在 UNIX 及其分支上,如 Linux、FreeBSD、OpenBSD、Net BSD、Solaris。由于采用了独特的架构,SSS 是世界上唯一的可以检测出思科、惠普及其他网络设备错误的软件,而且它在所有的商用软件中还是唯一能在每个系统中跟踪超过 2000 个审核的软件。

4. Nessus

Nessus 是一个功能强大而又易于使用的远程安全扫描器,它不仅免费而且更新快。Nessus 扫描器是 C/S 模式结构,服务器端负责进行安全检查,客户端用来配置管理服务器端。Nessus 的优点在于:采用了基于多种安全漏洞的扫描,避免了扫描不完整的情况;扩展性强、容易使用、功能强大,可以扫描出多种安全漏洞。在客户端,用户可以指定运行

Nessus 服务的机器、使用的端口扫描器及测试的内容及测试的 IP 地址范围。由于 Nessus 本身是工作在多线程基础上的,所以用户还可以设置系统同时工作的线程数,这样用户在远端就可以设置 Nessus 的工作配置了。安全检测完成后,服务端将检测结果返回到客户端,客户端生成直观的报告。

5. ISS(Internet Security Scanner)

ISS 是 1992 年 Chris Klaus 在做互联网安全试验时,编写的一种扫描工具,该工具可以远程探测 UNIX 系统的各种通用漏洞。Klaus 利用 ISS 创办了一个拥有几百万资产的网络安全公司——Internet Security Systems(ISS)。ISS 是最早生产扫描程序的公司,并拥有多种安全产品。ISS Internet Scanner 是一个用于分析企业网络上的设备安全性的弱点评估产品,它针对操作系统、路由器、电子邮件、Web 服务器、防火墙、业务服务器和应用程序进行检测,从而识别能被入侵者利用来进入网络的漏洞,扫描后生成的报告非常详细。

6. Super Scan

Super Scan 是由 Foundstone 公司出品的一款功能强大的基于连接的 TCP 端口扫描工具,支持 PING 和主机名解析,具有强大的端口管理器,内置了大部分常见的端口以及端口说明,并且支持自定义端口。多线程和异步技术使得扫描速度大大加快。

7. 其他扫描器

其他的安全扫描器有 SAINT(Security Administrator's Integrated Network Tool)、Pinger、Portscan、Strobe、X – Scan、流光等。

9.3.2　安全扫描器的选择

当前,安全扫描器种类非常多,数量更是不计其数。在这种情况下,应该选择性能更高的安全扫描器。在选择安全扫描器时应注意以下因素:

(1)漏洞检测的完整性。一个扫描器所能扫描的漏洞数目是非常重要的,但在选择扫描器也不能绝对按漏洞数目排序。更重要的是,一个好的扫描器至少应该能够查找出 root/administrator 级有危险的已知漏洞。

(2)漏洞检测的精确性。扫描器除了要有一个好的漏洞检测集外,能否精确地识别这些漏洞同样重要。错过真正的漏洞,与识别到很多不存在的漏洞一样令人难以接受。有些扫描器产品仍然有检测的精确性不好的问题。

(3)漏洞检测的范围。多数漏洞扫描器都是用于进行远端漏洞检测的,而不是用于本地漏洞(主机级)检测,但是有些漏洞只能通过主机型的安全扫描器才能检测到。有时对一些特殊的扫描对象(如数据库)使用专一的扫描器效率更高。

(4)及时更新能力。选择的扫描器应优先选择能及时提供产品更新支持的产品。虽然扫描器的更新都是在漏洞发现之后才进行,但这种更新必须要及时地有规律地进行。

(5)分析报告功能。查找漏洞很重要,但由于查找漏洞的目的是为了修复,所以正确地描述这些漏洞以及如何修复它们更重要。对于企业的管理员来说,他们需要知道如何修复已经发生的问题。

(6)许可和定价问题。有些产品是针对单个节点发放许可证的,有些则是针对每台服务器发放许可证的,也有一些是免费的。为了更好地了解安全扫描器的性能,可以先从免费的扫描器产品(Nessus)用起,如果不能满足需要,再有针对性购买相关产品。

一般情况下,安全扫描器的目的是为了加强网络和主机的安全,因此在应用安全扫描器的时候,应该尽量遵循一定的原则,尽量避免对网络安全造成负面影响。

9.3.3 安全扫描技术的发展趋势

目前的网络安全扫描技术仍然有许多不完善的地方,随着这种技术的不断发展,它应普遍具有以下发展方向:

(1)高速化。网络的迅速发展带来系统内部网络系统规模的扩大,为系统管理员保障本系统的安全提出了更高的要求。面对大规模的网络系统要实施全面的扫描,使用高速的网络扫描技术非常重要。

(2)智能化。目前的网络扫描技术尚不具有扫描任意端口服务的能力,而且在检测系统漏洞时所用的漏洞库及匹配规则需要依据专家和系统管理员的实际经验形成,对网络的安全状况缺乏整体的评估。随着计算机技术和智能处理技术的发展,扫描技术也向智能化的方向发展。

(3)标准化。不同的扫描工具、不同的漏洞库之间应能共享统一标准的漏洞库数据,当前的 CVE 就是基于这个目的提出的一个漏洞库数据标准。标准的使用以及与扫描代码的分离,能使扫描用户更方便更有效地更新扫描工具。

 本 章 小 结

安全扫描技术是为使系统管理员能够及时了解系统中存在的安全漏洞,并采取相应防范措施,从而降低系统的安全风险而发展起来的一种安全技术,其基本原理是采用模拟黑客攻击的方式对目标可能存在的已知安全漏洞进行逐项检测。扫描技术是采用积极的、非破坏性的办法来检验系统是否有可能被攻击崩溃,利用了一系列的脚本模拟对系统进行攻击的行为,能够有效地检测网络和主机中存在的薄弱点,提醒用户打上相应的补丁,有效防止攻击者利用已知的漏洞实施入侵,但是无法防御攻击者利用脚本漏洞和未知漏洞入侵。

扫描技术主要体现在对安全扫描器的使用方面。安全扫描器是一个对扫描技术进行软件化、自动化实现的工具,更确切地说,是一种通过收集系统的信息来自动检测远程或者本地主机安全性脆弱点的程序。

本章简单介绍了安全扫描技术的发展和功能,重点分析了基于主机的安全扫描技术、基于网络的安全扫描技术、端口扫描技术、漏洞扫描技术、主机型安全扫描器的原理和结构特点以及网络型安全扫描器的原理和结构特点,具体描述了安全扫描器的开发过程。此外,本章还介绍了几种安全扫描器产品,分析了购买安全扫描器时应该考虑的因素以及安全扫描技术的发展趋势。

思 考 题

1. 简述基于主机的安全扫描技术和基于网络的安全扫描技术。

2. 简述主机型安全扫描器的原理和结构特点。

3. 简述网络型安全扫描器的原理和结构特点。

4. 端口扫描技术有哪些？各有什么优、缺点？

5. 漏洞扫描的方法有哪些？

6. 购买安全扫描器时，应该注意哪些因素？

7. 安全扫描技术的发展趋势是什么？

第 10 章 系 统 安 全

系统是软/硬件运行的一个统一体,也是安全威胁的对象。其中,操作系统、应用系统和数据库系统构成了软件和信息管理系统运行的基础,也是本章重点讨论的对象。操作系统、应用系统和数据库系统的弱点是黑客攻击的重点,目的是获得其控制权限和对数据的操作权限。因此,对系统的安全防范是信息安全中的一个重要环节。

 ## 10.1 操作系统安全

操作系统作为各种安全技术的底层,信息交换都是通过操作系统提供的服务来实现的。各种应用程序要想获得运行的高可靠性和信息的完整性、机密性、可用性和可控性,必须依赖于操作系统提供的系统软件基础,任何脱离操作系统的应用软件的高安全性都是不可能的。计算机网络信息系统中,系统的安全性依赖于其中各主机系统的安全性,而各主机系统的安全性是由其操作系统的安全性决定的。没有安全的操作系统的支持,安全保密性也就无从谈起,操作系统的安全是计算机网络信息系统安全的基础。

10.1.1 操作系统的安全机制

获得对操作系统的控制权是攻击者攻击的一个重要目的,而通过身份认证缺陷、系统漏洞等途径对操作系统进行攻击是攻击者获得系统控制权常用的攻击手段。操作系统为了实现自身的安全,要通过多种机制防范用户和攻击者非法存取计算机资源,保证系统的安全性和文件的完整性。

1. 身份认证机制

身份认证机制是操作系统保证正常用户登录过程的一种有效机制,它通过对登录用户的鉴别,证明登录用户的合法身份,从而保证系统的安全。口令登录验证机制是大多数商用操作系统所采用的基本身份认证机制,但单纯的口令验证不能可靠地保证登录用户的合法性,现有的多种口令窃取方法对登录口令的盗用和滥用会给系统带来较大的风险。虽然通过定期更改口令、采用复杂口令等方式可以在一定程度上增加口令的安全性,但口令登录机制在安全管理方面存在的固有缺陷仍然不可能从根本上弥补。

为了弥补登录口令机制的不足,现有操作系统又增加了结合令牌的口令验证机制。登录过程中,除了要正确输入登录口令外,还要正确输入令牌所提供的验证码。令牌可以以软/硬件形式存在,硬件令牌可随身携带,在登录口令失窃的情况下,由于拥有者是唯一持有令牌的用户,只要令牌不丢失即可保证登录的安全性,从而避免了单纯依靠登录口令的弊端。登录口令和令牌相结合的方式为操作系统提供了较高的安全性。

2. 访问控制机制

访问控制机制是计算机保证资源访问过程安全性的一项传统技术。通过对主体和客体访问权限的限制,防止非法用户对系统资源的越权和非法访问。访问控制机制包括自主访问控制机制、强制访问控制机制、基于角色的访问控制机制等几类主要机制。基于角色的访问控制机制主要用于数据库的访问控制,强制访问控制机制主要用于较高安全等级的操作系统,自主访问控制机制在现有商用操作系统中应用普遍。

自主访问控制机制根据用户的身份及其允许访问的权限决定其对访问资源的具体操作,主要通过访问控制列表和能力控制列表等方法实现。在这种机制下,文件的拥有者可以自主地指定系统中的其他用户对资源的访问权限。这种方法灵活性高,但也使系统中对资源的访问存在薄弱环节。

3. 安全审计机制

操作系统的审计机制是对系统中有关活动和行为进行记录、追踪并通过日志予以标识,主要目的就是对非法及合法用户的正常或者异常行为进行检测和记录,以标识非法用户的入侵和合法用户的误操作行为等。现有的 C2 以上级商业操作系统都具有安全审计功能,通过将用户管理、用户登录、进程启动和终止、文件访问等行为进行记录,便于系统管理员通过日志对审计的行为进行查看,从而对一些异常行为进行辨别和标识。

审计过程为系统进行事故原因的查询、定位和事故发生前的预测、报警以及异常事件发生后的及时响应与处理提供了详尽可靠的证据,为有效追查分析异常事件提供了时间、登录用户、具体行为等详尽信息。

10.1.2 Windows XP 的安全机制

Windows XP 在安全机制方面提供了丰富的手段,保证系统用户具有较全面的安全性。

1. 安全模版

Windows XP 为用户提供了简单的安全模版配置手段,可以使用户快速简洁地按照不同安全模版快速配置系统。安全模版按照安全性从低到高包括 compatws. inf、securews. inf、securedc. inf、hisecws. inf、hisecdc. inf 等。

2. 账户策略

Windows XP 在账户策略中规定了对用户的密码策略和账户锁定策略,可对用户的密码长度、密码复杂性要求、密码锁定时间等进行灵活配置,以对非法口令探测进行约束和限制。

3. 审计策略

Windows XP 的审计策略包括对审核账户管理、审核账户登录事件、审核系统事件、审核过程追踪等多项功能,此外,还可以对文件夹的访问,以及对注册表的访问设置审计追踪策略,对指定文件、文件夹以及注册表做专项审计追踪,保证文件和注册表的安全。

4. NTFS 文件系统

NTFS 文件系统为用户访问文件和文件夹提供了权限限制,属于自主访问控制机制。管理员通过 NTFS 文件系统的权限限制,可以授权或者约束用户对文件的访问权限。

5. 注册表的权限菜单

Windows XP 操作系统为注册表增加了权限菜单,它类似于 NTFS 访问权限限制功能,对哪些用户可访问注册表的子项或者键值,以及这些用户访问这项子项或者键值具有什么权限都进行了严格的约束,限制了非授权用户对注册表的非法访问。

6. 用户权利指派

Windows XP 操作系统在本地安全策略中,专门通过用户权利指派菜单提供了不同操作系统权限对不同用户的约束,可使管理员方便地对计算机的登录用户进行权利的分配和指派。

7. 安全选项

安全选项是 Windows XP 操作系统在本地安全策略中提供的一个菜单,它为系统增强自身安全性提供了多重安全选项,从账户、登录、网络访问、网络安全等角度提供了严格的安全性限制。

10.1.3　操作系统攻击技术

对操作系统的威胁有多种手段,下面从主动攻击和被动攻击等几方面进行介绍:

1. 针对认证的攻击

操作系统通过认证手段鉴别并控制计算机用户对系统的登录和访问,但由于操作系统提供了多种认证登录手段,利用系统在认证机制方面的缺陷或者不健全之处,可以实施对操作系统的攻击。包括:利用字典攻击或者暴力破解等手段,获取操作系统的账号口令;利用 Windows 的 IPC $ 功能,实现空连接并传输恶意代码;利用远程终端服务即 3389端口,开启远程桌面控制等。

2. 基于漏洞的攻击

系统漏洞是攻击者对操作系统进行攻击时经常利用的手段。在系统存在漏洞的情况下,通过攻击脚本,可以使攻击者远程获得对操作系统的控制。Windows 操作系统的漏洞由微软公司每月定期以安全公告的形式对外公布,对系统威胁最大的漏洞包括远程溢出漏洞、本地提权类漏洞、用户交互类漏洞等。

3. 直接攻击

直接攻击是攻击者在对方防护很严密的情况下通常采用的一种攻击方法。例如,当操作系统的补丁及时打上,并配备防火墙、防病毒、网络监控等基本防护手段时,通过上面的攻击手段就难以奏效。此时,攻击者采用电子邮件,以及 QQ、MSN 等即时消息软件,发送带有恶意代码的信息,通过诱骗对方点击,安装恶意代码。这种攻击手段,可直接穿过防火墙等防范手段对系统进行攻击。

4. 被动攻击

被动攻击是在没有明确的攻击目标,并且对方防范措施比较严密情况下的一种攻击手段。主要是通过建立或者攻陷一个对外提供服务的应用服务器,篡改网页内容,设置恶意代码,诱骗普通用户点击的情况下,对普通用户进行的攻击。由于普通用户不知网页被篡改后含有恶意代码,自己点击后被动地安装上恶意软件,从而被实施了对系统的有效渗透。

5. 攻击成功后恶意软件的驻留

攻击一旦成功后,恶意软件的一个主要功能是对操作系统的远程控制,并通过信息回传、开启远程连接、进行远程操作等手段造成目标计算机的信息泄露。恶意软件一旦入侵成功,将采用多种手段在目标计算机进行驻留,例如,通过写入注册表实现开机自动启动,采用 rootkit 技术进行进程、端口、文件隐藏等,目的就是实现自己在操作系统中不被发现,以更长久地对目标计算机进行控制。

 ## 10.2　软件系统安全

在众多应用系统中,往往运行了多种软件系统实现其对外服务的功能。软件的安全性也是影响系统安全的一个重要方面。

10.2.1　开发安全的程序

大部分的溢出攻击是由于不良的编程习惯造成的。现在,常用的 C 和 C++ 语言因为宽松的程序语法限制而被广泛使用,它们在营造了一个灵活高效的编程环境的同时,也在代码中潜伏了很大的风险隐患。

为避免溢出漏洞的出现,在编写程序的同时就需要将安全因素考虑在内,软件开发过程中可利用多种防范策略,如编写正确的代码、改进 C 语言函数库、数组边界检查、使堆栈向高地址方向增长、程序指针完整性检查等,以及利用保护软件的保护策略,如 Stack-Guard 对付恶意代码等,来进行保证程序的安全性。目前有几种基本的方法保护缓冲区免受溢出的攻击和影响:

(1) 规范代码写法,加强程序验证。由于 C 语言中的几个会造成 buffer 溢出的函数的存在,因此必须在编写程序的时候加强对程序进行验证以及错误处理。尽管很多时候人们知道程序存在漏洞,却因为各方面的问题,忽视了安全性验证以及容错机制,从而导致具有安全漏洞的程序依然存在,即便该程序是由有经验的编程人员写出来的。因此,规范代码写法、加强程序验证只能适当的减少一些溢出的可能性,却不能完全避免溢出的出现,更不可能消除它的存在。

(2) 通过操作系统使得缓冲区不可执行,从而阻止攻击者植入攻击代码。这种方法有效地阻止了很多缓冲区溢出的攻击,但是攻击者并不一定要植入攻击代码来实现缓冲区溢出的攻击,所以这种方法还是存在很多弱点的。

(3) 利用编译器的边界检查来实现缓冲区的保护。这个方法使得缓冲区溢出不可能出现,从而完全消除了缓冲区溢出的威胁,但是相对而言代价比较大。

(4) 在程序指针失效前进行完整性检查。虽然这种方法不能使得所有的缓冲区溢出失效,但它的确阻止了绝大多数的缓冲区溢出攻击,而且能够逃脱这种方法保护的缓冲区溢出也很难实现。

10.2.2　IIS 应用软件系统的安全性

IIS4.0 和 IIS5.0 版本曾经出现过严重的缓冲区溢出漏洞,下面从 IIS 的安全性入手,简要介绍应用软件的安全性防范措施。

IIS 是 Windows 系统中的互联网信息和应用程序服务器,利用 IIS 可以方便地配置 Windows 平台,并且 IIS 和 Windows 系统管理功能完美的融合在一起,使系统管理人员获得和 Windows 完全一致的管理。

为有效防范针对 IIS 的溢出漏洞攻击,首先需要了解 IIS 缓冲区溢出漏洞所在之处,然后进行修补。

IIS4.0 和 IIS5.0 的应用非常广,但由于这两个版本的 IIS 存在很多安全漏洞,它的使用也带来了很多安全隐患。IIS 常见漏洞包括 idc&ida 漏洞、.htr 漏洞、NT Site Server Ad-samples 漏洞、.printer 漏洞、Unicode 解析错误漏洞、Webdav 漏洞等。因此,了解如何加强 Web 服务器的安全性、防范由 IIS 漏洞造成的入侵就显得尤为重要。

例如,默认安装时,IIS 支持两种脚本映射:管理脚本(.ida 文件)、互联网数据查询脚本(.idq 文件)。这两种脚本都由 idq.dll 来处理和解释,而 idq.dll 在处理某些 URL 请求时存在一个未经检查的缓冲区,如果攻击者提供一个特殊格式的 URL,就可能引发一个缓冲区溢出。通过精心构造发送的数据,攻击者可以改变程序执行流程,从而执行任意代码。当成功地利用这个漏洞入侵系统后,攻击者就可以在远程获取"Local System"的权限了。

在"互联网服务管理器"中,右击网站目录,选择"属性",在网站目录属性对话框的"主目录"页面中,点击"配置"按钮。在弹出"应用程序配置"对话框的"应用程序映射"页面,删除无用的程序映射。在大多数情况下,只需要留下.asp 一项即可,将.ida、.idq、.htr等删除,以避免利用.ida、.idq 等这些程序映射存在的漏洞对系统进行攻击。

10.2.3 软件系统攻击技术

常见的利用软件缺陷对应用软件系统发起攻击的技术包括缓冲区溢出攻击、堆溢出攻击、栈溢出攻击、格式化串漏洞利用等,在上述漏洞利用成功后,往往借助于 shellcode 跳转或者执行攻击者的恶意程序。

1. 缓冲区溢出利用

如果应用软件存在缓冲区溢出漏洞,可利用此漏洞实施对软件系统的攻击。

缓冲区是内存中存放数据的地方。在程序试图将数据放到计算机内存中的某一个位置的时候,如果没有足够的空间就会发生缓冲区溢出。攻击者写一个超过缓冲区长度的字符串,程序读取该段字符串,并将其植入到缓冲区,由于该字符串长度超出常规的长度,这时可能会出现两个结果:一个是过长的字符串覆盖了相邻的存储单元,导致程序出错,严重的可导致系统崩溃;另一个是利用这种漏洞可以执行任意指令,从而达到攻击者的某种目的。

程序运行时,将数据类型等保存在内存的缓冲区中,为了不占用太多的内存,一个由动态分配变量的程序在程序运行时才决定给它们分配多少内存空间。如果在动态分配缓冲区中放入超长的数据,就会发生溢出,这时程序就会因为异常而返回;如果攻击者用自己攻击代码的地址覆盖返回地址,这时通过 eip 改变返回地址,可以让程序转向攻击者的程序段;如果在攻击者编写的 shellcode 里面集成了文件的上传、下载等功能,获取到 root 权限,那么就相当于完全控制了被攻击方,也就达到了攻击者的目的。

2. 栈溢出利用

程序每调用一个函数,就会在堆栈里申请一定的空间,把这个空间称为函数栈。而随着函数调用层数的增加,函数栈一块块地从高端内存向低端内存地址方向延伸;反之,随着进程中函数调用层数的减少,即各函数调用的返回,函数栈会一块块地被遗弃而向内存的高址方向回缩。各函数栈的大小随着函数性质的不同而不等,由函数的局部变量的数目决定。进程对内存的动态申请是发生在堆（Heap）里的，也就是说，随着系统动态分配给进程的内存数量的增加，Heap 有可能向高址或低址延伸，依赖于不同 CPU 的实现，但一般来说是向内存的高地址方向增长的。

当发生函数调用时，先将函数的参数压入栈中，然后将函数的返回地址压入栈中，这里的返回地址通常是 Call 的下一条指令的地址。例如，定义 buffer 时程序可分配了 24B 的空间，在 strcpy 执行时向 buffer 里复制字符串时并未检查长度，如果向 buffer 里复制的字符串如果超过 24B，就会产生溢出；如果向 buffer 里复制的字符串的长度足够长，把返回地址覆盖后程序就会出错。一般会报段错误或者非法指令，如果返回地址无法访问，则产生段错误，如果不可执行则视为非法指令。

3. 堆溢出利用

堆内存由分配很多的大块内存区组成，每一块都含有描述内存块大小和其他一些细节信息的头部数据。如果堆缓冲区遭受了溢出，攻击者能重写相应堆的下一块存储区，包括其头部。如果重写堆内存区中下一个堆的头部信息，则在内存中可以写进任意数据。然而，不同目标软件各自特点不同，堆溢出攻击实施较为困难。

4. 格式化串漏洞利用

格式化串，就是在 * printf( ) 系列函数中按照一定的格式对数据进行输出，可以输出到标准输出，即 printf( )，也可以输出到文件句柄、字符串等，对应的函数有 fprintf、sprintf、snprintf、vprintf、vfprintf、vsprintf、vsnprintf 等，能被黑客利用的地方也就出在这一系列的 * printf( ) 函数中。在正常情况下这些函数只是把数据输出，不会造成什么问题，但是 * printf( ) 系列函数有 3 个特性，这些特性如果被黑客结合起来利用，就会形成漏洞。

可以被黑客利用的 * printf( ) 系列函数的 3 个特性如下：

(1) 参数个数不固定造成访问越界数据。

(2) 利用%n 格式符写入跳转地址。

(3) 利用附加格式符控制跳转地址的值。

5. shellcode 技术

缓冲区溢出成功后，攻击者如希望控制目标计算机，必须用 shellcode 实现各种功能。shellcode 是一堆机器指令集，基于 x86 平台的汇编指令实现，用于溢出后改变系统的正常流程，转而执行 shellcode 代码从而完成对目标计算机的控制。1996 年 Aleph One 在 Underground 发表的论文给这种代码起了一个 shellcode 的名称，从而延续至今。

10.3　数据库安全

现有计算机信息系统多采用数据库存储和管理大量的关键数据，因此数据库的安全问题也是系统安全的一个关键环节，了解针对数据库的攻击技术，并采取相应的数据库安全防范措施，也是系统安全技术人员所需要关注的重点。

10.3.1　数据库安全技术

1. 数据库的完整性

数据库的完整性包括：

（1）实体完整性，指表和它模仿的实体一致。

（2）域完整性，某一数据项的值是合理的。

（3）参照（引用）完整性，在一个数据库的多个表中保持一致性。

（4）用户定义完整性，由用户自定义。

（5）分布式数据完整性。

数据库的完整性可通过数据库完整性约束机制来实现。这种约束是一系列预先定义好的数据完整性规划和业务规则，这些数据规则存放于数据库中，防止用户输入错误的数据，以保证所有数据库中的数据是合法的、完整的。

数据库的完整性约束包括非空约束、默认值约束、唯一性约束、主键约束、外部键约束和规则约束。这种约束是加在数据库表的定义上的，它与应用程序中维护数据库完整性不同，它不用额外地编写程序，代价小而且性能高。在多网络用户的客户/服务器体系下，需要对多表进行插入、删除、更新等操作时，使用存储过程可以有效防止多客户同时操作数据库时带来的"死锁"和破坏数据完整一致性的问题。此外，通过封锁机制可以避免多个事务并发执行存取同一数据时出现的数据不一致问题。

2. 存取控制机制

访问控制是数据库系统的基本安全需求之一，为了使用访问控制来保证数据库安全，必须使用相应的安全策略和安全机制保证其实施。数据库常采用的存取控制机制是基于角色的存取控制模型。

基于角色的存取控制模型的特征是根据安全策略划分出不同的角色，对每个角色分配不同的操作许可，同时为用户指派不同的角色，用户通过角色间接地对数据进行存取。角色由数据库管理员管理分配，用户和客体无直接关系，他只有通过角色才可以拥有角色所拥有的权限，从而存取客体。用户不能自主地将存取权限授予其他用户。

基于角色的存取控制机制可以为用户提供强大而灵活的安全机制，可以让管理员在接近部门组织的自然形式来进行用户权限划分。

3. 视图机制

通过限制可由用户使用的数据，可以将视图作为安全机制。用户可以访问某些数据，进行查询和修改，但是表或数据库的其余部分是不可见的，也不能进行访问。无论在基础表（1个或多个）上的权限集合有多大，都必须授予、拒绝或废除访问视图中数据子集的权限。

例如，某个表的 salary 列中含有保密职员信息，但其余列中含有的信息可以由所有用户使用。可以定义一个视图，它包含表中除敏感的 salary 列外所有的列。只要表和视图的所有者相同，授予视图上的 SELECT 权限就使用户得以查看视图中的非保密列而无须对表本身具有任何权限。通过定义不同的视图及有选择地授予视图上的权限可以将用户、组或角色限制在不同的数据子集内。

4. 数据库加密

一般而言，数据库系统提供的基本安全技术能够满足普通的数据库应用，但对于一些重要部门或敏感领域的应用，仅靠上述这些措施难以保证数据的安全性，某些用户（尤其是一些内部用户）仍可能非法获取用户名和口令越权使用数据库，甚至直接打开数据库文件窃取或篡改信息。因此，有必要对数据库中存储的重要数据进行加密处理，以实现数据存储的安全保护。

较之传统的数据加密技术,数据库加密系统有其自身的要求和特点。数据库数据的使用方法决定了它不可能以整个数据库文件为单位进行加密。当符合检索条件的记录被检索出来后,就必须对该记录迅速解密,然而该记录是数据库文件中随机的一段,无法从中间开始解密。因此,必须解决随机地从数据库文件中某一段数据开始解密的问题,故数据库加密只能对数据库中的数据进行部分加密。

10.3.2　数据库攻击技术

针对数据库的攻击有多种方式,攻击的最终目标是控制数据库服务器或者得到对数据库的访问权限。主要的数据库攻击手段包括:

1. 弱口令入侵

获取目标数据库服务器的管理员口令有多种方法和工具,如针对 MS SQL 服务器的 SQLScan 字典口令攻击、SQLdict 字典口令攻击、SQLServerSniffer 嗅探口令攻击等工具。获取了 MS SQL 数据库服务器的口令后,即可利用 SQL 语言远程连接并进入 MS SQL 数据库内获得敏感信息。

2. SQL 注入攻击

SQL 注入攻击的具体过程:首先由攻击者通过向 Web 服务器提交特殊参数,向后台数据库注入精心构造的 SQL 语句,达到获取数据库里的表的内容或者挂网页木马,进一步利用网页木马再挂上木马。攻击者是通过提交特殊参数和精心构造的 SQL 语句后,根据返回的页面判断执行结果、获取信息等。因为 SQL 注入是从正常的 WWW 端口访问,而且表面看起来与一般的 Web 页面访问没有区别,所以目前通用的防火墙都不会对 SQL 注入发出警报,如果管理员没查看 IIS 日志的习惯,可能被入侵很长时间也不被察觉。SQL 注入的手法相当灵活,在注入时会遇到很多意外情况。在实际攻击过程中,攻击者根据具体情况进行分析,构造巧妙的 SQL 语句,从而达到渗透目的,而渗透的程度和网站的 Web 应用程序的安全性以及安全配置等有很大关系。

3. 利用数据库漏洞进行攻击

除了上述攻击手段之外,可利用数据库本身的漏洞实施攻击获取对数据库的控制权或者对数据的访问权,或者利用漏洞实施权限的提升。不同数据库的漏洞利用效果不同,例如 Oracle 9.2.0.1.0 存在认证过程的缓冲区溢出漏洞,攻击者通过提供一个非常长的用户名使认证出现溢出,允许攻击者获得数据库的控制,这使得没有正确的用户名和密码也可获得对数据库的控制。在权限提升方面,可利用 Oracle 的 left outer joins 漏洞实现。当攻击者利用 left outer joins SQL 实现查询功能时,数据库不做权限检查,使攻击者获得他们一般不能访问的表的访问权限。

10.3.3　数据库的安全防范

为了有效防止针对数据库的攻击,要从前台的 Web 页面和后台的数据库服务器设置等多个层次进行统一考虑。

1. 编写安全的 Web 页面

SQL 注入漏洞是因为 Web 程序员所编写的 Web 应用程序没有严格地过滤从客户端

提交至服务器的参数而引起的。因此,要防范 SQL 注入攻击,首先要从编写安全的 Web 应用程序开始做起。

对于客户端提交过来的参数,都要进行严格的过滤,检查当中是否存在着特殊字符,要注意的特殊字符有单引号、双引号以及当前使用的数据库服务器所支持的注释符号,例如,SQL Server 所使用的注释号是"--",MySQL 所使用的注释号是"/＊"等。此外,还有 SQL 语句中所使用的关键字,这些关键字包括 select、insert、update、and、where 等。除了严格检验参数,还要注意不向客户端返回程序发生异常的错误信息,这是因为 SQL 注入很大程度上是依赖程序的异常信息获取服务器信息的,所以不能为攻击者留下任何线索。

2. 设置安全的数据库服务器

1) SQL Server

SQL Server 的安全性设置要通过安装、设置和维护三个阶段进行综合考虑。

在安装阶段,将数据库默认自动或者手动安装使用 Windows 认证,这将把暴力攻击 SQL Server 本地认证机制的攻击者拒之门外。为数据库分配一个强壮的 SA 账户密码,也是安装过程中需要考虑的一个重要事情。

在设置阶段,使用服务器网络程序可禁用所有的 netlib,这将使对数据库的远程访问无效,同时也将使 SQL Server 不再响应 SQLPing 等对数据库的扫描和探测行为。激活数据库的日志功能可以在攻击者进行暴力破解时能够有效鉴别。此外,禁止 SQL Server Enterprise Manager 自动为服务账号分配权限、禁用 Ad Hoc 查询、设置操作系统访问控制列表、清除危险的扩展存储过程等措施将阻止一些攻击者对数据库的非法操作。

在维护阶段,及时更新服务包和漏洞补丁,分析异常的网络通信数据包,创建 SQL Server 警报等方法,可以为管理员提供针对数据库更加有效的防范。

2) Oracle

Oracle 数据库的安全性防范措施也需要综合考虑多方面的因素,包括:可设置监听器密码,运行监听器控制程序连接相关的监听器时,可通过密码保护监听器的安全;删除 PL/SQL 外部存储功能,堵住攻击者对其的非法使用;确保所有数据库用户的默认密码已经更改为安全的新密码;为保证数据库实例的安全,及时更新最新补丁也是非常重要的一项安全措施。当然,如果 Oracle 数据库的前端是一个 Web 服务器,则 Web 前端将是外部攻击者的第一站,Oracle 的安全也离不开 Web 前端的安全。

10.4　信息系统安全

在组织对信息的依赖性越来越强的今天,任何关键信息系统运转的中断或者数据的丢失都可能会给组织造成不可估量的损失。如何有效地保证数据信息的完整性、可用性和保密性是信息系统安全研究的一个重点内容。

10.4.1　数据的安全威胁

随着社会对计算机和网络的依赖性越来越大,如何保证计算机中数据的完整性、保密性和可用性成为每一个计算机使用者关心的重点。数据的完整性和可用性就是保证计算机系统上的数据和信息处于一种完整和未受损的状态。

针对数据完整性、可用性、保密性,最常见的威胁来自于攻击者或计算机操作员、硬件故障、网络故障和灾难。攻击者的目的是对信息进行窃取或者破坏,计算机操作员也存在误删或误改的误操作行为,这都对数据的安全性构成巨大的威胁。除人为造成的问题外,硬件故障和网络故障也是计算机运行过程中常见的,它们也将破坏数据的安全属性,严重时造成数据丢失。往往在毫无防备的情况下突然袭来的灾难使系统数据的安全属性遭受更严重的挑战,所有系统连同数据顷刻全部毁坏。为此,针对数据的安全威胁进行防护,将有效提高数据的完整性、保密性和可用性。

10.4.2 数据的加密存储

数据安全性的重要一点是保障数据的保密性,通常采用的技术是数据存储过程中采用加密算法实现数据在介质中加密存放。数据保密性的目的在于当数据介质遭受盗窃或者非法复制后,仍然可以保证关键数据不被泄露。

在 Windows 操作系统中,NTFS 文件系统通过 EFS(Encrypt File System)数据加密技术实现数据的加密存储。当启用 EFS 时,Windows 创建一个随机生成的文件加密密钥(FEK),在数据写入到磁盘时,透明地用这个 FEK 加密数据,然后 Windows 用公钥加密FEK,把加密的 FEK 和加密的数据放在一起。其中,公钥是第一次使用 EFS 时 Windows自动生成的公私钥对中的公钥;FEK 是对称密钥,它加密的数据只能在用户有相关私钥时才能解密出 FEK,再解密出加密的数据。

此外,PGP(Pretty Good Privacy)除了对电子邮件进行加密以防止非授权者阅读外,它也可实现对存储介质中的数据进行加密。PGP 采用公钥密码算法对数据进行加密,它可创建一 PGPdisk 虚拟加密磁盘,所有数据写入此磁盘空间后,数据都处于加密状态,只有输入正确的 passphrase,才能访问加密的数据信息。此块磁盘空间的数据即使被窃取,也始终处于加密状态,保证了数据安全。

10.4.3 数据备份和恢复

数据备份作为信息安全的一个重要内容,其重要性却往往被人们所忽视。只要发生数据传输、数据存储和数据交换,就有可能产生数据故障,如果没有采取数据备份和灾难恢复手段与措施,就会导致数据丢失。有时造成的损失是无法弥补和无法估量的。数据故障的形式是多种多样的,通常,数据故障可划分为系统故障、事务故障和介质故障3大类。一旦发生数据失效,组织就会陷入困境:客户资料、技术文件、财务账务等数据可能被损坏的面目全非,而允许恢复时间可能只有短短几天或更少。如果系统无法顺利恢复,最终结局不堪设想。所以组织的信息化程度越高,备份和灾难恢复措施就越重要。

数据备份和数据恢复是保护数据的最后手段,也是防止“主动型信息攻击”的最后一道防线。数据备份不仅仅是简单的文件复制,在多数情况下是指数据库备份。数据库备份是指制作数据库结构和数据的复制,以便在数据库遭到破坏时能够恢复数据库。备份的内容不但包括用户的数据库内容,而且还包括系统的数据库内容。需要注意的是,大容量的备份不等于简单的文件复制,也不等于文件的永久性归档,它是要求一种高速、大容量的存储介质将所有的文件(网络系统、应用软件、用户数据)进行全面的复制与管理。

数据备份有多种方式,在不同的情况下,应该选择最合适的方法。按照备份的数据量,可以把数据备份划分为完全备份、增量备份、差分备份与按需备份4种。

　　(1)完全备份:备份系统中的所有数据。特点是备份所需的时间最长;但恢复时间最短,操作最方便,也最可靠。

　　(2)增量备份:只备份上次备份以后有变化的数据。特点是备份时间较短,占用空间较少;但恢复时间较长。

　　(3)差分备份:只备份上次完全备份以后有变化的数据。特点是备份时间较长,占用空间较多;但恢复时间较快。

　　(4)按需备份:根据临时需要有选择地进行数据备份。

　　此外,决定采用何种备份方式还取决于两个重要因素:

　　(1)备份窗口:完成一次给定备份所需的时间。这个备份窗口由需要备份数据的总量和处理数据的网络构架的速度来决定。

　　(2)恢复窗口:恢复整个系统所需的时间。恢复窗口的长短取决于网络的负载和磁带库的性能及速度。

　　在实际应用中,必须根据备份窗口和恢复窗口的大小,以及整个数据量,决定采用何种备份方式。一般来说,差分备份避免了完全备份与增量备份的缺陷又具有它们的优点,差分备份无须每天都做系统完全备份,并且灾难恢复也很方便,只需上一次全备份磁带和灾难发生前一天磁带,因此采用完全备份结合差分备份的方式较为适宜。

　　当发生数据故障或者系统失效时,需要利用已备份的数据或其他手段,及时对原系统进行恢复,以保证数据安全性以及业务的连续性。下面简单介绍灾难恢复技术。

　　对于一个计算机业务系统,所有引起系统非正常宕机的事故,都可以称为灾难。当无法预计的各种事故或灾难导致数据丢失时,及时采取灾难恢复措施,可以将企业或组织的损失降低到最低。一般灾难发生时,留给系统管理员的恢复时间往往相当短,但现有的备份措施没有任何一种能够使系统从大的灾难中迅速恢复过来。通常情况下,系统管理员想要恢复系统至少需要下列几个步骤:

　　(1)恢复硬件;

　　(2)重新装入操作系统;

　　(3)设置操作系统(驱动程序设置、系统用户设置);

　　(4)重新装入应用程序,进行系统设置;

　　(5)用最新的备份恢复系统设置。

　　系统备份与普通数据备份的不同在于,它不仅备份系统中的数据,还备份系统中安装的应用程序、数据库系统、用户设置、系统参数等信息,以便需要时迅速恢复整个系统。

　　系统备份方案中必须包含灾难恢复措施,灾难恢复同普通数据恢复的最大区别在于:在整个系统都失效时,用灾难恢复措施能够迅速恢复系统而不必重装系统。需要注意的是,备份不等于单纯的复制,因为系统的重要信息无法用复制的方式备份下来,而且管理也是备份的重要组成部分。管理包括自动备份计划、历史记录保存、日志管理、报表生成等,没有管理功能的备份,称不上真正意义上的备份,因为单纯的复制并不能减轻繁重的备份任务。

　　在网络环境中,系统和应用程序安装起来并不是那么简单,系统管理员必须找出所有的安装盘和原来的安装记录进行安装,然后重新设置各种参数、用户信息、权限等,这个过程可能要持续好几天。因此,最有效的方法是对整个网络系统进行备份。这样,无论系统遇到多大的灾难,都能够应付自如。

为保证数据的完整性和可用性,常采用备份、归档、分级存储、镜像、RAID 以及远程容灾等技术实现对数据的安全保障。

10.4.4　信息系统灾备技术

信息系统灾备是指信息系统的灾难备份与恢复,这包含灾难前的备份与灾难后的恢复两层含义。灾难备份,是指利用技术、管理手段以及相关资源确保关键数据、关键数据处理系统和关键业务在灾难发生后可以恢复的过程。

信息化发展的趋势也是我们要建设以及确定今后灾备方向的一个重要因素。现在信息的重要性,已经远远超过了系统设备本身,信息系统的信息量增长非常惊人,信息有效的保存已经成为一个很严峻的问题。

在信息领域,灾备系统可以理解为是以存储系统作为基本支撑系统、以网络作为基本传输手段、以容错软/硬件技术为直接技术手段、以管理技术为重要辅助手段的综合系统。

一般情况下,信息系统灾难发生的原因有三种,分别是自然灾难、人为灾难和技术灾难。其中自然灾难所占比例最小(约为 3%),技术灾难所占比例最大(约为 58%)。自然灾难所产生的后果是本地数据信息难以获取或保全、本地系统难以在短时间内恢复或重建、灾难信息系统的影响和范围难以控制。人为灾难的后果包括丢失或泄露重要数据信息、性能降低乃至丧失系统服务功能、软件系统崩溃或者硬件设备损毁。技术灾难的后果是造成信息、数据的损害或丢失。

灾难是无法避免的,只有一个 IT 系统无法保证 IT 系统的业务连续性,灾难备份中心的建立,将为 IT 系统提供一个“保险”,一旦生产中心的 IT 系统出现问题,备份中心的 IT 系统可以立即接管业务,并在生产中心的 IT 系统恢复后将业务切回,以保证 IT 业务的不中断。

灾备的历史,最早可以追溯到 20 世纪 50 年代,当时它作为容错技术手段被提出来。但是一直到 70 年代,灾备才作为一个独立的研究方向才得到发展。灾备的历史发展可以分为以下几个阶段:最早的时候,灾备主要是集中在企业的信息化方面,专注于对数据和系统的备份;后来随着信息系统的规模的扩大,又进行了扩展,提出了灾备的恢复计划。也就是说在灾备中,加入了灾难的恢复预案。接下来灾备系统还增加了信息化的辅助与决策支持,包括业务影响分析、业务恢复预案、策略制定、人员的架构、通信保障和第三方的合作机构等。“911”事件之后,灾备又引入了管理方面的支持,包括紧急事件响应、危机公关和供应链危机管理等几种在企业信息化方面,专注于数据备份和系统备份。

灾难备份系统的目的就是通过建立远程备用数据处理中心,将生产中心数据实时或非实时地复制到备份中心。正常情况下,系统的各种应用运行在生产中心的计算机系统上,数据同时存放在生产中心和备份中心的存储系统中。当生产中心由于断电、火灾甚至地震等灾难无法工作时,则立即采取一系列相关措施,将网络、数据线路切换至备份中心,并且利用备份中心计算机系统重新启动应用系统。以下对灾难备份系统所采用的几种常用实现技术做简单描述。结合应用系统的相关特点（实时性要求、运行中断敏感性等）、数据更新频度、数据量大小、相关条件等因素，实际的容灾备份系统解决方案可能是多种技术方案的组合。

1. 磁带备份方式

利用磁带复制进行数据备份和恢复是常见的传统灾难备份方式。这些磁带复制通常都是按天、按周或按月进行组合保存的。使用这种方式的数据复制通常是存储在盘式磁带或盒式磁带上，并存放在远离基本处理系统的某个安全地点。磁带通常是在夜间存储数据，然后被送到储藏之处。灾难或各种故障出现，系统需要立即恢复，将磁带提取出来，并运送到恢复地点，数据恢复到磁盘上，然后再恢复应用程序。但基于磁带复制方式的传统灾难备份方式有着明显的缺陷，越来越不适合用户不断发展的业务系统的需要。

2. 基于应用软件的备份方案

基于应用软件的数据容灾备份是指由应用软件来实现数据的远程复制和同步，当主中心失效时，容灾备份中心的应用软件系统恢复运行，接管主中心的业务。这种技术是通过在应用软件内部，连接两个异地数据库，每次的业务处理数据分别存入主中心和备份中心的数据库中。但这种方式需要对现有应用软件系统做比较大的修改升级，增加应用软件的复杂性，并且由应用软件来实现数据的复制和同步会对整个业务系统的性能造成较大的影响。

3. 基于数据库复制技术

数据库复制是由数据库系统软件来实现数据库的远程复制和同步。这种技术是由数据库系统软件来实现数据库的远程复制和同步。基于数据库的复制方式可分为实时复制、定时复制和存储转发复制，并且在复制过程中，还有自动冲突检测和解决的手段，以保证数据一致性不受破坏。利用这种技术实现容灾的解决方案有 Oracle 的 DataGuard 和 Quest 的 SharePlex。

4. 基于逻辑磁盘卷的远程数据复制

将物理存储设备划分为一个或者多个逻辑磁盘卷，便于数据的存储规划和管理。逻辑磁盘卷可以理解为在物理存储设备和操作系统之间增加一个逻辑存储管理层。基于逻辑磁盘卷的远程数据复制是指根据需要将一个或者多个卷进行远程同步（或异步）复制。该方案的实现通常通过软件来实现，基本配置包括卷管理软件和远程复制控制管理软件。

5. 基于智能存储系统的远程数据复制

磁盘阵列将磁盘镜像功能的处理负荷从主机转移到智能磁盘控制器——智能存储系统上。基于智能存储的数据复制由智能存储系统自身实现数据的远程复制和同步，即智能存储系统将对本系统中的存储器 I/O 操作 Log 复制到远端的存储系统中并执行，保证数据的一致性。由于这种方式下数据复制软件运行在存储系统内，因此较容易实现主中心和容灾备份中心的操作系统、数据库、系统库和目录的实时复制维护能力，且一般不会影响主中心主机系统的性能。如果在系统恢复场所具备了实时数据，那么就可能做到在灾难发生的同时及时开始应用处理过程的恢复。

6. 远程 Cluster 主机切换

对分布在多个节点的主机系统进行集群化管理控制，当主用节点系统故障无法正常运行时,控制系统对相应应用系统的运行在主机间切换(检测到故障后人工干预切换或者自动切换)。管理控制系统对主机系统运行状态的监测包括:

(1) 硬件系统和操作系统的状态;

(2) 数据库系统的状态;

(3) 应用软件的状态(通过 API 或脚本编写定制应用代理);

(4) 相关的网络通信状态(包括局域网、广域网等);

(5) 远程数据复制运行状态;

(6) 通过开发/定制代理对其他有关状态的监测。

一般情况下,考虑远程 Cluster 主机容灾方案时应首先解决数据的远程同步复制;否则,单纯主机系统间的应用切换就失去意义。

远程 Cluster 主机切换方案要求节点间具备通信条件(如 IP 通道),每个节点主机需配置相关的集群管理控制软件以及管理代理。

在构建容灾系统时,需要考虑的是结合实际情况选择合理的数据复制技术。选择合理的数据复制技术时主要考虑以下因素:

(1) 灾难承受程度:明确计算机系统需要承受的灾难类型,系统故障、通信故障、长时间断电、火灾及地震等各种意外情况所采取的备份、保护方案不尽相同。

(2) 业务影响程度:必须明确当计算机系统发生意外无法工作时,导致业务停顿所造成的损失程度,也就是定义用户对于计算机系统发生故障的最大容忍时间。这是设计容灾备份方案的重要技术指标。

(3) 数据保护程度:是否要求数据库可以恢复所有提交的交易并且要求实时同步数据,也就是数据的连续性和一致性,是决定容灾备份方案规模和复杂程度的重要依据。

 本 章 小 结

系统安全是影响系统安全稳定运行的关键,而系统安全由于涉及操作系统、应用软件系统、数据库系统等多个层面的内容,所以提高并解决系统的安全性,成为信息安全领域中考虑影响因素最多的安全性难题之一。虽然系统安全问题非常复杂,但是如果将复杂的系统安全问题从整体角度考虑,按照不同的层面进行详细规划,每层都进行具体的安全部署,就可以在每层达到较高安全水平的基础上,实现系统整体的安全性。系统安全的整体划分,可以从基础层面的操作系统,到上层的应用软件系统和支持层面的数据库系统等三个主要层面进行考虑。

操作系统的安全性,需要从加强系统的身份认证机制,增强访问控制机制,实施系统的安全审计机制来实现。实现了上述安全机制,可以有效阻止非法用户的进入,对系统的非法访问行为也可以进行有效的监控,并通过审计机制记录在案,从而实现对非法行为的有据可查。操作系统的安全除了上述基本防范措施外,还需要通过及时更新系统补丁,采用杀毒软件增强防范手段,约束计算机用户与外网的连接行为,从而将操作系统的安全性提升到新的水平。

数据库系统的安全性和操作系统相比有相似之处,数据库系统本身具有完整性保障机制、存取控制机制、视图机制等基本安全机制,保证数据库系统的正常运行。此外,数据库系统的安全性也和应用系统安全性密切相关,不正确的应用系统调用和不严格的应用系统过滤机制,都可能造成对数据库系统安全性的破坏。为此数据库的安全性,除了考虑自身基本具备的安全性手段外,也要充分考虑和数据库系统有数据交换行为的外围应用系统的安全性。

应用软件系统的安全性比操作系统和数据库的安全性显得更为复杂,它涉及的软件种类和版本问题更多,所以解决应用软件系统的安全问题需要从不同系统中运行的不同应用系统来区分对待。每种应用软件系统的安全问题,要对具体应用软件系统的安全威胁和安全防范技术有具体了解,才能做到有的放矢,有针对性的采取防范措施。从应用软件系统开发之初,就从控制代码安全性角度提高应用系统的安全性,可以一劳永逸地解决应用软件系统的根本安全问题。

备份手段对于系统的安全性来说是不可或缺的,它给系统安全提供了最后的屏障。当其他安全防范措施出现问题时,备份系统为及时进行数据恢复提供了一种便捷又可靠的保障。

思 考 题

1. 操作系统从身份认证机制、访问控制机制、安全审计机制等基本的安全保障机制之外,还需要从哪些角度进一步提高操作系统的安全性。

2. 简述针对应用软件系统有哪几种主要的安全威胁。

3. 简述如何有效地防止针对数据库的攻击。

4. 说明数据备份对于系统安全性的重要意义。

第 11 章　信息安全风险评估

信息安全风险评估是从风险管理的角度出发,运用科学的方法和手段,系统地分析网络和信息系统等资产所面临的人为或自然的威胁引发安全事件的可能性,评估安全事件一旦发生可能遭受的危害程度,提出有针对性的抵御威胁的防护对策和整改措施,从而防范和化解信息安全风险,最大限度地减少经济损失和负面影响。信息安全风险评估是应用比较广泛的一种安全评估方法,也是信息安全风险管理的第一步,是信息安全保障体系建立过程中的重要的评价方法和决策机制。只有准确及时地进行风险评估,才能对信息安全的状况做出正确的判断,才能采取针对性的风险控制措施,使信息安全风险处于可控制的范围内。

 ## 11.1　信息安全风险评估策略

11.1.1　风险评估依据

风险评估依据国家政策法规、技术规范与管理要求、行业标准或国际标准进行,主要包括以下内容:

(1)《国家信息化领导小组关于加强信息安全保障工作的意见》(中办发[2003]27号);

(2)《国家网络与信息安全协调小组关于开展信息安全风险评估工作的意见》(国信办[2006]5号);

(3) BS 7799-1《信息安全管理实施细则》;

(4) BS 7799-2《信息安全管理体系规范》;

(5) ISO/IEC TR 13335《信息技术安全管理指南》;

(6) GB/T 18336:1-3:2001《信息技术安全性评估准则》;

(7) GB 17859—1999《计算机信息系统安全保护等级划分准则》;

(8) GB/T 20984—2007《信息安全技术　信息安全风险评估规范》;

(9) GB/Z 24364—2009《信息安全风险管理指南》等。

11.1.2　风险评估原则

风险评估一般应遵循以下几个原则:

(1) 标准性原则:风险评估方案的设计应该遵循国家政策法规、技术规范与管理要求、行业标准和国际标准。风险评估的具体实施流程应该由专业的风险评估人员依据评估与被评估方共同设计的标准流程进行。

（2）可控性原则：可控性包括人员可控性、工具可控性和项目过程可控性。所有参与风险评估工作的人员均应进行严格的资格审查和备案，明确其职责，需要进行人员调整或者工作岗位变更时，必须执行严格的审批手续。风险评估所使用的工具、采用的方法和评估的过程都要在评估与被评估双方认可的范围之内，保证双方对于整个风险评估过程的清晰性和可控性。

（3）完整性原则：严格按照委托单位的评估要求和指定的范围进行全面的评估服务，避免由于遗漏造成的不全面风险评估。

（4）最小影响原则：风险评估工作可能会导致信息系统的性能明显下降、网络阻塞、服务中断等，还可能会影响业务的正常运行，因此，在风险评估过程中，应该从项目管理层和工具技术层出发，将风险评估对信息系统正常运行造成的影响降低到最低限度。

（5）保密原则：风险评估双方签署保密协议和非侵害性协议，评估过程中所获知的被评估系统的任何信息均属秘密信息，不得泄露给第三方单位或个人，不得利用这些信息进行任何侵害被评估组织的网络和信息系统的行为。

11.1.3 风险评估原理

风险评估涉及资产、资产所面临的威胁、资产的脆弱性、可能存在的风险、安全防护措施等要素，风险评估正是围绕着这些要素而展开的。

1. 要素关系模型

风险评估要分析各要素之间的关系和充分考虑业务战略、资产价值、安全事件、残余风险等与这些要素相关的各类属性，从而判断资产所面临的风险大小。风险评估各要素之间的关系如图 11.1 所示，图中，方框部分的内容为风险评估的基本要素，椭圆部分的内容是与这些要素相关的属性。

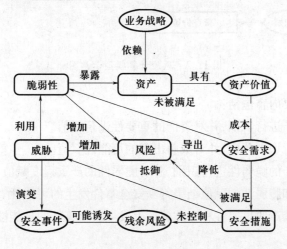

图 11.1 风险评估各要素关系图

从图 11.1 可以看出，风险各要素之间存在着如下关系：

（1）组织业务战略的实现对资产具有依赖性，依赖度越高，资产价值就越大，风险也就越大。

（2）脆弱性是未被满足的安全需求，能够使资产暴露出来，威胁要利用脆弱性才能够引发风险，因此，脆弱性越多，资产面临的风险就越大。

（3）安全需求可以通过安全措施得以满足，而且是成本的，需要结合资产价值来考虑实施成本。

（4）安全措施可以抵御威胁，降低风险。

（5）当安全措施实施不当或无效时，会留下残余风险，以后需要继续控制这部分风险，而有些残余风险是在综合考虑了安全成本与资产价值后有意未去控制的风险，这些残余风险是可以被接受的。

（6）残余风险在将来可能会诱发新的安全事件，所以应该受到密切监视。

风险不可能也没必要完全消除，当风险形成时，如何准确地识别和衡量这些风险是风险评估要解决的一个问题。在进行了风险相关要素及其相互关系的分析识别之后，需要确定这些要素之间的组合方式以及具体的计算方法，以确定最终的风险值。

2. 风险计算模型

风险计算模型是对通过风险分析计算风险值的过程的抽象，它主要包括资产评估、威胁评估、脆弱性评估以及风险分析，如图 11.2 所示。

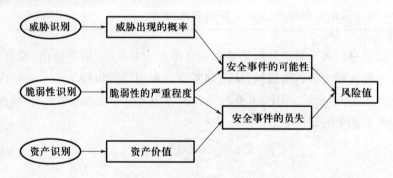

图 11.2　风险计算模型示意图

风险计算的主要内容包括：

（1）对信息资产进行识别，并对资产的重要性进行赋值。

（2）对威胁进行识别分析，并对威胁出现的可能性赋值。

（3）对信息资产的脆弱性进行识别，并对脆弱性的严重程度赋值。

（4）根据威胁和脆弱性的赋值结果判断安全事件发生的可能性。

（5）综合信息资产的重要性和在此资产上发生安全事件的可能性计算信息资产的风险值。

3. 信息安全风险评估实施流程

风险评估流程给出了风险评估实施的步骤，如图 11.3 所示，风险评估流程中每一步骤的介绍将在后面的章节中展开。

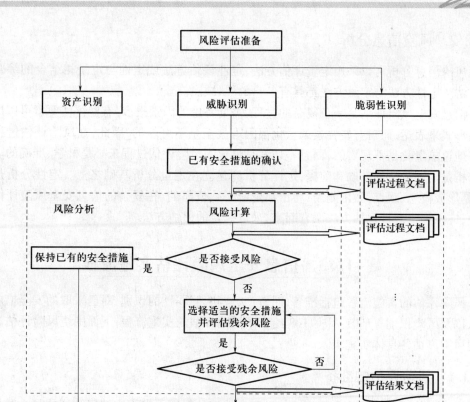

图 11.3 信息安全风险评估实施流程

 ## 11.2 信息安全风险评估方法

11.2.1 风险信息获取

在进行信息安全风险评估之前,收集必要的信息数据可以掌握信息安全现状,同时也是后续工作的前提条件。根据信息的获取手段和方式,可以分为以下几种:

(1) 问卷调查:风险评估人员可以设计一关于待评估系统中计划的或正在使用的管理或操作控制的调查问卷,发给那些设计或支持系统得技术或非技术人员。

(2) 现场面谈与参观:和待评估系统的支持人员或管理人员面谈有助于风险评估人员收集系统有用的信息,现场参观也能让风险评估人员观察和收集到待评估系统在物理环境和操作方面的信息。

(3) 文档检查:策略文档、系统文档、安全相关的文档可以提供关于待评估系统已经使用或计划使用的安全控制方面的有用信息。

(4) 使用自动扫描工具:一些主动的技术方法可以被用来有效地收集系统信息,如可以检查系统存在的漏洞、口令字强度、访问权限控制、用户账号限制、系统监控、数据完整性和机密强度等安全信息。

11.2.2 风险信息分析

风险信息分析可以采用定量评估方法、定性评估方法或定性与定量相结合的综合评估方法。定性方法与定量方法都具有各自的优、缺点。

信息安全风险评估是一个复杂的过程,需要考虑的因素很多,有些评估要素可以用量化的形式来表达,而对有些要素的量化很困难甚至是不可能的,因此,在风险评估过程中一味地追求量化是不现实的,而且一切都是量化的风险评估过程未必是科学、准确的。定量分析是定性分析的基础和前提,定性分析应建立在定量分析基础之上。定性分析是灵魂,是形成概念、观点,做出判断,得出结论所必须依靠的,在复杂的信息安全风险评估过程中,应该将这两种评估方法融合起来,采取综合的评估方法。

11.3　信息安全风险评估实施流程

风险评估的实施流程包括准备,对资产、威胁、脆弱性的识别,对已采取的安全措施的确认以及风险识别等环节。图 11.3 给出了风险评估的实施流程,下面围绕风险评估流程阐述风险评估各具体实施步骤。

11.3.1　风险评估的准备

风险评估的准备是整个风险评估过程有效性的保证。组织实施风险评估是一种战略性的考虑,其结果将受到组织业务战略、业务流程、安全需求、系统规模和结构等方面的影响。因此,在风险评估实施前,应该做如下风险评估的准备:

(1)确定风险评估的目标。风险评估的准备阶段应明确风险评估的目标,为风险评估的过程提供导向。信息系统是重要的资产,其机密性、完整性和可用性对于维持竞争优势、获利能力、法规要求和组织形象是必要的。组织要面对来自内、外部日益增长的安全威胁,信息系统是威胁的主要目标。由于业务信息化程度不断提高,对信息技术的依赖日益增加,一个组织可能出现更多的脆弱性。风险评估的目标是满足组织业务持续发展在安全方面的需要,或符合相关方的要求,或遵守法律法规的规定等。

(2)确定风险评估的范围。基于风险评估目标确定风险评估范围是完成风险评估的前提。风险评估范围可能是组织全部的信息及与信息处理相关的各类资产、管理机构,也可能是某个独立的系统、关键业务流程、与客户知识产权相关的系统或部门等。

(3)组建适当的评估管理与实施团队。组建适当的风险评估管理与实施团队,以支持整个过程的推进,如成立由管理层、相关业务骨干、IT 技术人员等组成的风险评估小组。评估团队应能够保证风险评估工作的有效开展。

(4)选择与组织相适应的具体的风险判断方法。应考虑评估的目的、范围、时间、效果、人员素质等因素来选择具体的风险判断方法,使之能够与组织环境和安全要求相适应。

(5)获得最高管理者对风险评估工作的支持。上述所有内容确定后应得到组织的最高管理者的支持、批准,并对管理层和技术人员进行传达,应在组织范围就风险评估相关内容进行培训,以明确各有关人员在风险评估中的任务。

11.3.2　资产识别和威胁识别

1. 资产识别

资产是具有价值的信息或资源，是安全策略保护的对象，它能够以多种形式存在，有无形的、有形的，有硬件、软件，有文档、代码，也有服务、形象等。机密性、完整性和可用性是评价资产的三个安全属性。信息安全风险评估中资产的价值不仅仅以资产的账面价格来衡量，而是由资产在这三个安全属性上的达成程度或者其安全属性未达成时所造成的影响程度来决定的。安全属性达成程度的不同将使资产具有不同的价值，而资产面临的威胁、存在的脆弱性以及已采取的安全措施都将对资产安全属性的达成程度产生影响。为此，有必要对组织中的资产进行识别。

1）资产分类

风险评估中，资产大多属于不同的信息系统，如 OA 系统、网管系统、业务生产系统等，而且对于提供多种业务的组织，其支持业务持续运行的系统数量可能更多。这时首先需要将信息系统及相关的资产进行恰当的分类，以此为基础进行下一步的风险评估。每个类别的资产都具有一定的安全属性，同一资产类别中的不同资产之间安全属性的差别是每个资产类别进一步划分为多个子类别资产的依据。

在实际工作中，具体的资产分类方法可以根据具体的评估对象和要求，由评估者来灵活把握，但是，分类方法一定要简单、直观、全面覆盖、避免重复。根据资产的表现形式，可将资产分为数据、软件、硬件、文档、服务、设备、文档、人员等类。

2）资产赋值

对资产赋值不仅要考虑资产本身的价值，更重要的是要考虑资产的安全状况对于组织的重要性，即由资产在机密性、完整性和可用性这三个安全属性上的达成程度决定。达成程度可由安全属性缺失时造成的影响来表示，这种影响可能造成某些资产的损害以至危及信息系统，还可能导致经济效益、市场份额或组织形象的损失。为确保资产赋值时的一致性和准确性，组织应建立一个资产价值评价尺度，以指导资产赋值。

风险评估方法一般包括定量评估和定性评估两种。定量评估中对资产的赋值一般是结合资产本身的财物价值和其可能会对业务造成的影响损失来综合赋值；定性评估中一般是将资产按其对于业务的重要性来赋值。

资产价值应依据资产在机密性、完整性和可用性上的赋值等级，经过综合评定得出。综合评定方法可以根据组织自身的特点，选择对资产机密性、完整性和可用性最为重要的一个属性的赋值等级作为资产的最终赋值结果，也可以根据资产机密性、完整性和可用性的不同重要程度对其赋值进行加权计算而得到资产的最终赋值。加权方法可根据组织的业务特点确定。

评估者可根据资产赋值结果，确定重要资产的范围，并主要围绕重要资产展开威胁识别和脆弱性识别。

2. 威胁识别

威胁是一种对组织及其资产构成潜在破坏的可能性因素，是客观存在的。威胁识别主要是识别被评估组织关键资产直接或间接面临的威胁，以及相应的分类和赋值活动。威胁识别不仅要通过访谈和检测工具识别并记录被评估组织近期曾经实际出现过的威胁,还要根据被评估组织的特点,结合当前信息安全总体的威胁统计和趋势,分析被评估组织面临的潜在威胁。

1)威胁分类

对已经发生过的和潜在的威胁进行分类,可以简化后续分析、赋值和计算等活动的工作量。在对威胁进行分类前,首先要对造成威胁的因素进行分析。

造成威胁的因素可分为人为因素和环境因素。根据威胁的动机,人为因素又可分为恶意和非恶意两种。恶意的人为因素包括不满的或有预谋的内部人员对信息系统进行恶意破坏,内部人员采取自主或内外勾结的方式盗取机密信息或进行篡改,外部人员利用信息系统的脆弱性,对网络和信息系统的机密性、完整性和可用性进行破坏,以获取利益或者炫耀能力等。非恶意的人为因素包括内部人员由于缺乏责任心或者没有遵循规章制度和操作流程而导致的故障或信息破坏,内部人员由于缺乏培训、不具备岗位技能要求而导致信息系统故障或者被攻击等。环境因素包括自然界不可抗的因素和其他物理因素,如断电、灰尘、潮湿、电磁干扰、洪灾、火灾、地震,以及软件、硬件、数据、通信线路等方面的故障。

威胁作用形式可以是对信息系统直接或间接的攻击,例如,非授权的泄露、篡改、删除等在机密性、完整性或可用性等方面造成损害;也可能是偶发的或蓄意的事件。一般来说,威胁总是要利用网络、系统、应用或数据的弱点才可能成功地对资产造成伤害。

对威胁进行分类的方式有多种多样,根据造成威胁的原因可以把威胁分为软硬件故障、物理环境威胁、操作失误、管理不到位、恶意代码和病毒、越权或滥用、网络攻击、泄密、篡改、抵赖等。

2)威胁赋值

判断威胁出现的频率是威胁识别的重要工作,评估者应根据经验和有关的统计数据来进行判断。在风险评估过程中,需要综合考虑以下三个方面,以形成在某种评估环境中各种威胁出现的频率:

(1)以往安全事件报告中出现过的威胁及其频率的统计。

(2)实际环境中通过检测工具以及各种日志发现的威胁及其频率的统计。

(3)近一两年来国际组织发布的对于整个社会或特定行业的威胁及其频率统计,以及发布的威胁预警。

可以对威胁出现的频率进行等级化处理,不同等级分别代表威胁出现的频率的高低。等级数值越大,威胁出现的频率越高。

威胁识别要从威胁来源、事件发生后对信息资产的影响程度(或造成的损失)和事件发生的可能性等多个方面来考虑,在评估过程中,不仅要对威胁来源进行赋值,还要对威胁的影响程度进行赋值。

11.3.3 脆弱性识别

脆弱性是对一个或多个资产弱点的总称,脆弱性识别也称为弱点识别。弱点是资产本身存在的,如果没有相应的威胁发生,单纯的弱点本身不会对资产造成损害;而且如果系统足够强健,再严重的威胁也不会导致安全事件,并造成损失。换句话说,威胁总是要利用资产的弱点才可能造成危害。

资产的脆弱性具有隐蔽性,有些弱点只有在一定条件和环境下才能显现,这是脆弱性识别中最为困难的部分。需要注意的是,不正确的、起不到应有作用的或没有正确实施的安全措施本身就可能是一个弱点。

脆弱性识别将针对每一项需要保护的资产,找出可能被威胁利用的弱点,并对脆弱性的严重程度进行评估。脆弱性识别时的数据应来自于资产的所有者、使用者,以及相关业务领域的专家和软/硬件方面的专业等人员。

脆弱性识别所采用的方法主要有问卷调查、工具检测、人工核查、文档查阅、渗透性测试等。

1) 脆弱性识别内容

脆弱性的识别可以以资产为核心,即根据每个资产分别识别其存在的弱点,然后综合评价该资产的脆弱性;也可以分物理、网络、系统、应用等层次进行识别,然后与资产、威胁结合起来。

脆弱性识别主要从技术和管理两个方面进行,技术脆弱性涉及物理层、网络层、系统层、应用层等各个层面的安全问题。管理脆弱性又可分为技术管理和组织管理两个方面,前者与具体技术活动相关,后者与管理环境相关。

对不同的识别对象,其脆弱性识别的具体要求应参照相应的技术或管理标准实施。例如,对物理环境的脆弱性识别可以参照 GB/T 9361—2000《计算机场地安全要求》中的技术指标实施;对操作系统、数据库可以参照 GB 17859—1999《计算机信息系统安全保护等级划分准则》中的技术指标实施。管理脆弱性识别方面可以参照 ISO/IEC 17799—2000 *Information security management—Part 1*：*Code of practice for information security management* 的要求对安全管理制度及其执行情况进行检查,发现管理漏洞和不足。

2) 脆弱性赋值

可以根据对资产损害程度、技术实现的难易程度、弱点流行程度,采用等级方式对已识别的脆弱性的严重程度进行赋值。脆弱性由于很多弱点反映的是同一方面的问题,应综合考虑这些弱点,最终确定这一方面的脆弱性严重程度。

对某个资产,其技术脆弱性的严重程度受到组织的管理脆弱性的影响。因此,资产的脆弱性赋值还应参考技术管理和组织管理脆弱性的严重程度。

脆弱性严重程度的等级划分为 5 级,分别代表资产脆弱性严重程度的高低,等级数值越大,脆弱性严重程度越高。

11.3.4　已有安全措施的确认

组织应对已采取的安全措施的有效性进行确认,对有效的安全措施继续保持,以避免不必要的工作和费用,防止安全措施的重复实施。对于确认为不适当的安全措施应核实是否应被取消,或者用更合适的安全措施替代。

安全措施可以分为预防性安全措施和保护性安全措施两种。预防性安全措施可以降低威胁利用脆弱性导致安全事件发生的可能性,如入侵检测系统;保护性安全措施可以减少因安全事件发生对信息系统造成的影响,如业务持续性计划。

已有安全措施的确认与脆弱性识别存在一定的联系。一般来说,安全措施的使用将减少脆弱性,但安全措施的确认并不需要像脆弱性识别过程那样具体到每个资产、组件的弱点,而是一类具体措施的集合。比较明显的例子是防火墙的访问控制策略,不必要描述具体的端口控制策略、用户控制策略,只需要表明采用的访问控制措施。

11.3.5 风险分析

1. 风险计算原理

在完成了资产识别、威胁识别、脆弱性识别以及对已有安全措施确认后,将采用适当的方法与工具确定威胁利用脆弱性导致安全事件发生的可能性,考虑安全事件一旦发生其所作用的资产的重要性及脆弱性的严重程度判断安全事件造成的损失对组织的影响,即安全风险。风险计算原理形式化可描述为

$$R = f(A, V, T) = f(I_a, L(V_a, T))$$

式中:R 表示风险;A 表示资产;V 表示脆弱性;T 表示威胁;I_a 表示资产发生安全事件后对机构业务的影响(也称为资产的重要程度);V_a 表示某一资产本身的脆弱性;L 表示威胁利用资产的脆弱性造成安全事件发生的可能性。

2. 风险结果判定

风险等级划分为 5 级,等级越高,风险越高。评估者应根据所采用的风险计算方法为每个等级设定风险值范围,并对所有风险计算结果进行等级处理。

组织应当综合考虑风险控制成本与风险造成的影响,提出一个可接受风险阈值。对某些风险,如果评估值小于或等于可接受风险阈值,是可接受风险,可保持已有的安全措施;如果评估值大于可接受风险阈值,是不可接受风险,则需要采取安全措施以降低、控制风险。安全措施的选择应兼顾管理与技术两个方面,可以参照信息安全的相关标准实施。

在对于不可接受风险选择适当的安全措施后,为确保安全措施的有效性,可进行再评估,以判断实施安全措施后的残余风险是否已经降低到可接受的水平。残余风险的再评估可以依据本标准提出的风险评估流程进行,也可做适当裁减。

某些风险可能在选择了适当的安全措施后仍处于不可接受的风险范围内,应考虑是否接受此风险或进一步增加相应的安全措施。

本 章 小 结

企业信息安全评估和信息安全保障同样是一个复杂的问题,其复杂性不仅来源于企业信息化系统安全本身,更来源于安全评估中所涉及的角色、责任、行政管理和流程。信息安全风险评估是应用比较广泛的一种安全评估方法,也是信息安全风险管理的第一步,是信息安全保障体系建立过程中的重要的评价方法和决策机制。只有准确及时地进行风险评估,才能对信息安全的状况做出正确的判断,才能采取针对性的风险控制措施,使信息安全风险处于可控制的范围内。本章简单介绍了风险评估的依据、原则、各要素之间的关系、风险计算模型以及风险信息获取的方法,详细的分析了风险评估实施流程中的各个环节。

风险评估的工作是围绕资产、威胁、脆弱性、安全措施和风险这些基本要素展开的,在对这些要素的评估过程中需要充分考虑业务战略、资产价值、安全事件、残余风险等与这些要素相关的各类属性。

信息安全风险评估是一个复杂的过程,需要考虑的因素很多,有些评估要素可以用量化的形式来表达,而对有些要素的量化很困难甚至是不可能的,因此,在风险评估过程中一味的追求量化是不现实的,而且一切都是量化的风险评估过程未必是科学、准确的。在复杂的信息安全风险评估过程中,应该将定量分析和定性分析这两种评估方法融合起来,采取综合的评估方法。

思 考 题

1. 风险评估的原则是什么?
2. 风险评估的基本要素有哪些? 各要素之间的关系是什么?
3. 风险计算模型包含哪些要素? 风险计算的主要内容是什么?
4. 在进行风险评估之前,可以采用什么方法获得必要的信息数据?
5. 造成威胁的因素有哪些? 判断威胁出现的频率的依据有哪些?
6. 脆弱性识别包括什么内容? 有什么方法可以进行脆弱性识别?

第 12 章　信息安全管理

　　信息系统的安全管理目标是管好信息资源安全,信息安全管理是信息系统安全的重要组成部分,管理是保障信息安全的重要环节,是不可或缺的。实际上,大多数安全事件和安全隐患的发生,与其说是技术上的原因,不如说是由于管理不善而造成的。因此,信息系统的安全是"三分靠技术,七分靠管理",可见管理的重要性。

　　信息安全管理贯穿于信息系统规划、设计、建设、运行、维护等各个阶段。安全管理的内容十分广泛。

12.1　信息安全的标准与规范

　　信息技术安全方面的标准化,兴起于 20 世纪 70 年代中期,80 年代有了较快的发展,90 年代引起了世界各国的普遍关注,特别是随着信息数字化和网络化的发展和应用,信息技术的安全技术标准化变得更为重要。因此,标准化的范围在拓展,标准化的进程在加快,标准化的成果也在不断地涌现。

　　下面介绍一些有关标准方面的基础知识,包括信息安全标准的产生和发展、信息安全、标准的分类、标准化组织简介和我国的信息安全标准。

12.1.1　信息安全标准的产生和发展

　　在席卷全球的信息化浪潮中,网络已经渗透到各行各业和人们的生活,网络正逐步改变着人们的生产和生活方式,但随之而来的计算机和网络犯罪也不断出现,网络信息安全问题日益突显出来,信息网络的安全一旦遭受破坏,其影响或损失将十分巨大。因此信息安全越来越受到重视,世界各大厂商都在推出自己的安全产品。以下几个方面推动了安全标准的发展:

　　(1) 安全产品间互操作性的需要。加密与解密、签名与认证、网络之间安全的互相连接,都需要来自不同厂商的产品能够顺利地进行互操作,统一起来实现一个完整的安全功能。这就导致了一些以"算法"、"协议"形式出现的安全标准。典型的有美国数据加密标准(Data Encryption Standard,DES)。

　　(2) 对安全等级认定的需要。近年来对于安全水平的评价受到了很大的重视,产品的安全性能到底怎样,网络的安全处于什么样的状态,这些都需要一个统一的评估准则,对安全产品的安全功能和性能进行认定,形成一些"安全等级",每个安全等级在安全功能和性能上有特定的严格定义,对应着一系列可操作的测评认证手段。例如,美国国防部(Department of Defence,DoD)在 1985 年公布了可信赖计算机系统评估准则(Trusted Computer System Evaluation Criteria,TCSEC)。

　　(3) 对服务商能力衡量的需要。现在信息安全已经逐渐成长为一个产业,发展越来越快,以产品提供商和工程承包商为测评对象的标准大行其道,同以产品或系统为测评认证对象的测评认证标准形成了互补的格局。网络的普及,使以网络为平台的网络信息服务企业和使用网络作为基础平台传递工作信息的企业,如金融、证券、保险和各种电子商务企业纷纷重视安全问题。因此,针对使用网络和信息系统开展服务的企业信息安全管理标准应运而生。

对广大产品提供商来说,生产符合标准的信息安全产品、参与信息安全标准的制定、通过相关的信息安全方面的认证,对于提高厂商形象、扩大市场份额具有重要意义;对用户而言,了解产品标准有助于选择更好的安全产品,了解评测标准则可以科学地评估系统的安全性,了解安全管理标准则可以建立实施信息安全管理体系。

12.1.2 信息安全标准的分类

1. 互操作标准

现在各种密码和安全技术、协议广泛地应用于互联网,而 TCP/IP 协议是互联网的基础协议,在 4 层模型中的每一层都提供了安全协议,整个网络的安全性比原来大大加强。链路层的安全协议有 PPTP、L2F 等;网络层有 IPSec;传输层有 SSL/TLS/SOCK5;应用层有 SET、S – HTTP、S/MIME、PGP 等。下面只简单介绍其中的一些安全协议。

1)IP 安全协议标准(IPSec)

1994 年 IETF 专门成立 IP 安全协议工作组,并由其制定 IPSec。1995 年 IETF 公布了相关的一系列 IPSec 的建议标准,1996 年 IETF 公布了下一代 IP 的标准 IPv6,IPSec 成为其必要的组成部分。1999 年底,IETF 完成了 IPSec 的扩展,将 ISAKMP(Internet Security Association and Key Management Protocol)、密钥分配 IKE 协议和 Oakley 加入了 IPSec。

IPSec 提供三种不同的形式来保护通过公有或私有 IP 网络来传送的私有数据:

(1)认证:可以确定所接收的数据与所发送的数据是一致的,同时可以确定申请发送者在实际上是真实发送者,而不是伪装的。

(2)数据完整:保证数据从原发地到目的地的传送过程中没有任何不可检测的数据丢失与改变。

(3)机密性:使相应的接收者能获取发送的真正内容,而无意获取数据的接收者无法获知数据的真正内容。

在 IPsec 中由三个基本要素来提供以上三种保护形式:认证协议头(AH)、安全加载封装(ESP)和互联网密钥管理协议(IKMP)。认证协议头和安全加载封装可以通过分开或组合使用来达到所希望的保护等级。

IPSec 为用户在 LAN、WAN 和互联网上进行通信提供了安全性与机密性。IPSec 的主要特征在于它可以对所有 IP 级的通信进行加密和认证,正是这一点才使 IPSec 可以确保包括远程登录、客户/服务器、电子邮件、文件传输及 Web 访问在内多种应用程序的安全,可以增强所有分布式应用的安全。

2)传输层加密标准(SSL/TLS)

1994 年 Netscape 企业开发了安全套接层(Secure Socket Layer,SSL)协议,1996 年发布了 3.0 版本。1997 年传输层安全协议(Transport Layer Security,TLS)1.0(也称为 SSL 3.1)发布,1999 年 IETF 发布 RFC2246(TLS v1.0)。

SSL 主要是使用公开密钥体制和 X.509 数字证书技术保护信息传输的机密性和完整性,它不能保证信息的不可抵赖性,主要适用于点对点之间的信息传输,现已成为网络用来鉴别网站和网页浏览者身份,以及在浏览器使用者及网页服务器之间进行加密通信的全球化标准。

3) 安全电子交易标准

安全电子交易(Secure Electronic Transaction,SET)协议是由 Visa 和 MasterCard 两大信用卡组织联合开发的电子商务安全协议,它是在互联网上进行在线交易的电子付款系统规范,目前已成为事实上的工业标准。它提供了消费者、商家和银行之间的认证,确保交易的保密性、可靠性和不可否认性,保证在开放网络环境下使用信用卡进行在线购物的安全。

2. 技术与工程标准

1) 信息产品通用测评准则(CC/ISO 15408)

ISO/IEC15408—1999"信息技术 信息安全 信息技术安全性评估准则"(Common Criteria,CC)是国际标准化组织统一现有多种评估准则的努力结果,是在美国和欧洲等分别自行推出并实践测评准则的基础上,通过相互间的总结和互补发展起来的。它起源于 ITSEC 标准和欧洲标准,20 世纪 90 年代早期开发。

CC 的目的是允许用户指定他们的安全需求,允许开发者指定他们产品的安全属性,并且允许评估者决定是否产品确实符合他们的要求。CC 标准是第一个信息技术安全评价国际标准,它的发布对信息安全具有重要意义,是信息技术安全评价标准以及信息安全技术发展的一个重要里程碑。

CC 定义了一个通用的潜在安全要求的集合,它把安全要求分为功能要求和保证要求。CC 也定义了两种类型的文档,它们可以用这个通用集合来建立:

(1) 保护轮廓(Protection Profiles,PP):一个 PP 是被一个用户或者用户团体创建的文档,它确定了用户的安全要求。

(2) 安全目标(Security Targets,ST):一个 ST 是一个文档,典型地由系统开发者创建,它确定了一个特定产品的安全性能。一个 ST 可以主张去实现零个或多个 PP。

用户经常想要一个产品的独立的评价(Target of Evaluation,TOE)去展示这个产品事实上满足 ST 的要求,CC 明确支持这种独立的评价。CC 也预定义了保证要求的集合,称作评价保证水平(Evaluation Assurance Levels,EAL),这些 EAL 编号为 1~7,较高的 EAL 需要增加评价努力的层次,这意味着较高的 EAL 得到较大的保证,但要花费较多的时间和金钱去独立地评价。EAL 比较高并不一定意味着"较好的安全",它们仅仅表明 TOE 的安全声称已经被广泛地证实了。

功能和保证要求以"类—子类—组件"的结构表述,组件作为安全功能的最小构件块,可以用于 PP、ST 和包的构建;另外,功能组件还是连接 CC 与传统安全机制和服务的桥梁,以及解决 CC 同已有准则如 TCSEC、ITSEC 的协调关系,如功能组件构成 TCSEC 的各级要求。

CC 分为有明显区别又有联系的三个部分:

第 1 部分"简介和一般模型",是 CC 的介绍。它定义了 IT 安全评价的一般概念和原理,并且提出了一个评价的大体模型。第 1 部分也提出了这些方面的构造,表达 IT 安全目标、选择和定义 IT 安全要求,以及书写产品和系统的高层说明书。另外,按照每一个读者对象,它描述了 CC 每一部分的有效性。

第 2 部分"安全功能要求",阐述了一组安全功能的构成,进而作为一个对评价目标表达安全功能要求的标准方式。它按目录分为功能组件、系列和种类的集合。

第 3 部分"安全保证要求",阐述了一组保证的构成,进而作为一个对 TOE 表达保证要求的标准方式。它按目录分为保证组件、系列和种类的集合。第 3 部分也对 PP 和 ST 定义了评价标准,并且引入了评价保证水平。评价保证水平为 TOE 的保证评定预定义了 CC 的刻度,称为 EAL。

CC 标准的核心思想有两点:一是信息安全技术提供的安全功能本身和对信息安全技术的保证承诺之间独立;二是安全工程的思想,即通过对信息安全产品的开发、评价、使用全过程的各个环节实施安全工程来确保产品的安全性。CC 标准强调在 IT 产品和系统的整个生命周期确保安全性,因此,CC 标准可以同时面向消费者、开发者、评价者三类用户,同时支持他们的应用。对应三种不同的用户,CC 标准有三种主要应用方式:定义安全需求、辅助安全产品开发、评价产品安全性。

2)安全系统工程能力成熟度模型(SSE – CMM)

系统安全工程能力成熟模型的开发源于 1993 年 5 月美国国家安全局发起的研究工作。这项工作是在用 CMM 模型研究现有的各种工作时,发现安全工程需要一个特殊的 CMM 模型与之配套。1995 年 1 月举办了第一次安全工程研讨会,有超过 60 个机构的代表参与讨论,并在同年 3 月开始了工作小组的第一次工作会议,在系统安全工程(Systems Security Engineering,SSE)的起草者,应用工作群与 SSE – CMM 指导委员会的共同努力下,1996 年 10 月公布了 SSE-CMM 模型第 1 版;1997 年 4 月公布了 SSE – CMM 的评定方法第 1 版;1999 年 4 月 1 日公布了 SSE – CMM 模型第 2 版,同年 4 月 16 日公布了 SSE – CMM 模型第 2 版的评定方法第 2 版。

SSE – CMM 确定了一个评价安全工程实施的综合框架,提供了度量与改善安全工程学科应用情况的方法。SSE – CMM 项目的目标是将安全工程发展为一整套有定义的、成熟的及可度量的学科。SSE – CMM 模型及其评价方法可达到如下目的:

(1)将投资主要集中于安全工程工具开发、人员培训、过程定义、管理活动及改善等方面。

(2)基于能力的保证,也就是说这种可信性建立在对一个工程组的安全实施与过程成熟性的信任之上的。

(3)通过比较竞标者的能力水平及相关风险,可有效地选择合格的安全工程实施者。

SSE – CMM 以系统工程 CMM(SE – CMM)为基础,同时将以程序为基础的方法带进信息系统安全建置程序。SE – CMM 的方法和计量制度被复制到 SSE – CMM。SSE – CMM 定义了两个用来测量组织完成指定工作能力的维度,这两个维度是领域和能力,其中领域维度由所有共同定义的安全工程准则所组成,这些准则称为基本准则(Basic Practices,BP);能力维度指出指示程序管理和制度化能力的准则,因为它们的应用领域很广,所以这些准则称为通用的准则(Generic Practices,GP),GP 代表应该要完成的工作(如同执行 BP 的一部分)。关于领域维度,SSE – CMM 指定了 11 个安全技术程序领域(Process Areas,PA)以及来自 SE – CMM 的 11 个组织和企业的 PA 来组成的 BP。BP 是满足特定

PA 之前必须在实际安全技术程序中存在的强制性指标。PA 如下所述：

（1）安全工程（技术）：

① PA01 管理安全控制；

② PA02 评估影响；

③ PA03 评估安全风险；

④ PA04 评估威胁；

⑤ PA05 评估弱点；

⑥ PA06 建立保证论据；

⑦ PA07 协调安全；

⑧ PA08 监督安全状态；

⑨ PA09 提供安全输入；

⑩ PA10 指定安全需求；

⑪ PA11 验证与确认安全。

（2）安全专案（企业和组织的任务）：

① PA12 确保品质；

② PA13 管理组态；

③ PA14 管理计划风险；

④ PA15 监督和控管技术工作；

⑤ PA16 规划技术工作；

⑥ PA17 定义组织系统工程程序；

⑦ PA18 改善组织系统工程程序；

⑧ PA19 管理产品线的评估；

⑨ PA20 管理系统工程支援环境；

⑩ PA21 提供先进的技巧和知识；

⑪ PA22 与供应者协调。

GP 依照成熟度排序并分为 5 种不同等级的安全技术能力成熟度,5 种等级如下：

（1）等级 1 非正式的执行过程；

（2）等级 2 计划和跟踪的过程；

（3）等级 3 良好定义的过程；

（4）等级 4 定量控制的过程；

（5）等级 5 持续改善的过程。

SSE‐CMM 描述的是为确保实施较好的安全工程、过程必须具备的特征,描述的对象不是具体的过程或结果,而是工业中的一般实施。这个模型是安全工程实施的标准,它主要包括以下内容：

（1）强调的是分布于整个安全工程生命周期中各个环节的安全工程活动,包括概念定义、需求分析、设计、开发、集成、安装、运行、维护及更新。

（2）用于安全产品开发者、安全系统开发者及集成者,还包括提供安全服务与安全工程的组织。

（3）适用于各种类型、各种规模的安全工程组织,如商业、政府及学术界。

尽管 SSE - CMM 模型是一个用以改善和评估安全工程能力的独特的模型,但这并不意味着安全工程将游离于其他工程领域之外进行实施。SSE - CMM 模型强调的是一种集成,它认为安全性问题存在于各种工程领域之中,同时也包含在模型的各个组件之中。目前,SSE - CMM 已经成为西方发达国家政府、军队和要害部门组织和实施安全工程的通用方法,是系统安全工程领域中成熟的方法体系,在理论研究和实际应用方面具有举足轻重的作用。

12.1.3 标准化组织简介

1. 国际标准化组织(International Organization for Standardization,ISO)

ISO 始建于 1946 年,是世界上最大的非政府性标准化专门机构,它在国际标准化中占主导地位。ISO 的主要活动是制定国际标准,协调世界范围内的标准化工作,组织各成员国和技术委员会进行交流,以及与其他国际性组织进行合作,共同研究有关标准问题。随着国际贸易的发展,对国际标准的要求日益提高,ISO 的作用也日趋扩大,世界上许多国家对 ISO 也越加重视。

ISO 的目的和宗旨是在世界范围内促进标准化工作的发展,以利于国际物资交流和互助,并扩大在知识、科学、技术和经济方面的合作。

2. 国际电工委员会(International Electrotechnical Commission,IEC)

IEC 是世界上成立最早的非政府性国际电工标准化机构,是联合国经社理事会(ECOSOC)的甲级咨询组织。目前,IEC 成员国包括了大多数的工业发达国家及一部分发展中国家,这些国家拥有世界人口的 80%,其生产和消耗的电能占全世界的 95%,制造和使用电气、电子产品占全世界产量的 90%。

IEC 的宗旨是促进电工标准的国际统一,电气、电子工程领域中标准化及有关方面的国际合作,增进国际间的相互了解。

3. 美国电气电子工程师学会(Institute of Electrical and Electronics Engineers,IEEE)

IEEE 于 1963 年美国电气工程师学会(AIEE)和美国无线电工程师学会(IRE)合并而成,是美国规模最大的专业学会。它由大约 10 万名从事电气工程、电子和有关领域的专业人员组成,分设 10 个地区和 206 个地方分会,设有 31 个技术委员会。

IEEE 的标准制定内容有:电气与电子设备、试验方法、元器件、符号、定义以及测试方法等。

4. 国际电信联盟(International Telecommunication Union,ITU)

ITU 于 1865 年 5 月在巴黎成立,1947 年成为联合国的专门机构。ITU 是世界各国政府的电信主管部门之间协调电信事务的一个国际组织,它研究制定有关电信业务的规章制度,通过决议提出推荐标准,收集有关情报。

ITU 的目的和任务是维持和发展国际合作,以改进和合理利用电信,促进技术设施的发展及其有效运用,以提高电信业务的效率,扩大技术设施的用途,并尽可能使之得到广泛应用,协调各国的活动。

5. 美国国家标准局(National Bureau of Standards,NBS)

NBS(现为国家技术标准研究院 National Institute of Standards Technology,NIST)属于美国商业部的一个机构,发布销售美国联邦政府的设备的信息处理标准,是 ISO 和 IUT -

T 的代表。NBS 有计量基准研究所、国家工程研究所、材料研究所和计算科学技术中心 4 个研究机构。

NBS 上述 4 个主要机构的工作大都与标准有关,是美国标准化活动的强大技术后方,它的工作一般以 NIST 出版物(FIPS PUBs)和 NIST 特别出版物(SPEC PUB)等形式发布。

6. 美国国家标准学会(American National Standards Institute,ANSI)

ANSI 是非营利性质的民间标准化团体,但它实际上已成为美国国家标准化中心,美国各界标准化活动都围绕它进行。通过它,使政府有关系统和民间系统相互配合,起到了政府和民间标准化系统之间的桥梁作用。

ANSI 协调并指导美国全国的标准化活动,给标准制订、研究和使用单位以帮助,提供国内外标准化情报,同时又起着行政管理机关的作用。

7. 英国标准学会(British Standards Institution,BSI)

BSI 是世界上最早的全国性标准化机构,它受政府控制但得到了政府的大力支持。BSI 不断发展自己的工作队伍,完善自己的工作机构和体制,把标准化和质量管理以及对外贸易紧密结合起来开展工作。

BSI 的宗旨是:为增产节约努力协调生产者和用户之间的关系,促进生产,达到标准化(包括简化);制定和修订英国标准,并促进其贯彻执行;以学会名义对各种标志进行登记,并颁发许可证;必要时采取各种行动,保护学会利益。

8. 德国标准化学会(Deutsches Institut fur Normung,DIN)

DIN 是德国的标准化主管机关,作为全国性标准化机构参加国际和区域的非政府性标准化机构。DIN 是一个经注册的私立协会,大约有 6000 个工业公司和组织为其会员,目前设有 123 个标准委员会和 3655 个工作委员会。DIN 于 1951 年参加国际标准化组织。由 DIN 和德国电气工程师协会(VDE)联合组成的德国电工委员会(DKE)代表德国参加国际电工委员会。DIN 还是欧洲标准化委员会、欧洲电工标准化委员会(CENELEC)和国际标准实践联合会(IFAN)的积极参加国。

9. 法国标准化协会(Association Francaise de Normalisation,AFNOR)

AFNOR 成立于 1926 年,它是一个公益性的民间团体,也是一个被政府承认,为国家服务的组织。1941 年 5 月 24 日颁布的一项法令确认 AFNOR 接受法国政府的标准化管理机构——标准化专署局领导,按政府指导开展工作,并定期向标准化专员汇报工作。

AFNOR 负责标准的制订、修订工作,宣传、出版、发行标准。

 ## 12.2　安全管理策略和管理原则

12.2.1　安全策略的建立

安全策略是信息安全的灵魂,是企业建立信息系统安全的指导原则。安全策略是企业检查信息系统是否安全、安全状况如何以及如何检查、修正的唯一依据。安全策略文件至少应该包括以下几部分:

(1) 对安全的定义,其总体目标和范围。

(2) 支持安全目标和原则的管理意向的声明。

（3）对安全策略、原则、标准和应达到要求的简要解释，例如，符合立法和契约的规定，安全教育方面的要求，对病毒和其他有害软件的预防和检测，持续运营管理，违反安全策略的后果等。

（4）安全管理的总体和具体权责的定义，包括安全事故报告等。

（5）用以支持政策的文献援引，如适用于具体信息系统的更详细的安全策略和流程，或使用者应当遵守的安全条例等。

安全策略要有专人按照既定程序对政策的有效性、管制运营效率的成本和影响、技术变化的影响等事项进行定期检查和审订。检查和审订的过程要能够反映风险评估方面发生的新变化，如重大安全事故、组织或技术基础设施上出现的新漏洞等。

12.2.2　安全策略的设计与开发

安全策略的设计与开发是提高企业网络安全状态的第一步。制定系统安全策略的目的在于防患未然，使信息系统犯罪、不正当行为、个人信息泄露和灾害等造成的损失降到最低限度，确保信息系统的安全。安全策略的设计与开发的步骤为：

（1）基本系统结构信息的收集。基本系统结构信息的收集是对系统物理与逻辑结构检查的过程。在检查过程中，应该主要收集系统硬件平台、操作系统、数据库管理系统、应用程序、网络类型与结构、通用性等数据信息。通过这些数据信息可以对系统结构有一个比较全面的了解，这些数据信息对开发安全策略是十分重要的。

（2）现有策略或流程的检查。检查的主要目标对象为任何现存的与安全策略有关的策略、过程和对理解当前需求有帮助的指导纲要。现有的文档可以作为设计安全策略的起点。

（3）保护需求评估。在大多数情况下，用户并不知道什么数据需要被保护，也不想知道它们为什么需要被保护，因此，需要通过广泛地调查和分析来了解数据是如何被存储的及哪些数据允许哪些人访问。为了实现保护需求的评估，可以使用自动的风险评估工具来收集有关物理、行政管理和技术安全方面的信息，这些信息可以用来划分数据类型、存储位置，并且可以满足需求。

（4）文档设计。文档设计必须要考虑已经收集和分析的数据，在文档设计时也要听取用户的意见。第一次生成的草稿难免有些局限性，在和用户交流中可以对草稿做进一步的完善。虽然只是一个文档，但是它里面可能蕴涵了重要的安全机制，可以对整个企业的安全起防范作用。

一个好的安全策略文档在设计时应该把设计目的、相关文档的引用、企业背景、问题覆盖的范围及其应用的对象、职责划分、实施时间表、策略陈述等方面包含进去。

12.2.3　制定安全策略

安全策略的制定应该以信息系统为对象，根据风险分析确立安全方针。信息系统的安全策略是为了保障在规定级别下的系统安全而制定和必须遵守的一系列准则和规定，它考虑到入侵者可能发起的任何攻击，以及为使系统免遭入侵和破坏而必然采取的措施。实现信息安全不但要靠先进的技术，还要靠严格的安全管理、法律约束和安全教育。

由于不同组织机构开发的信息系统在结构、功能、目标等方面存在着巨大的差别，因此对于不同的信息系统必须采取不同的安全措施,同时还要考虑到保护信息的成本、被保护信息的价值和使用的方便性之间的平衡。一般地,信息安全策略的制定要遵循以下几个方面:

(1) 选择先进的网络安全技术。先进的网络安全技术是网络安全的根本保证。用户应首先对安全风险进行评估,选择合适的安全服务种类及安全机制,然后融合先进的安全技术,形成一个全方位的安全体系。

(2) 进行严格的安全管理。根据安全目标,建立相应的网络安全管理办法,加强内部管理,建立合适的网络安全管理系统,加强用户管理和授权管理,建立安全审计和跟踪体系,提高整体网络安全意识。

(3) 遵循完整一致性。一套安全策略系统代表了系统安全的总体目标,贯穿于整个安全管理的始终。它应该包括组织安全、人员安全、资产安全、物理与环境安全等内容。

(4) 坚持动态性。由于入侵者对网络的攻击在时间和地域上具有不确定性,所以信息安全是动态的,具有时间性和空间性,因而信息安全策略也应该是动态的,并且要随着技术的发展和组织内外环节的变化而变化。

(5) 实行最小化授权。任何实体只有该主体需要完成其被指定任务所必需的特权,再没有更多的特权,对每种信息资源进行使用权限分割,确定每个授权用户的职责范围,阻止越权利用资源行为和阻止越权操作行为,这样可以尽量避免信息系统资源被非法入侵,减少损失。

(6) 实施全面防御。建立起完备的防御体系,通过多层次机制相互提供必要的冗余和备份,通过使用不同类型的系统、不同等级的系统获得多样化的防御。如果配置的系统单一,那么一个系统被入侵,其他的也就不安全了。要求员工普遍参与网络安全工作,提高安全意识,集思广益,把网络系统设计得更加完善。

(7) 建立控制点。在网络对外连接通道上建立控制点,对网络进行监控。实际应用中在网络系统上建立防火墙,阻止从公共网络对本站点侵袭,防火墙就是控制点。如果攻击者能绕过防火墙(控制点)对网络进行攻击,那么将会给网络带来极大的威胁,因此,网络系统一定不能有失控的对外连接通道。

(8) 监测薄弱环节。对系统安全来说,任何网络系统中总存在薄弱环节,这常成为入侵者首要攻击的目标。系统管理人员全面评价系统的各个环节,确认系统各单元的安全隐患并改善薄弱环节,尽可能地消除隐患,同时也要监测那些无法消除的缺陷,掌握其安全态势,必须报告系统受到的攻击,及时发现系统漏洞并采取改进措施。增强对攻击事件的应变能力,及时发现攻击行为,跟踪并追究攻击者。

(9) 失效保护。一旦系统运行错误,发生故障时必须拒绝入侵者的访问,更不能允许入侵者跨入内部网络。

12.2.4 安全管理原则

机构和部门的信息安全是保障信息安全的重要环节,为了实现安全的管理应该具备"四有",即有专门的安全管理机构、有专门的安全管理人员、有逐步完善的安全管理制度、有逐步提高的安全技术设施。

信息安全管理涉及人事管理、设备管理、场地管理、存储媒体管理、软件管理、网络管理、密码和密钥管理等方面。信息安全管理要遵循如下基本原则：

（1）规范原则：信息系统的规划、设计、实现、运行要有安全规范要求，要根据本机构或部门的安全要求制定相应的安全政策。即便是最完善的政策，也应根据需要选择、采用必要的安全功能，选用必要的安全设备，不应盲目开发、自由设计、违章操作、无人管理。

（2）预防原则：在信息系统的规划、设计、采购、集成、安装中应该同步考虑安全政策和安全功能具备的程度，以预防为主的指导思想对待信息安全问题，不能心存侥幸。

（3）立足国内原则：安全技术和设备首先要立足国内，不能未经许可，未能消化改造直接应用境外的安全保密技术和设备。

（4）选用成熟技术原则：成熟的技术提供可靠的安全保证，采用新的技术时要重视其成熟的程度。

（5）重视实效原则：不应盲目追求一时难以实现或投资过大的目标，应使投入与所需要的安全功能相适应。

（6）系统化原则：要有系统工程的思想，前期的投入和建设与后期的提高要求要匹配和衔接，以便能够不断扩展安全功能，保护已有投资。

（7）均衡防护原则：人们经常用木桶装水来形象地比喻应当注意安全防护的均衡性，箍桶的木板中只要有一块短板，水就会从那里泄露出来。设置的安全防护中要注意是否存在薄弱环节。

（8）分权制衡原则：重要环节的安全管理要采取分权制衡的原则，要害部位的管理权限如果只交给一个人管理，一旦出问题就将全线崩溃。分权可以相互制约，提高安全性。

（9）应急原则：安全防护不怕一万就怕万一，因此要有安全管理的应急响应预案，并且要进行必要的演练，一旦出现相关的问题马上采取对应的措施。

（10）灾难恢复原则：越是重要的信息系统越要重视灾难恢复。在可能的灾难不能同时波及的地区设立备份中心。要求实时运行的系统要保持备份中心和主系统的数据一致性。一旦遇到灾难，立即启动备份系统，保证系统的连接工作。

12.3 信息安全管理标准

20 世纪 80 年代末，ISO 9000 质量管理标准的出现及随后在全世界广泛被推广应用，系统管理的思想在其他管理领域也被借鉴与采用，如后来的 ISO 14000 环境体系管理标准、OHSAS 18000 职业安全卫生管理体系标准。

信息是一种资产，与其他资产一样，应该受到保护。信息安全的作用是保护信息不受大范围威胁所干扰，使机构业务能够畅顺、减少损失及提供最大的投资回报和商机。但传统管理模式采用的是静态的、局部的、少数人负责的、突击式的、事后纠正式的管理方式，单独依靠技术手段来实现安全，安全技术没有适当的管理和程序来支持，信息安全管理主要通过赋予安全技术手段与不成体系的管理规章来实现。20 世纪 90 年代，信息安全管理步入了标准化与系统化管理的时代。1995 年，英国率先推出了 BS 7799 信息安全管理标准，并于 2000 年被国际标准化组织认可为国际标准 ISO/IEC 17799 标准。

在信息安全管理领域还有其他一些标准，如澳大利亚的 AS/NZS 4360，德国的联邦技术安全局通过 2001 年 7 月颁布并不断更新的《信息技术基线保护手册》（IT Baseline Protection Manual, ITBPM)等。下面只介绍两个国际标准,即 ISO/IEC 17799 和 ISO/IEC 13355,其中重点介绍 ISO/IEC 17799(BS 7799)。

12.3.1　BS 7799 的发展历程

BS 7799 最初是由英国贸工部(DTI)立项的,是业界、政府和商业机构共同倡导的,旨在开发一套可供开发、实施和测量有效安全管理惯例并提供贸易伙伴间信任的通用框架。负责标准开发和管理工作的 BSI – DISC Committee BDD/2 由来自贸易和工业部门的众多代表共同组成,其成员在各自的领域都具有足够的影响力,包括金融业的英国保险协会、渣打会计协会、汇丰银行等,通信行业有大英电讯公司,还有像壳牌、联合利华、毕马威(KPMG)等这样的跨国机构。

1995 年,BS 7799 – 1:1995《信息安全管理实施细则》首次出版(其前身是 1993 年发布的 PD0005),它提供了一套综合性的、由信息安全最佳惯例构成的实施细则,目的是为确定各类信息系统通用控制提供唯一的参考基准。

在随后一段时间里,由电子商务的发展引发的客户、供应商、贸易伙伴间对各自信息保护能力的信任问题,促使第三方认证成为一个急需。信息安全管理遵循一套最佳惯例,但怎样做的、执行程度如何、是否完备,这就需要有一个共同的尺度来进行衡量。

1998 年,BS 7799 – 2:1998《信息安全管理体系规范》公布,这是对 BS 7799 – 1 的有效补充,它规定了信息安全管理体系的要求和对信息安全控制的要求,是一个组织信息安全管理体系评估的基础,可以作为认证的依据。至此,BS 7799 标准初步成型。

1999 年 4 月,BS 7799 的两个部分被重新修订和扩展,形成了一个完整版的 BS 7799:1999。新版本充分考虑了信息处理技术应用的最新发展,特别是在网络和通信领域。除了涵盖以前版本所有内容之外,新版本还补充了很多新的控制,包括电子商务、移动计算、远程工作等。

由于 BS 7799 日益得到国际认同,使用的国家也越来越多,2000 年 12 月,国际标准化组织 ISO/IEC JTC 1/SC27 工作组认可 BS 7799 – 1:1999,正式将其转化为国际标准,即所颁布的 ISO/IEC 17799:2000《信息技术——信息安全管理实施细则》。作为一个全球通用的标准,ISO/IEC 17799 并不局限于 IT,也不依赖于专门的技术,它是由长期积累的一些最佳实践构成的,是市场驱动的结果。

2002 年,BSI 对 BS 7799:2 – 1999 进行了重新修订,正式引入 PDCA 过程模型,以此作为建立、实施、持续改进信息安全管理体系的依据,同时,新版本的调整更显示了与 ISO 9001:2000、ISO 14001:1996 等其他管理标准以及经济合作与开发组织(OECD)基本原则的一致性,体现了管理体系融合的趋势。2004 年 9 月 5 日,BS 7799 – 2:2002 正式发布。

12.3.2　BS 7799 的主要内容

BS 7799 主要提供了有效地实施 IT 安全管理的建议,介绍了安全管理的方法和程序。在该标准中,信息安全已经不只是传统意义上的安全,即只使用一些简单的安全产品(如防火墙等)就可保证安全,而是成为一种系统和全局的观念。BS 7799 标准基于风险管理的思想,强调遵守国家有关信息安全的法律法规及其他合同方要求,强调全过程和动态控制,本着控制费用与风险平衡的原则合理选择安全控制方式保护机构的关键信息资产,使安全风险的发生概率和结果降低到可接受的水平。用户可以参照这个完整的标准制订出自己的安全管理计划和实施步骤,为企业的发展、实施和估量有效的安全管理实践提供参考依据。

BS 7799 标准包括两部分:BS 7799 - 1:1999《信息安全管理实施细则》和 BS 7799 - 2:2002《信息安全管理体系规范》。标准的第一部分为第二部分的具体实施提供了指南。

1. BS 7799 - 1 的主要内容

BS 7799 - 1:1999(即 ISO/IEC 17799:2000)《信息安全管理实施细则》是机构建立并实施信息安全管理体系的一个指导性的准则,主要为机构制订信息安全策略和进行有效的信息安全控制提供一个通用的方案。这一部分从如下 10 个方面定义了 127 项控制措施,可供信息安全管理体系实施者参考使用:

(1)安全政策:目标在于提供管理的方向来保障信息安全。

(2)组织安全:目标包括组织内信息安全的管理、维持处理组织安全的相关设施与信息资产由一个可靠的第三单位所控管,维持当信息处理程序外包给其他组织时的安全。

(3)资产分类与控制:保持对组织资产的恰当的保护,确保信息资产得到适当级别的保护。

(4)人员安全:减少人为错误、偷窃、欺诈或误用设施带来的风险;确保用户意识到信息安全威胁及利害关系,并在其正常工作中支持组织的安全策略;减少来自安全事件和故障的损失,监督并从事件中吸取教训。

(5)物理与环境安全:防止进入并非授权访问、破坏和干扰业务运行的安全区边界;防止资产的丢失、损害和破坏,防止业务活动被中断;防止危害或窃取信息及信息处理设施。

(6)通信和操作管理:确保安全信息处理设备的正确运作;把系统的失误降到最低;保护软件和信息的准确性;维持信息处理与通信的正确性与可用性;确保信息在网络上的保全与保护支持的基础建设;避免对资产的损害与中断企业活动;避免信息在组织间传递时的中断、篡改与误用。

(7)访问控制:控制对信息的访问,应该根据业务要求和安全需求对信息访问与业务流程加以控制,还应该考虑信息传播和授权的策略;防止非授权访问信息系统;防止非授权的用户访问;保护网络服务,对内、外网络的服务访问都要进行控制。防止非授权的计算机访问,应该使用操作系统级别的安全设施限制对计算机资源的访问;防止非授权访问信息系统中的信息;检测非授权的活动,应该对系统进行监控,检测与访问控制策略不符的情况,将可以监控的事件记录下来,在出现安全事故时作为证据使用;确保使用移动计算和通信设施时的信息安全。

(8)系统开发与维护:确保安全内建于信息系统中;避免使用者资料在应用系统中被中断、篡改与误用;保护信息的授权、机密性与真确性;确保所有的 IT 项目与相关支持活动都在安全的考核下进行;维护应用系统软件与资料的安全。

(9)业务连续性管理企业持续运作规划:减少业务活动的中断,保护关键业务过程;防止关键企业活动受到严重故障或灾害的影响。

(10)符合性:避免违反任何刑法、民法、法规或者合同义务以及任何安全要求;确保系统遵循了组织的安全策略和标准;让系统审核过程的效能极大化、影响最小化。

这其中,除了访问控制、系统开发与维护、通信与操作管理这3个方面跟信息安全技术关系更紧密之外,其他7个方面更侧重于组织整体的管理和运营操作,由此也可以看出,信息安全中所谓"三分靠技术、七分靠管理"的思想还是有所依据的。

2. BS 7799-2 的主要内容

BS 7799-2 是建立信息安全管理系统(Information Security Management Systems, ISMS)的一套规范,其中详细说明了建立、实施和维护信息安全管理系统的要求,指出了实施机构应该遵循的风险评估标准。当然,如果要得到 BSI 最终的认证(对依据 BS 7799-2 建立的 ISMS 进行认证),还有一系列相应的注册认证过程。作为一套管理标准,BS 7799-2 指导相关人员怎样去应用 ISO/IEC 17799,其最终目的还在于建立适合企业需要的信息安全管理系统。

表12.1 以标准原文目录格式,列举说明了 BS 7799-2 的主要内容。

表12.1 BS 7799-2 的主要内容

一级目录	次级目录	内　容
前言		发布者,目的,对旧版本的更新,其他说明
0. 简介	0.1 概要	本标准对组织的价值所在
	0.2 过程方法	对过程方法进行解释,引入 PDCA 模型
	0.3 与其他管理体系的兼容	强调与 ISO 9001 和 ISO 14001 的一致性
1. 范围	1.1 概要	本标准规定了 ISMS 建设的要求及根据需要实施安全控制的要求
	1.2 应用	本标准适用于所有的组织。控制选择与否应根据风险评估和适用法规需求
2. 标准引用		引用 ISO 9001、ISO 17799 和 ISO Guide 73：2002
3. 术语和定义		CIA、信息安全、ISMS、风险评估与管理等
4. 信息安全管理体系	4.1 一般要求	在组织全面的业务活动和风险环境中,应该开发、实施、维护并持续改进一个文档化的 ISMS
	4.2 建立并管理 ISMS	4.2.1 建立 ISMS(Plan) · 定义 ISMS 的范围 · 定义 ISMS 策略 · 定义系统的风险评估途径 · 识别风险 · 评估风险 · 识别并评价风险处理措施 · 选择用于风险处理的控制目标和控制 · 准备适用性声明(SoA) · 取得管理层对残留风险的承认,并授权实施和操作 ISMS

（续）

一级目录	次级目录	内 容
4. 信息安全管理体系	4.2 建立并管理 ISMS	4.2.2 实施和操作 ISMS(Do) · 制定风险处理计划 · 实施风险处理计划 · 实施所选的控制措施以满足控制目标 · 实施培训和意识程序 · 管理操作 · 管理资源(参见5.2) · 实施能够激发安全事件检测和响应的程序及控制 4.2.3 监视和复查 ISMS(Check) · 执行监视程序和控制 · 对 ISMS 的效力进行定期复审 · 复审残留风险和可接受风险的水平 · 按照预定计划进行内部 ISMS 审计 · 定期对 ISMS 进行管理复审 · 记录活动和事件可能对 ISMS 的效力或执行力度造成影响 4.2.4 维护并改进 ISMS(Act) · 对 ISMS 实施可识别的改进 · 采取恰当的纠正和预防措施 · 与所有利益伙伴沟通 · 确保改进成果满足其预期目标
	4.3 文件要求	4.3.1 概要——说明 ISMS 应该包含的文件 4.3.2 对文件的控制——ISMS 所要求的文件应该妥善保护和控制 4.3.3 对记录的控制——应该建立并维护记录
5. 管理层责任	5.1 管理层责任	说明管理层在 ISMS 建设过程中应该承担的责任
	5.2 对资源的管理	5.2.1 资源提供——组织应该确定并提供 ISMS 相关所有活动必要的资源 5.2.2 培训、意识和能力——通过培训,组织应该确保所有在 ISMS 中承担责任的人能够胜任其职
6. ISMS 管理复审	6.1 概要	管理层应该对组织的 ISMS 定期进行复审,确保其持续适宜、充分和有效
	6.2 复审输入	复审时需要的输入资料,包括内审结果
	6.3 复审输出	复审成果,应该包含任何决策及相关行动
	6.4 内部 ISMS 审计	组织应该通过定期的内部审计来确定 ISMS 的控制目标、控制、过程和程序满足相关要求

（续）

一级目录	次级目录	内　容
7. ISMS 改进	7.1 持续改进	组织应该借助信息安全策略、安全目标、审计结果、受监视的事件分析、纠正性和预防性措施、管理复审来持续改进 ISMS 的效力
	7.2 纠正措施	组织应该采取措施,消除并实施和操作 ISMS 相关的不一致因素,避免其再次出现
	7.3 预防措施	为了防止将来出现不一致,应该确定防护措施。所采取的预防措施应与潜在问题的影响相适宜
附录 A 控制目标和控制	A.1 简介 A.2 实施细则指南 A.3 安全策略 A.4 组织安全 A.5 资产分类和控制 A.6 人员安全 A.7 物理和环境安全 A.8 通信和操作管理 A.9 访问控制 A.10 系统开发和维护 A.11 业务连续性管理 A.12 符合性	A.3 到 A.12 所列的控制目标和控制,是直接从 ISO/IEC 17799:2000 正文 3 到 12 那里引用过来的 此处列举的控制目标和控制,应该被 4.2.1 规定的 ISMS 过程所选择
附录 B 标准使用指南	B.1 综述	对 PDCA 模型的解释
	B.2 计划阶段(Plan)	详细描述计划阶段要做的工作,包括制定策略、范围确定、风险评估、风险处理计划等
	B.3 实施阶段(Do)	详细描述实施阶段要做的工作,包括培训和意识、风险处理
	B.4 检查阶段(Check)	详细描述检查阶段要做的工作,包括例行检查、自检程序、从他处了解、ISMS 内审、管理复审、趋势分析等
	B.5 措施阶段(Action)	详细描述措施阶段要做的工作,包括对不符合项的定义、纠正和预防措施、OECD 原则与 BS7799-2:2002 的对比
附录 C BS EN ISO 9001:2000, BS EN ISO 14001:1996 和 BS 7799-2:2002 之间的一致性		以列表方式展示 BS7799-2 与 ISO 9001、ISO 14001 目录(内容)的一致性
附录 D 内部编号的变化		以列表方式展示 BS7799-2:2002 对 BS7799-2:1999 的更新和改进

BS 7799 标准之所以能被广为接受,一方面是由于它提供了一套普遍适用且行之有效的全面的安全控制措施,而更重要的还在于它提出了建立信息安全管理体系的目标,这和人们对信息安全管理认识的加强是相适应的。与以技术为主的安全体系不同,BS 7799 - 2 提出的信息安全管理体系(ISMS)是一个系统化、程序化和文档化的管理体系,这其中,技术措施只是作为依据安全需求有选择有侧重地实现安全目标的手段而已。

BS 7799 - 2 标准指出 ISMS 应该包含用于组织信息资产风险管理和确保组织信息安全(包括为制定、实施、评审和维护信息安全策略)所需的组织机构、目标、职责、程序、过程和资源。

BS 7799 - 2 标准要求的建立 ISMS 框架的过程:制定信息安全策略;确定体系范围;明确管理职责;通过风险评估确定控制目标和控制方式。体系一旦建立,组织应该实施、维护和持续改进 ISMS,保持体系的有效性。

BS 7799 - 2 非常强调信息安全管理过程中文件化的工作,ISMS 的文件体系应该包括安全策略、适用性声明文件(选择与未选择的控制目标和控制措施)、实施安全控制所需的程序文件、ISMS 管理和操作程序,以及组织围绕 ISMS 开展的所有活动的证明材料。

12.3.3　ISO/IEC 13335

早在1996 年国际标准化机构就在信息安全管理方面开始制定《信息技术信息安全管理指南》(ISO/IEC13335),它分成5 个部分,已经在国际社会中开发了很多年。5 个部分组成分别如下:

(1) ISO/IEC13335 - 1:1996《信息安全的概念与模型》:包括对信息安全和安全管理的一些基本概念和模型的介绍。

(2) ISO/IEC13335 - 2:1997《信息安全管理和计划制定》:建议性地描述了信息安全管理和计划的方式和要点,包括:决定信息安全目标、战略和策略;决定组织信息安全需求;管理信息安全风险;计划适当信息安全防护措施的实施;开发安全教育计划;策划跟进的程序,如监控、复查和维护安全服务;开发事件处理计划。

(3) ISO/IEC13335 - 3:1998《信息安全管理技术》:覆盖了风险管理技术、信息安全计划的开发以及实施和测试,还包括一些后续的制度审查、事件分析、信息安全教育程序等。

(4) ISO/IEC13335 - 4:2000《安全措施的选择》:主要探讨如何针对一个组织的特定环境和安全需求来选择防护措施(不仅仅包括技术措施)。

(5) ISO/IEC13335 - 5:2001《网络安全管理指南》:主要描述了网络安全的管理原则以及各组织如何建立框架以保护和管理信息技术体系的安全性。将有助于防止网络攻击,把使用信息系统和网络的危险性降到最低。

12.3.4　信息安全管理体系

信息安全管理体系是组织在整体或特定范围内建立信息安全方针和目标,以及完成这些目标所用方法的体系。BS 7799 - 2 是建立和维持信息安全管理体系的标准,标准要求组织通过确定信息安全管理体系范围、制定信息安全方针、明确管理职责、以风险评估为基础选择控制目标与控制方式等活动建立信息安全管理体系;体系一旦建立,组织应按体系规定的要求进行运作,保持体系运作的有效性;信息安全管理体系应形成一定的文件,即组织应建立并保持一个文件化的信息安全管理体系,其中应阐述被保护的资产、组织风险管理的方法、控制目标及控制方式和需要的保证程度。

1. PDCA 过程模式

PDCA 包括策划(Plan)、实施(Do)、检查(Check)和处置(Action)的持续改进模式,每一次的安全管理活动循环都是在已有的安全管理策略指导下进行的,每次循环都会通过检查环节发现新的问题,然后采取行动予以改进,从而形成了安全管理策略和活动的螺旋式提升。

PDCA 循环简述如下:

(1) 策划:依照组织整个方针和目标,建立与控制风险、提高信息安全有关的安全方针、目标、指标、过程和程序。

(2) 实施:实施和运作方针(过程和程序)。

(3) 检查:依据方针、目标和实际经验测量,评估过程业绩,并向决策者报告结果。

(4) 处置:采取纠正和预防措施进一步提高过程业绩。

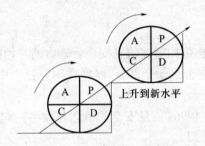

图 12.1　PDCA 安全管理持续改进模型

PDCA 循环有如下特征:

(1) 循环的四个阶段缺一不可,策划、实施、检查、处置(改进)是使用资源将输入转化为输出的活动或一组活动的一个过程,必须形成闭环管理。

(2) 每个阶段都有它本身的 PDCA 循环。

(3) PDCA 循环是一个滚动循环不断上升的行动模式,它反映了人们认识事物和改进事物的客观规律,按图循环前进,就能达到一个新的水平,在新的水平上再进行 PDCA 循环就可以达到一个更高的水平,促进质量持续改进和提升(图 12.1)。

2. 应用 PDCA 建立、保持信息安全管理体系

PDCA 成为一个闭环,通过这个环的不断运转,使信息安全管理体系得到持续改进,使信息安全绩效螺旋上升。

1) P——设计策划信息安全管理体系

设计策划阶段就是为了确保正确建立信息安全管理体系的范围和详略程度,识别并评估所有的信息安全风险,为这些风险制定适当的处理计划。

首先,确定信息安全管理体系范围和方针,确定信息安全风险评估方法,并确定风险等级准则。识别信息安全管理体系控制范围内的信息资产;识别对这些资产的威胁;识别可能被威胁利用的薄弱点;识别保密性、完整性和可用性丢失对这些资产的潜在影响。根据资产保密性、完整性或可用性丢失的潜在影响;根据与资产相关的主要威胁、薄弱点及

其影响,以及目前实施的控制,评估此类失败发生的现实可能性;根据既定的风险等级准则,确定风险等级。

其次,对于所识别的信息安全风险,组织需要加以分析,区别对待。如果风险满足组织的风险接受方针和准则,那么就是有意的、客观的接受风险;对于不可接受的风险,组织可以考虑避免风险或者将转移风险;对于不可避免也不可转移的风险,应该采取适当的安全控制,将其降低到可接受的水平;选择并文件化控制目标和控制方式,以将风险降低到可接受的等级。

最后,剩余风险的建议应该获得批准,开始实施和运作信息安全管理体系需要获得最高管理者的授权。

2)D——实施并运行信息安全管理体系

这个阶段的任务是进行管理运作,执行所选择的控制,以管理策划阶段所识别的信息安全风险。对于那些被评估认为是可接受的风险,不需要采取进一步的措施。对于不可接受风险,需要实施所选择的控制。

3)C——检查并评审信息安全管理体系

检查阶段是信息安全管理体系分析运行效果,寻求改进机会的阶段。如果发现一个控制措施不合理、不充分,就要采取纠正措施,以防止信息系统处于不可接受风险状态。组织应该通过多种方式检查信息安全管理体系是否运行良好,并对其业绩进行评审。

4)A——改进信息安全管理体系

经过了策划、实施、检查之后,组织在措施阶段必须对所策划的方案给以结论,即是应该继续执行,还是应该放弃重新进行新的策划。当然该循环给管理体系带来明显的业绩提升,组织可以考虑是否将成果扩大到其他的部门或领域,这就开始了新一轮的PDCA循环。

信息安全管理体系的作用在于能够强化员工的信息安全意识,规范组织信息安全行为,对组织的关键信息资产进行全面系统的保护,维持竞争优势,在信息系统受到侵袭时,确保业务持续开展并将损失降到最低程度,能使组织的生意伙伴和客户对组织充满信心。如果通过信息安全管理体系认证,表明体系符合标准,证明组织有能力保障重要信息,能提高组织的知名度与信任度,促使管理层坚持贯彻信息安全保障体系。

 ## 12.4 网络安全应急响应

发生过的安全事件已经造成惊人的损失并显示出巨大的危害性,而且随着系统和软件的功能越来越强大,它们也变得越来越复杂,再加上软件行业的不规范与整体的发展滞后,这些遗憾造成了目前软件系统漏洞百出的现状。同时,网络发展日新月异,带宽迅速增加,这为恶意代码的传播和肆虐创造了便利条件。在安全管理的角度上考虑,并非所有的实体都有足够的实力进行安全的网络管理。因此,作为补救性的应急响应是必不可少的。

12.4.1 网络安全应急响应的基本概念

完善的网络安全体系要求在保护体系之外还必须有应急响应体系,建立更多、更完善的应急响应预案,以期在突发网络安全事件时,能够迅速做出响应,尽可能地减少甚至避免损失。因此,网络的安全应急管理日益受到重视。

应急响应的开始是因为有"事件"发生。网络安全事件是指使正常运作的程序中断或影响计算机主机系统或网络系统正常工作的事件,尤其指那些计算机入侵、拒绝服务攻击、信息的内部窃取以及任何未经授权或不合法访问网络的事件。网络事件的特点在于突发性、多样性和不可预知性,往往在短时间内就造成巨大损失。由于网络安全事件造成的损失往往是巨大的,而且往往是在很短的时间内造成的,所以应对网络事件的关键是速度与效率。

应急响应,即"Incident Response"或"Emergency Response",通常指一个组织为了应对各种意外事件的发生所做的准备以及在事件发生后所采取的措施。

网络安全应急响应指的是应急响应组织根据事先对各种可能情况的准备,在网络安全事件发生后,尽快作出正确的反应,及时阻止事件的进行,尽可能地减少损失或尽快恢复正常运行,以及追踪攻击者、搜集证据直至采取法律措施等行动。简单地说,应急响应是指对突发安全事件进行响应、处理、恢复、跟踪的方法及过程。

计算机网络安全应急响应的对象是指针对计算机或网络所存储、传输、处理的信息,事件的主体可能来自自然界、系统自身故障、组织内部或外部的人、计算机病毒或蠕虫等。应急预案是政府和企、事业单位为保证迅速、有序、高效地开展应急与救援行动,降低突发事件后果的严重程度,以对危险源的评价和事故预测后果为依据而预先制定的突发事件控制和救援方案。

应急响应是一门实践性和综合性很强的技术,由于网络协议先天的各种缺陷以及所面对的问题的复杂性,所以应急响应有其独特的特点和研究方式。

12.4.2 网络安全应急响应过程

网络安全应急响应过程涉及到 6 个阶段,即准备(Preparation)、检测(Detection)、抑制(Containment)、根除(Eradication)、恢复(Recovery)和跟踪(Follow Up)阶段,缩写为 PD-CERF。

1. 准备

准备阶段主要是在事件真正发生前为应急响应做好预备性的工作,同时这一阶段的工作与日常其他的安全防范工作环节是密切相关的,通过与其他安全防范环节的互动,也促进了其他安全工作的发展。

在事件的发生前为事件响应做好准备,包含基于威胁建立一组合理的防御/控制措施,必须保证用于处理事件的系统和应用是安全的,建立一组尽可能高效的事件处理程序,采取哪些步骤,优先级,任务的分工,可接受的风险限制,获得处理问题必需的资源和人员,建立一个支持事件响应活动的基础设施,更新联系表非常重要。

2. 检测

检测阶段包括在发现可疑迹象或问题发生后从事的一系列初步处理工作,这些工作涉及响应类业务中告警子业务和部分事件处理子业务的内容,具体的工作内容是:事件发生与否的确认;评估事件影响范围;现场取样,收集事件证据;向处理事件的上级部门汇报。

3．抑制

抑制阶段的主要任务是限制事件扩散和影响的范围。抑制采用的方式可能有多种，常见的包括关掉已受害的系统；断开网络；修改防火墙或路由器的过滤规则；封锁或删除被攻破的登录账号；关闭可被攻击利用的服务功能。

4．根除

根除阶段的主要任务是通过事件分析查明事件危害的方式，并且拿出清除危害的解决方案。对事件的确认仅仅是初步的事件分析过程。事件分析的目的是找出问题出现的根本原因，防止发生同样的事件。

5．恢复

恢复阶段的主要任务是把所有被破坏的资产彻底地还原到正常运作状态。恢复被破坏系统需要建立在灾害恢复计划的基础上。

6．跟踪

跟踪阶段的主要任务是回顾并整合应急响应过程的相关信息，这一阶段的工作对于准备阶段工作的开展起到重要的支持作用。

跟踪阶段的工作主要应关注系统恢复以后的安全状况，特别是曾经出问题的地方；建立跟踪文档，规范记录跟踪结果；对响应效果给出评估；对进入司法程序的事件，进行进一步的调查，打击违法犯罪活动。跟踪是最有可能被忽略的阶段。这阶段工作有助于事件处理人员总结经验、提高技能；有助于评价一个组织机构的事件响应能力；所吸取的任何教训都可以当作新成员的培训教材。

12.4.3　网络安全应急响应涉及的关键技术

在网络安全应急响应中主要涉及的关键技术如下：

1．入侵检测

入侵检测与应急响应是紧密相关的，发现对网络和系统的攻击或入侵才能触发响应的动作。入侵检测可以由系统自动完成，即入侵检测系统（IDS）。有人给入侵检测系统增加了自动响应的能力，但是由于检测技术并不成熟，所以在实际环境中使用这些自动响应技术是相当危险的。

2．事件的诊断

事件的诊断与入侵检测有类似之处，但又不完全相同。入侵检测通常在正常的运行过程中，检测是否存在未授权的访问、误用等违法安全政策的行为；而事件的诊断则偏重于在事件发生后，弄清受害对象究竟发生了什么，比如，是否被病毒感染，是否被黑客攻破，如果是，问题出在哪里，影响范围有多大。

3．攻击源的隔离与快速恢复

在确定了事件类型、攻击来源以后，及时地隔离攻击源是防止事件影响扩大化的有效措施，比如，对于影响严重的计算机病毒或蠕虫。

另外一类事件，比如，一旦检测出 Web 服务器被入侵、主页被篡改的事件，响应政策可能首先是尽快恢复服务器的正常运行，把事件的负面影响降到最小。快速恢复可能涉及完整性检测、域名切换等技术。

4. 网络追踪

网络追踪是个挑战性的课题,特别是对于分布式拒绝服务攻击。入侵者可能穿梭于很多主机,有些攻击使用了假冒的地址。在现有的网络基础设施之上,网络追踪是非常困难的。

5. 计算机取证

计算机取证涉及对计算机数据的保存、识别、记录以及解释。它更像一种艺术,而不是一门科学,但是和许多其他领域一样,计算机取证专家通常采用明确的、严格定义的方法和步骤,然而对于那些不同寻常的事件需要灵活应变的处理,而不是墨守陈规。

在计算机网络环境下,计算机取证将变得更加复杂,涉及海量数据的采集、存储、分析,对目前的信息处理和系统将是一个挑战性的课题。

12.4.4 网络应急预案

应急预案是开展应急救援行动的行动计划和实施指南,是有关单位和部门组织管理、指挥协调应急资源和应急行动的整体计划及程序规范,实际上,它是一个透明和标准化的反应程序,使应急救援活动能按照预先周密的计划和最有效的实施步骤有条不紊地进行,这些计划和步骤是快速响应和有效救援的基本保证。编制网络应急预案的目的是为了防止某种影响系统正常工作的事件发生,并在事件真的发生后保证救援行动能够按照预先周密的计划和最有效的实施步骤有条不紊地进行,使网络业务免遭进一步侵害,减少业务损失,或在网络资产已经被破坏后能够在尽可能短的时间内使网络系统恢复正常。

1. 编制网络安全应急响应预案应遵循的原则

要想使应急预案具有规范性和有效性,在编制应急预案时必须坚持以下几个基本原则。

(1) 统一领导原则:工作人员遇到重大网络异常情况时,应及时向有关领导部门报告,以便于采取统一的应急救援措施。

(2) 分级负责原则:编制预案时要明确各部门和每个应急人员的职能,按照"谁主管谁负责,谁经营谁负责"的原则,建立和完善应急行动的工作机制。

(3) 协调配合原则:是实施应急预案的主要原则,它要求明确具有协调功能的部门和人员,注重加强部门间的协调与配合,保证应急响应过程中各个环节的相互衔接。

(4) 重点突出原则:网络系统中存在大量的风险隐患,每个风险隐患都有发生事故的可能性,应把应急处理的重点放到发生事故频率高、事故后果严重、短时间内难以恢复的系统上。

(5) 集中备份原则:在事故不能波及的地方建立可靠的备份系统,通过网络设备备份、网络线路备份、配置参数备份等措施,提高网络系统的安全系数。应以较小的投资,购置必要的备用设备,并在备用设备上按要求预先配置好各种参数,当发生故障时能直接上线运行。

(6) 快速恢复的原则:应急人员根据职责分工,团结协作,与网络运营商、设备供应商以及系统集成商共同谋求问题的快速解决方案,如有条件,则应立即启动备份系统。

2. 网络安全应急响应预案的组织体系

在网络事件的处理中,一个组织良好、职责明确、科学管理的应急队伍是成功的关键,组织机构的成立对于事件的响应、决策、恢复,防止类似事件的发生都具有重要意义。一般情况下,可将有关应急人员的角色和职责进行如图12.2所示的明确划分。

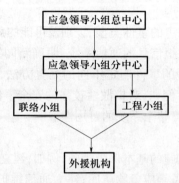

图 12.2　应急人员的角色和职责划分

领导小组的职责是:及时掌握网络故障事件的发展动态,向上级领导报告事件动态;对有关事项做出重大决策;启动应急预案;组织和调度必要的人、财、物等资源。

联络小组的职责是:向各工作组传达领导小组的工作指令并监督落实;收集各工作组工作进展情况,并及时向领导小组报告和向相关部门通报;调度备用设备;协调工作过程中的职能交叉问题。

工程小组的职责是:定期了解外援机构的变动情况,及时更新其技术人员及联系方式等信息;快速响应网管系统发现的网络故障事件、业务部门对网络故障的申告;执行网络故障的诊断、排查和恢复操作;定期通过网管软件、网络运行报告等工具对网络的使用情况进行分析,尽早发现网络的异常状况,排除网络隐患。

外援机构包括电信运营商、设备供应商以及系统集成商等。

3. 网络安全应急响应预案的基本框架

应急预案的内容应该涵盖突发事件发生前的准备、发生中的应急响应和救援措施以及事件发生后的恢复与评估等应急管理工作的全过程,至少应包括人员和联系方式,使用的资源及存放位置,针对多种预先设想情况的处理方法和详细步骤说明,并应告知用户在应急情况下的处理方式,如相关的联系方法等。因此,一个完善的应急预案框架应包括总则、组织指挥体系及其职责、培训与演练、应急响应、保障措施和附录6个部分。

1) 总则

总则中应该规定应急预案的指导思想、编制目的、工作原则、编制依据、适用范围。

2) 组织指挥体系及其职责

这一部分应明确规定应急响应的组织机构及有关可提供援助的机构,明确系统管理员、应急响应人员和用户在参与检测及应急响应时担当的角色、职责,具体明确由何人何时在何种情况下执行哪些过程的行动。

3) 培训与演练

用户具有对网络系统和主机系统进行访问或管理的权限,这些用户往往会发现系统中存在的问题,对他们进行培训是非常重要的,培训内容包括:如何识别可疑行为,届时应通知谁；怎样可以减少系统受到侵害；作为日常安全过程的一部分，要收集什么类型的信息；如何与新闻媒体沟通；如何报告可疑的入侵；根据用户的角色和职责，如何使用入侵响应工具和环境；应急人员要定期进行应急演练，预案中要明确应急演练的地点、方法、内容等。

4）应急响应

这部分应具体指出网络隐患的事件类型、级别及可能的危害程度，描述评估应急救援小组的能力，制定及时通报/上报信息的通信系统，明确新闻发布原则、内容、规范性格式和机构，对不同级别、不同类型的事件制定不同的处置方法，具体描述对事件的响应、抑制、根除、追踪的方法和过程。例如，对扩散性较强的安全事件（如计算机病毒、蠕虫），应切断其与其他网络的连接，保障整个系统的可用性。

5）保障措施

规定应急预案得以有效实施的基本保障措施，例如，建立数据备份系统和紧急保障体系；建立网络硬/软件、救援设备等应急物质库；建立通信维护及信息采集制度；确定应急技术、监督检查措施等。

6）附录

附录主要包括名词术语、缩写语和编码的定义与说明，规范新闻发布、预案启动、应急结束及各种通报的格式等，明确应急预案的更新、维护方法，注明相关机构联系电话和人员通讯录，预案的制定与解释权、实施或生效时间，奖励与责任等。

上述6个方面相互联系、相互支撑，共同构成了一个完整的应急预案框架，其中组织指挥机构及职责、应急响应、保障措施是应急预案的重点内容，也是整个预案编制和管理的难点所在。

4. 网络安全应急响应预案的具体编制步骤

应急预案的编制工作是一项涉及面广、专业性强的工作，它是一个动态的过程，从预案编制小组的成立到预案的实施，要经历一个多步骤的工作过程，应急预案的编制通常包括以下6个基本的步骤：

（1）事故风险分析。首先应成立预案编制小组，明确各个成员的职责，然后根据系统存在的漏洞和所掌握的信息对可能发生的攻击事件进行风险分析（确定攻击的类型、手段、影响范围、后果、可能的发展等），根据现有的应急救援设备和资源（如应急人员、备份系统、电话、攻防工具、检测工具等）对应急救援能力进行评估，对曾发生过的攻击事件的应急救援案例作回顾性分析，从而为应急预案的编制、应急准备和应急响应提供必要的信息和资料。因此，风险分析是应急预案编制的基础和关键过程。

（2）设计预案框架。根据危险分析所得到的信息和资料，并按照应急预案所要求的编制内容设计应急预案的整体框架，确定预案的文件体系，列出现有文件和将要起草文件的目录清单。应急预案框架至少应包括应急救援方针、应急资源的布局、突发事件的处置方案和突发事件的善后方案。

（3）编制预案的文件和程序。编制预案的文件和程序是编写应急预案的重要步骤。根据对网络安全事件的危险分析的结果、所设计的预案框架以及有关法律法规的要求进行预案的编制工作，应根据每个应急组织的具体情况选用最适合本组织的、简洁明了的程序格式，语言文字表述上要通俗易懂，以确保应急人员在执行应急预案时不会产生误解。

此外,要充分收集和参阅已有的应急预案,以减少相关预案中的相互交叉和重复,还要经常监督检查编制工作的进度和完成情况,确保整个编制工作的顺利进行。

(4) 检查和整理。检查评估上一阶段所编写各类文件与程序中的互相交叉、重复和遗漏、失误的部分,然后进行修正,最后把编写整理出的各类文件及程序规整为一个有机的系统,以便于执行预案时可以快速查找和有效调用。

(5) 评审与发布。编写的应急预案在正式发布以前,必须经过组织内部和专家的评审,必要时还要请上级应急机构进行评审。评审的内容主要是侧重于对预案文件内容的科学性、应急预案的可操作性、与实际情况的符合程度以及预案处置的灵活性等方面的审核与评估。应急预案经评审通过和批准后,应由立法机构或政府按有关程序正式对外发布。此外,预案批准发布时,应明确具有批准发布权的部门及人员,发布的范围、时间、人员,发布的时效性等。

(6) 维护与更新。系统的变化和升级以及关键应急资源和人员的变动都会导致系统安全性的变化,为了保证应急预案的有效性,需要定期对系统进行检测和应急演练,以发现便于发现系统中存在的新漏洞,重新进行风险评估,制定新的安全策略,然后对应急预案做出必要的修改。

12.5　信息安全与政策法规

信息安全问题涉及计算机安全和密码应用。早期各国立法和管理的重点集中在计算机犯罪方面,陆续地确立了一些有关计算机安全或信息安全的法规。

12.5.1　国外的法律和政府政策法规

1. 美国

美国作为当今世界第一强国,信息技术不仅具有际领先水平,有关信息安全的立法活动也进行得较早。因此,与其他国家相比,美国无疑是信息安全方面的法规最多而且较为完善的国家。早在1987年就再次修订了计算机犯罪法,该法在20世纪80年代末至90年代初被作为美国各州制定其地方法规的依据,这些地方法规确立了计算机服务盗窃罪、侵犯知识产权罪、破坏计算机设备或配置罪、计算机欺骗罪、通过欺骗获得电话或电报服务罪、计算机滥用罪、计算机错误访问罪、非授权的计算机使用罪等罪名。美国现已确立的有关信息安全的法规有:

(1) 信息自由法(1967年);

(2) 个人隐私法(1974年);

(3) 反腐败行径法;

(4) 伪造访问设备和计算机欺骗及滥用法(1984年);

(5) 电子通信隐私法;

(6) 计算机欺骗与滥用法(1986年)和计算机滥用法修正案(1994年);

(7) 计算机安全法(1987年);

(8) 正当通信法(1996年2月确立,于1997年6月推翻);

(9) 电讯法(1996年);

（10）国家永久防护工程保护法（1996 年）；

（11）政府信息安全改革法 2000（2001 年开始实施）；

（12）计算机安全研究和发展法（2002 年 2 月 7 日通过）。

2. 欧洲共同体

欧洲共同体是一个在欧洲范围内具有较强影响力的政府间组织。为在共同体内正常地进行信息市场运作，该组织在诸多问题上建立了一系列法律，具体包括：竞争（反托拉斯）法，产品责任、商标和广告规定，知识产权保护，保护软件、数据和多媒体产品及在线版权，数据保护，跨境电子贸易，税收，司法问题等。这些法律若与其成员国原有国家法律相矛盾，则必须以共同体的法律为准（1996 年公布的"国际市场商业绿皮书"，对上述问题有详细表述）。其成员国从 20 世纪 70 年代末到 80 年代初，先后制定颁布了各自有关数据安全的法律。此外，英国还制定了计算机滥用法。

3. 俄罗斯

1995 年俄罗斯颁布了《联邦信息、信息化和信息保护法》，为提供高效益、高质量的信息保障创造条件，明确界定了信息资源开放和保密的范畴，提出了保护信息的法律责任。

1997 年，俄罗斯出台的《俄罗斯国家安全构想》明确提出："保障国家安全应把保障经济安全放在第一位"，而"信息安全又是经济安全的重中之重"。

2000 年，普京总统批准了《国家信息安全学说》，明确了联邦信息安全建设的目的、任务、原则和主要内容。第一次明确指出了俄罗斯在信息领域的利益是什么、受到的威胁是什么以及为确保信息安全首先要采取的措施等。

4. 日本

日本已经制定了国家信息通信技术发展战略，强调"信息安全保障是日本综合安全保障体系的核心"，出台了《21 世纪信息通信构想》和《信息通信产业技术战略》。

12.5.2 国外的信息安全管理机构

国家信息安全机构是一个国家的最上层安全机构。由于政治制度、社会经济、道德观念等诸多因素的不同，不同国家的信息安全机构格局不尽相同，下面简单的介绍美国、英国、日本的国家安全管理机构。

1. 美国

1996 年 7 月，美国总统克林顿联合美国联邦政府与工业界，成立了直属于总统的国家关键基础设施防护委员会（President's Commission on Critical Infrastructrue Protection，PCCIP），目的是为了研究并拟定美国对于关键基础设施防护的国家政策，其中 8 项主要的基础设施是电力、石油及瓦斯、电信、银行及金融、交通运输、水力供给、急难求助体系和政府部门。

根据 PCCIP，美国政府于 1998 年 5 月宣布了 PDD63（Presidential Decision Direction 63）的总统行政命令，要求在 2003 年以前设定一个稳定、安全、可以相互连接的基础设施信息目标，并且立即建立一个国家中心来警告与响应基础设施遭到的攻击。按照 PDD63 的要求，美国政府建立了国家协调中心（National Coordinator）、国家基础设施防护中心（National Infrastructure Protection Center，NIPC）、信息分享与分析中心（Information Sharing and Analysis Center，ISAC）、国家基础设施保证委员会（National Infrastructure Assurance

Council)、国家基础设施保证办公室(National Infrastructure Assurance Office,CIAO)等机构。其中 NIPC 隶属 FBI,联合了 FBI、国防部、CIA、能源、运输、国家机密部门与私人企业等的代表,负责协调美国联邦政府各部门对于信息安全基础设施的防护、响应与调查。ISAC 由产业界和政府代表组成,并与联邦政府合作进行私人信息的收集、分析与判断,并将相关信息传达给产业界及政府机构。

美国国家计算机应急响应小组(Computer Emergency Response Team,CERT)负责信息安全事件发生时的应对措施与支持方式。联邦审计总署(General Accounting Office,GAO)负责信息安全防护稽核与监理,通过定期对各个政府机构进行安全稽核,确保信息基础设施的正常运作。

2. 英国

英国的信息安全工作主要由几个不同的政府部门来负责,政府通讯总部(Government Communications Headquarters,GCHQ)负责收集世界各地的信息情报,在政府通讯总部中设立了通讯电子安全小组(Communications Electronic Security Group,CESG),负责国家信息安全保护工作,并且设计及验证政府部门所使用的密码算法。国防部(Ministry of Defense,MOD)负责收集关于军事信息安全的情报,下设 DERA(The Defense Evaluation and Research Agency),负责供军方使用的信息安全系统。贸易部(Department of Trade and Industry,DTI)负责信息安全在产业界的相关事宜,如出口管制等。中央计算机及通信局(The Central Computer and Telecommunicatons Agency,CCTA)负责政府信息安全体系的建构。安全部(The Security Services)负责侦察各种信息安全攻击事件。

以上各部门对内阁部长办公室负责,内阁部长办公室制定国家的信息安全政策,其设有中央信息技术部门(The Central Information Technology Unit,CITU),负责拟定国家信息安全政策。

3. 日本

日本于 1997 年 1 月 1 日在经济产业省(Ministry of Economic Trade and Industry,METI)的附属组织——信息技术促进厅下面成立了信息安全应急中心(The Information—technology Security Emergency Center,ISEC),此中心直接对内阁长官办公室(Cabinet Office)负责,统筹全国信息安全的预防、技术开发、标准,促进信息基础设施的构建。

除了 ISEC 外,信息技术厅(ITPA)负责每月全球的计算机病毒感染与信息安全事件的收集;司法省(Ministry of Justice,MOJ)负责信息安全相关刑事法的修正;经济产业省(METI)负责推行密码技术的国际标准化和加强计算机病毒对策;警政厅(National Police Agency,NPA)负责信息安全与隐私保护,与各国合作打击网络犯罪;防卫厅(Japan Defense Agency,JDA)负责信息技术的开发及人才的培训。

民间组织 JPCERT 提供并协助处理信息安全问题,JIPDC 促进民间信息建设、电子商务发展和人员的培训,另外,还有许多大学、实验室等机构从事信息安全技术的研究。

12.5.3 国际协调机构

目前,国际上出现了一些在信息安全方面起到了协调作用的机构。

1. 计算机应急响应小组

1988 年 11 月底,在发生"莫里斯病毒事件"的背景下,卡内基梅农大学(CMU)的软件工程研究所(SEI)应运而生了计算机应急响应小组(CERT CC)。CERT CC 是一个以协调互联网安全问题解决方案为目的的国际性组织,该组织的作用是解决互联网上存在的安全问题,调查互联网的脆弱性和发布信息。CERT CC 的工作分为以下 3 类:

(1) 提供问题解决方案。CERT CC 通过热线了解网络安全问题,通过建立并保持与受影响者和有关专家的对话来促使问题得到解决。

(2) 在向互联网用户收集脆弱性问题报告并对其进行确认的基础上,建立脆弱性问题数据库以保证成员在解决问题的过程中尽快获得必要的信息。

(3) 进行信息反馈。CERT CC 曾将进行调查分析作为服务内容之一,绝大多数调查是为了获得必要的信息,但由于这些调查多由软件或硬件销售商进行,与网络的安全问题和脆弱性并无关系,这项服务将逐步被淘汰。

CERT CC 构成了 SEI 的一个相对独立的部门,为互联网用户提供相关的产品和服务。这些成员分为运行组、教育与培训组和研究与发展组。运行组是 CERT CC 与网络安全唯一的联系点,负责提供针对安全问题的 24h 在线技术帮助,进行脆弱性咨询以及联系销售业务等事项;教育与培训组负责对用户进行培训以促进网络安全性的提高;研究与发展组负责鼓励可信系统的发展。

2. 事件响应与安全组织论坛

事件响应与安全组织论坛(FIRST)成立于 1990 年 11 月,这是一个非赢利性的国际组织,它作为包括 CERT CC 在内的众多计算机网络安全问题小组进行合作的中介,既加强在防范网络安全方面的合作与协调,又刺激高水平产品和服务的发展,促使问题尽快解决。

FIRST 的具体作用是:为各成员提供解决问题所需的技术信息、工具、方法、援助和指导;协调成员间的联系;使信息在各成员间以及所有网络用户中共享;增进政府、私人企业、学术团体和个人的信息安全;提高各安全问题小组(IRST)的地位。它有两个总体策略目标:一是从内部改善 FIRST 的运作能力和组织情况以迎合环境变化的要求,二是不断地发展壮大。

我国于 2000 年 10 月成立了国家计算机网络应急技术处理协调中心(CNCERT/CC),2002 年 8 月成为国际权威组织"事件响应与安全组织论坛"(FIRST)的正式成员。CNCERT/CC 参与组织成立了亚太地区的专业组织 APCERT,是 APCERT 的指导委员会委员。

CNCERT/CC 有条件及时与国外应急小组和其他相关组织进行交流与合作,是我国处理网络安全事件的对外窗口。

12.5.4　我国的信息安全管理

我国党和国家领导人非常重视国家信息化,党中央和国务院在大力提倡和推动国家信息化高速发展的同时,对信息安全也给予了高度关注,认为这是信息化建设过程中必须解决好的重大问题,直接关系到我们国家的安全和主权、社会的稳定、民族文化的继承和发扬。

1. 管理机构和基本方针

我国的信息安全已经形成了如下格局:

成立国务院信息化工作领导小组,对国际互联网络安全中的重大问题进行管理和协调。国务院信息化领导小组办公室负责组织、协调有关部门制定国际连网安全、经营、资费、服务等规定和标准工作,并对执行情况进行检查监督。

政府有关信息安全的其他管理和执法部门,如公安部、国家安全部、国家密码管理委员会、国家保密局、国务院新闻办公室等部门各依其职能和权限进行管理和执法。例如,国家密码管理委员会办公室负责密码算法的审批;公安部计算机安全监察局负责计算机信息系统安全专用产品的生产销售认证许可;国务院新闻办公室负责信息内容的监察;有关信息安全技术的检测和网上技术侦察则由国家授权的部门进行。

国家计算机网络应急技术处理协调中心是在信息产业部互联网应急处理协调办公室的直接领导下,负责协调我国各计算机网络安全事件应急小组(CERT)共同处理国家公共互联网上的安全紧急事件,为国家公共互联网、国家主要网络信息应用系统以及关键部门提供计算机网络安全的监测、预警、应急、防范等安全服务和技术支持,及时收集、核实、汇总、发布有关互联网安全的权威性信息,组织国内计算机网络安全应急组织进行国际合作和交流的组织。

对于网络实行分类分级管理。网络类别分为与国际上互联网络连接的国际网络、与国际专业计算机信息网络连接的国际网络(如国际金融计算机网络、国际气象计算机网络等)、通过专线与国际联网的企业内部网络。网络级别分为互联网络、接入网络、用户网络(个人、法人、其他组织)三级。

我国的信息安全管理的基本方针是兴利除弊、集中监控、分级管理、保障国家安全。对于密码的管理政策实行"统一领导、集中管理、定点研制、专控经营、满足使用"的发展和管理方针。

密码管理的基本政策要求是:全国的商用密码由国家密码管理委员会统一领导,国家密码管理委员会办公室具体管理。研制、生产和经营商用密码必须经国家主管部门批准。未经国家密码主管部门批准,任何单位和部门不得研制、生产和经销密码。需要使用密码技术手段加密保护信息安全的单位和部门,必须按照国家密码管理规定,使用国家密码管理委员会指定单位研制、生产的密码,不得使用自行研制的密码,也不得使用从国外引进的密码。

在国家机构及职能改革与调整的过程中,以上格局也会在调整、确立和变革中发展与加强。

2. 标准和规范

信息安全标准是我国信息安全保障体系的重要组成部分,是政府进行宏观管理的重要依据。信息安全标准关系到国家的安全及经济利益,标准往往成为保护国家利益,促进产业发展的一种重要手段,信息安全标准化是一项涉及面广、组织协调任务重的工作,需要各界的支持和协作。

相比国外,我国的信息安全领域的标准起步较晚,但随着2002年全国信息安全标准化技术委员会的成立,信息安全相关标准的建设工作开始走向了规范化管理和快速发展的轨道。

我国从20世纪80年代开始,在全国信息技术标准化技术委员会信息安全分技术委员会和各界的努力下,本着积极采用国际标准的原则,转化了一批国际信息安全基础技术标准,为我国信息安全技术的发展做出了很大的贡献。同时,公安部、国家保密局、国家密码管理委员会等相继制定、颁布了一批信息安全的行业标准,为推动信息安全技术在各行业的应用和普及发挥了积极的作用。

信息安全标准化是一项涉及面广、组织协调任务重的工作,需要各界的支持和协作。因此,国家标准化管理委员会批准成立全国信息安全标准化技术委员会。它的成立标志着我国信息安全标准化工作,步入了"统一领导、协调发展"的新时期。全国信息安全标准化技术委员会是在信息安全的专业领域内从事信息安全标准化工作的技术工作组织,它的工作任务是向国家标准化管理委员会提出本专业标准化工作的方针、政策和技术措施的建议。

我国的信息安全标准有:

GB 9254—88 信息技术设备的无线电干扰限值和测量方法

GB 9361—88 计算机场地安全

GB 15853.7 信息技术——开放系统连接—系统管理—安全报警功能 ISO/IEC 10164 – 7:1992

GB 15853.8 信息技术——开放系统连接—系统管理—安全审计跟踪 ISO/IEC 10164 – 8:1993

GB/T 15277—1994 信息处理 64 位块加密算法 ISO8372:1987

GB 4943—1995 信息技术设备的安全(IEC 950)

GB/T 15278—1994 信息技术——数据加密,物理层互操作性要求 ISO9160:1988

GB 15851—1995 信息技术——安全技术,带消息恢复的数字签名方案 ISO/IEC 9796:1991

GB 15852—1995 信息技术——安全技术,用块加密算法校验函数的数据完整性 ISO/IEC 9797:1994

GB 15853.1—1995 信息技术——安全技术,实体鉴别机制 I 部分:一般模型 ISO/IEC 9798.1:1991

GB 15853.2—1995 信息技术——安全技术,实体鉴别机制 II 部分:对称加密算法的实体鉴别 ISO/IEC 9798.2:1994

GB 15853.3 信息技术——安全技术,实体鉴别机制 III 部分:非对称签名技术机制 ISO/IEC 9798.3:1997

GA163—1997 计算机信息系统安全专用产品分类原则

GB 17859—1999 计算机系统安全特性等级划分准则

GA/T387—2002 计算机信息系统安全等级保护网络技术要求

GA/T388—2002 计算机信息系统安全等级保护操作系统技术要求

GA/T389—2002 计算机信息系统安全等级保护数据库管理系统技术要求

GA/T390—2002 计算机信息系统安全等级保护通用技术要求

GA/T391—2002 计算机信息系统安全等级保护管理要求

3. 法规政策

关于"信息化"的立法,特别是信息安全的立法,在我国尚处于起步阶段,还没有形成一个具备完整性、适用性、针对性的法律体系。这个法律体系的形成一方面要依赖我国国家信息化进程的深化,构成了国家经济发展的经济基础;另一方面要依赖信息化和信息安全的深刻认识和技术及法学意义上的超前研究,最终才能反映到以国家意志方式体现的上层建筑的立法。

在我国已有的法律法规中,从以下几个层次对信息安全作出法律政策意义上的约束管理。

第一个层次虽然没有直接描述信息安全,但是从国家宪法和其他法律法规的高度对个人、法人和其他组织的有关信息活动涉及国家安全的权利义务进行规范和提出法律,如宪法、国家安全法、国家保密法等约束。

第二个层次是直接约束计算机安全、国际互联网安全的法规,如《中华人民共和国计算机系统安全保护条例》、《中华人民共和国计算机信息网络国际联网管理暂行规定》、《中华人民共和国计算机信息网络国际互联网络安全保护管理办法》等。

第三个层次是针对信息内容、信息安全技术、信息安全产品授权审批的规定,如《电子出版物管理暂行规定》、《中国互联网络域名注册暂行管理办法》、《计算机信息系统安全检测和销售许可证管理办法》等。

在宪法中规定了"中华人民共和国公民的通信自由和通信秘密受到法律的保护,除因国家安全或追查刑事犯罪的需要,由公安机关或者检察机关依照法律规定的程序对通信进行检查外,任何组织和个人不得以任何理由侵犯公民的通信自由和通信秘密。"同时,也规定了公民必须遵守宪法和法律、保守国家秘密、爱护公共财产、遵守劳动纪律,遵守公共秩序,尊重社会公德的义务和维护祖国的安全、荣誉和利益的义务。就是在信息化高度发展成为社会新的生存空间以后也必须要遵循的基本原则,这是保障信息安全的最根本的依据。

1993 年 2 月 22 日第七届全国人民代表大会常务委员会第三十次会议通过,中华人民共和国主席令第 68 号公布的《中华人民共和国国家安全法》中对公民应履行的维护祖国的安全、荣誉和利益的义务,不得有危害国家的安全、荣誉和利益的行为作出了更具体的规定。这些行为如下:

(1)阴谋颠覆政府,分裂国家,推翻社会主义制度的。

(2)参加间谍组织或者接受间谍组织及其代理人的任务的。

(3)窃取、刺探、收买、非法提供国家秘密的。

(4)策动、勾引、收买国家工作人员叛变的。

(5)进行危害国家安全的其他破坏活动的。

国家安全法并对国家安全机关在国家安全工作中的职权、公民和组织维护国家安全的义务与权利以及违法行为的法律责任提出了具体的法律要求。

1988 年 9 月 5 日第七届全国人民代表大会常务委员会第三次会议通过、同日中华人民共和国主席令第 6 号公布的《中华人民共和国保守国家秘密法》,对国家秘密的范围和密级、保密制度和法律责任提出了法律界定。

1994 年 2 月 18 日中华人民共和国国务院令 147 号发布的《中华人民共和国计算机信息系统安全保护条例》,针对计算机信息系统,对信息的采集、加工、存储、传输、检索等提出了安全保密制度。

为了实行这一制度,公安部于 1997 年 4 月 21 日颁布了于 1997 年 7 月 1 日实施的中华人民共和国公共安全行业标准《计算机信息系统安全专用产品分类原则》(GA 163—1997),该标准适用于保护计算机信息系统安全专用产品,涉及实体安全、运行安全和信息安全三个方面。

1996 年 2 月 1 日颁布的已经在 1996 年 1 月 23 日国务院第 42 次常务会议通过的《中华人民共和国计算机信息网络国际联网管理暂行规定》,规定了"国家对国际联网实行统筹规划、统一标准、分级管理、促进发展的原则"。

1997 年 12 月 11 日国务院批准 1997 年 12 月 30 日公安部发布了《计算机信息网络国际联网安全保护管理办法》,指出任何单位和个人不得利用国际联网危害国家安全、泄露国家秘密,不得侵犯国家的、社会的、集体的利益和公民的合法利益,不得从事违法犯罪活动。

2004 年 8 月 28 日第十届全国人民代表大会常务委员会第十一次会议通过了《中华人民共和国电子签名法》,并于 2005 年 4 月 1 日起施行,它的颁布将对我国的电子商务和电子政务的发展产生深远的影响。制订这部法律的目的是使电子签名与手写签名或印章具有同等法律效力,它的适应范围是适用我国的电子商务及电子政务。

下面列出我国与信息安全相关的法律法规,详细的资料请查阅相关的法律书籍。

- 中华人民共和国国家安全法
- 中华人民共和国保守国家秘密法
- 中华人民共和国计算机系统安全保护条例
- 中华人民共和国计算机信息网络国际联网管理暂行规定
- 中华人民共和国计算机信息网络国际互联网络安全保护管理办法
- 中华人民共和国标准化法
- 中国互联网络域名注册暂行管理办法
- 中国互联网络域名注册实施细则
- 中国公用计算机互联网国际联网管理办法
- 中国互联网络域名管理办法
- 中国公众多媒体通信管理办法
- 全国人大常委会关于维护互联网安全的决定
- 全国国有资产管理计算机网络信息系统管理办法
- 科学技术保密规定
- 商用密码管理条例
- 计算机信息系统集成资质管理办法(试行)
- 计算机病毒防治管理办法
- 计算机软件保护条例
- 计算机信息网络国际联网出入信道管理办法
- 计算机信息网络国际联网安全保护管理办法
- 计算机信息系统国际联网保密管理规定
- 计算机信息系统安全专用产品检测和销售许可证管理办法
- 互联网上网服务营业场所管理条例
- 互联网信息服务管理办法

- 互联网文化管理暂行规定
- 互联网出版管理暂行规定
- 互联网医疗卫生信息服务管理办法
- 联网单位安全员管理办法(试行)
- 软件产品管理办法
- 公用电信网间互联管理规定
- 电子出版物管理规定
- 中华人民共和国电子签名法

 本 章 小 结

　　许多组织对其信息系统不断增长的依赖性,加上在信息系统上运作业务的风险、收益和机会,使得信息安全管理成为企业管理越来越关键的一部分。本章从应用角度把标准分为互操作、技术与工程、网络与信息安全管理三类,分别介绍了一些重要的标准,对较新的 CC 和 SSE – CMM 标准进行了介绍,并介绍了国际上知名的标准化组织以及信息安全管理体系标准 BS 7799。从信息安全的角度来看,任何信息系统都是有安全隐患的,都有各自的系统脆弱性和漏洞,因此在实际应用中,网络信息系统成功的标志是风险的最小化和可控性,并非是零风险。信息安全的策略是为了保障系统一定级别的安全而制定和必须遵守的一系列准则和规定,它考虑到入侵者可能发起的任何攻击,以及为使系统免遭入侵和破坏而必然采取的措施。为了保证信息系统安全可靠的运行,安全审计是采用数据挖掘和数据仓库技术,实现在不同网络环境中终端对终端的监控和管理,在必要时通过多种途径向管理员发出警告或自动采取排错措施,能对历史数据进行分析、处理和追踪。安全审计系统是能获得直接电子证据、防止行为抵赖的系统。审计系统把可疑数据、入侵信息、敏感信息等记录下来,作为取证和跟踪使用。信息安全过程包括风险分析、制定安全策略、整体设计、系统实施、安全管理、安全检查。安全过程是一个不断重复改进的循环过程。

　　信息安全管理体系是组织在整体或特定范围内建立信息安全方针和目标,以及完成这些目标所用方法的体系。完善的网络安全体系要求在保护体系之外还必须有应急响应体系,建立更多、更完善的应急响应预案,以期在突发网络安全事件时,能够迅速做出响应,尽可能地减少甚至避免损失。因此,网络的安全应急管理日益受到重视。

　　实现信息安全,不但靠先进的技术,而且也得靠严格的安全管理,法律约束和安全教育。

思 考 题

1. 简述信息安全标准制定的必要性。
2. 查阅信息安全资料,了解最新的标准信息。
3. 制定信息系统的安全策略通常采用哪些原则?

4. 对信息系统进行安全审计的步骤有哪些？依据的原理是什么？

5. 网络安全应急响应过程包括哪些？

6. 什么是网络安全预案？

7. 你认为对信息安全进行立法有何作用？

8. 没有绝对安全的信息系统，为了保证信息系统的安全风险最小，我们应该怎样去做？

参 考 文 献

[1] 钟义信. 信息科学原理. 3 版. 北京:北京邮电大学出版社,2002.

[2] 周学广,刘艺. 信息安全学. 北京:机械工业出版社,2003.

[3] 汪小帆,戴跃伟,茅耀斌. 信息隐藏技术——方法与应用. 北京:机械工业出版社,2001.

[4] 赵战生,冯登国,戴英侠,等. 信息安全技术浅谈. 北京:科学出版社,1999.

[5] 张红旗,等. 信息网络安全. 北京:清华大学出版社,2002.

[6] 杨义先,林晓东,邢育森. 信息安全综述. 电信科学,1997,13(12).

[7] 陈彦学. 信息安全理论与实务. 北京:中国铁道出版社,2001.

[8] 吴文玲,冯登国. 分组密码的设计与分析. 北京:科学出版社,2001.

[9] 杨义先,孙伟,钮心忻. 现代密码学新理论. 北京:科学出版社,2002.

[10] 冯登国,裴定一. 密码学导引. 北京:科学出版社,2001.

[11] (美)施莱尔(Schneier B.). 应用密码学——协议、算法与 C 源程序. 吴世忠,等译. 北京:机械工业出版社,2000.

[12] 丁存生,肖国镇. 流密码学及其应用. 北京:国防工业出版社,1994.

[13] 余勇. 常用的信息安全标准研究. 信息技术与应用,2003(7).

[14] 范红,冯登国,吴亚非. 信息安全风险评估方法与应用. 北京:清华大学出版社,2006.

[15] 吴亚非,李新友,禄凯. 信息安全风险评估. 北京:清华大学出版社,2007.

[16] 张玉清,戴祖峰,谢崇斌. 安全扫描技术,北京:清华大学出版社,2004.

[17] 祝晓光. 网络操作系统安全. 北京:清华大学出版社,2004.

[18] 陈彦学. 信息安全理论与实务. 北京:中国铁道出版社,2001.

[19] 国家计算机网络应急技术处理协调中心 网站. http://www.cert.org.cn.

[20] 罗守山. 入侵检测. 北京:北京邮电大学出版社,2004.

[21] 钮心忻. 信息隐藏与数字水印. 北京:北京邮电大学出版社,2004.

[22] 卿斯汉,蒋建春,马恒太,等. 入侵检测技术研究综述,通信学报,2004,25(7):19-29.

[23] 张艳,李舟军,何德全. 灾难备份和恢复技术的现状与发展. 计算机工程与科学,2005,27(2):107-110.

[24] 文伟平,卿斯汉,蒋建春,等. 网络蠕虫研究与进展. 软件学报,2004,15(8):1208-1219.

[25] Simmons G J. The Prisoners' Problem and the Subliminal Channel, In Advances in Cryptolopy, Proceedings of CRYPTO'83, Plenum Press,1984:51-67.

[26] Pierre Moulin and Joseph A. O'Sullivan, Information-Theoretic Analysis of Information Hiding, IEEE Transactions on Information Theory,2003,49(3):563-593.